電磁気学ノート

末松安晴 監修　長嶋秀世・伊藤 稔 共著

サイエンス社

サイエンス社のホームページのご案内
http://www.saiensu.co.jp
ご意見・ご要望は　rikei@saiensu.co.jp　まで.

監修の言葉

現代文明を支えている電力や情報通信は，皆，電気磁気現象を用いている。電気磁気学は，この電気磁気現象を数学を用いて統一して表した学術体系であり，電気工学，電子工学，通信工学，情報工学やロボット工学，あるいは物理学などの分野の基礎である。したがって，このような分野を志す学生にとって最初に出会う学術体系が電気磁気学である。特に，上に述べた諸分野の工学を志す人たちは，一生にわたって電気磁気学の具体的な恩恵に浴するわけであり，これを学びの初期に，どのようにして自分自身のものにするかということは大変に重要な出来事である。長嶋教授と伊藤教授は，工学院大学で長年にわたってこの電気磁気学の教育に携わり，工夫に工夫を重ねた末に，学生諸君が理解しやすく，大変に学びやすい電気磁気学の体系を開拓して，これを教育の現場で実践してきたが，今回これらの工夫と実践の成果をこの書物にまとめあげた。

これまで電気磁気学が理解しがたいといわれてきたのにはいくつかの理由がある。その 1 つは，電気磁気学が目に見えない抽象の世界であって，具体的なイメージによって教えることが困難で，学生自身が自分の頭の中に自分でイメージを築かなければならないことにある。2 つめは，電気磁気学の諸現象を表すために多くの用語を使い，さらにそれらの間の関係が多様であり，複雑に絡み合っていることである。3 つめは，それらの諸関係がどのようにして抽出され，どれほどの確かさで成り立っているかといった，電気磁気学成立の根元に関わる事項である。これら 3 つの事項はそれぞれが独立して電気磁気学の理解を妨げているわけではなくて，実は，お互いに関連している部分が多い。この書物では，こうした学習者が最初に遭遇する勉学上の困難さを巧みに和らげる工夫が随所に見られる。

まず，この本は，電気磁気学を 1 年間で学ぶということを想定して，26 章で構成し，各章は毎週の講義で完結するように工夫されている。その上，それぞれの章では電気磁気学の基本的な現象の 1 つが単純化されて取り上げられ，その現象の持つ意味や効果を巧みに図を使って説明し，公式化し，これを助ける入念な演習問題が用意されている。このようにして，本来は多様で複雑な関係を，それぞれの局面では単純にして，学びやすくするように工夫してある。また，こうして学生諸君独自のイメージ作りを助け，具体的な問題に遭遇した場合にそれを解く実力が付けやすくなっている。このように学ぶ学生の立場に立って工夫された教科書が出現した意義は大きい。

電磁気学のように，広く基礎として学ばなければならない重要な分野の教育内容が，こうした優れた工夫によって，より広い学生層から理解されやすいかたちに改善されていくことが現在最も必要とされている教育改革の根幹である。

電気磁気学は，元々，電気と磁気が別々の現象として理解されていた。帯電現象が物を引きつけ，空中では放電する自然現象を発現する電気現象として認識され，電荷の周りのクーロン力が明らかにされた。また，鉄を引きつけ，南北を向く羅針盤の中核をなす磁石に関するクーロン力を中心とする磁気学として，それぞれが独立に発達してきた。しかし，電池が発明されて持続的に流れる電流が手に入ると，電流が磁石の向きを変える磁気的な力を発現する効果がエルステッドによって見いだされた。さらに，磁気を発生するための電流を流したコイルを開閉すると，電気現象であるはずの電圧が発生する電磁誘導の現象がファラデーによって発見されて，それまで互いに関係がない独立な現象と考えられてきた電気現象と磁気現象はそれぞれ互いに関連した現象であることが明らかになった。こうした諸現象が実験的に明らかにされてきたが，ジェームス・クラーク・マックスウェルは，電界が時間的に変化すると電流と同じように磁気現象を発現するとの仮説を立てて，これを変位電流と呼び，さらに，電気と磁気の力は当時隆盛を極めた力学系の力とは独立しているとの実験を独自に行って，1873 年に，電気現象と磁気現象とを数学的に一体化した電磁気理論を確立した。さらに，この電磁気学理論から導かれる光の速度が実験と一致することから，変位電流の仮説は正しいものと見なされ，マックスウェルの電磁気理論は巨視的に見た電気磁気の現象を正確に表していると見なされた。しかし，目に見えるすべての物質は電気磁気現象によって構成されているが，物質内部の原子が互いに接近して相互作用する微視的な電気磁気現象までマックスウェルの方程式に含めるのは困難であり，そうした微視的な現象を表すために量子力学が新たに開拓されて，物質内の諸現象が解明されるようになった。こうして，電気磁気現象は，今では，巨視的なマックスウェルの電磁気学と微視的な量子力学とで補完し合いながらそれぞれ使い分けられている。しかし，それによって，この本で扱う巨視的なマックスウェルの電磁気学を中心とした電気磁気学の価値がいささかでも低下したわけではない。この電気磁気学はシステムに直結した電気・電子回路，電波や光を取り扱う学術基礎として益々その重要性が増している。マックスウェルの電磁気学が発表されて以来 130 年間を経過したが，この間に，巨視的な領域でこの理論と矛盾する現象は一度も発見されていないことが，この理論の正当性を如実に証明している。

現在，高度な教育を受ける学生層が多様化し，広がっており，学生にとってより受け入れやすい教育に向けた改革が進行している。その中心的な課題として，そのような教育に適した優れた教科書の執筆が強く要請されている時代である。電気関連のすべての工学分野の基礎でありながら，目に見えない抽象の世界であり，現象の把握とその理解が困難な電気磁気学のような教科の改善への要請は高く，よく考え抜かれて，勉強の筋道を立てて教えられれば学生の理解はより容易となる。こうした学生の理解を助ける教科書の１つとして，この本が役立つことを念願する次第である。

末松　安晴

まえがき

電磁気学というと非常に難しい学問という印象を持つ人が多い。電界，磁界，ベクトル解析，波動方程式と難しそうな現象や方程式が次から次と出てくる。しかしながら，私たちの身の回りには電磁気学で解釈できることが驚くほどたくさんある。たとえば，地磁気，発電機，洗濯機，携帯電話，MRI など数え上げればきりはないが，ひとたびこれが理解できれば，電磁気学に親しみがわき，ますます興味を持ち，理解が深くなることと思われる。

電磁気学は物理現象のごく一部を担っている学問分野である。物質を構成している電子が電荷を持っていることから，これが輪ゴムの形と同じように動くとしたら円形状に電流が流れる。そして，その輪の周りに磁界が生じる。このようなことによって多くの電磁現象が現れる。

本書では，自然現象の事実に基づく諸法則を多くの図を用いてわかりやすく説明し，そして，これらを数式で表現するための工夫をしてある。大学に入ったばかりの人，微積分やベクトル解析は苦手だという人にも，これらの数学を電磁気学と一緒にわかりやすい図でもって教えてしまおうという意図を持っている。すなわち，電磁気学を勉強していたらいつの間にか電磁気学はもちろん数学もよくわかるようになり，しかも，それが縦横に使えるようになったというようにしたい。

本書は大学における 26 回の講義に合わせて，26 章構成としている。各章ごとに物理現象や必要な数学をコンパクトにまとめているが，分量の多少があるので理解度に応じて学習テンポを調整するとよいだろう。電磁気学の中で使われる数学などはやさしい解説と例題によりできるだけ納得して使えるようにし，電磁気学の基礎的で重要な法則は例題を通して導出から応用面までを読者に理解してもらえるように配慮したつもりである。それでも不十分なところは各章末に演習問題として提供した。例題，演習を省略せずにステップ・バイ・ステップで学んでもらえればと思う。

第 1 章から第 11 章までは電荷の分布による電界・電位分布，静電容量などを扱っている。点電荷による電界・電位分布計算と，面電荷分布に対するガウスの法則の適用方法が山であり，基本的なベクトル式と仮想閉曲面をちゃんと書けるようになればしめたものである。第 10 章でガウスの法則の微分形式表現を扱うが，ここでベクトルの発散に慣れておこう。なお，微分形式の深入りした議論は紙面の都合で割愛した。

第 12 章からは電荷移動により生じる現象を扱っている。不思議に思われるかもしれないが，電荷が動けば磁界が発生する。つまり電流により磁界が誘起されるのである。本書ではこの磁界を末松安晴先生の「電磁気学」にならって誘磁界と呼ぶこととした。磁束密度とまったく同じものである。アンペアの周回積分の法則では仮想閉曲線を面倒がらずに書けば意外と理解しやすい。

第 19 章はファラデーの電磁誘導の法則。夜でも本を読めるのもこの法則のおかげである。電界，誘磁界および物体運動が相互に関係付けられ，いよいよ電磁気学の核心，面白いところに入るわけだ。そして第 20 章ではポテンシャルの話が出てくるが，少々難解になるので本書では簡単にしか扱わなかった。また，第 21 章の磁性体について，磁位に関する事項を紙面の都合で割愛した。このため，ベクトル・ポテンシャルに基づくノイマンの式や，磁位を介した磁界分布計算などは他書を参照されたい。

第 25 章からは電界と磁界が正弦波振動する電磁波を扱っている。有名なマックスウェル方程式から波動方程式を導く過程や，身近な光の反射，屈折が，なるほどとわかってもらえれば幸いである。

付録には本文での定理，基本法則等を整理し，力だめしを載せた。また，多くの練習問題とその解答を載せたので，できるだけ多く挑戦して，電磁気学をますます好きなものにしてもらえれば光栄である。

筆者らが今日あるのは学問のあり方を教えてくださった元東京工業大学学長末松安晴先生であり，先生の著した「電磁気学」（共立出版）に影響を受けて，学部 1 年生を対象に書いたサブノートが 16 年の間，幾多の変遷を経ながら続いてきたものが本書の源泉であり，先生には深く感謝を申し上げます。また，出版に際して（株）ピアソン・エデュケーションの江幡尚之氏に大変お世話になりました。心より感謝いたします。

なお，本書には筆者が浅学のゆえに間違い等があるかと思われるが読者の叱責を得て直していきたい。

平成 14 年 3 月
筆者記す

復刊に際して

本書は（株）ピアソン・エデュケーションが工学系の出版分野を廃止したことにより廃刊となったが，教科書として使用していた大学より復刊の要望があり，これをサイエンス社に引き受けていただきました。復刊に際して，サイエンス社編集部長 田島伸彦氏，足立豊氏には大変お世話になりました。心より感謝いたします。

平成 26 年 4 月

目次

第 1 章　クーロンの法則

1.1　電荷と電子

電荷	**電荷**：物体が持っている電気量。電気的なエネルギーを持つ場の源泉。
電荷の最小単位	**電荷の最小単位**：電子の電荷 $= -1.602 \times 10^{-19}$　[C]†
自由電子	**自由電子**：母体原子から遊離し，熱的運動（ブラウン運動）を行っている電子。特定の原子に束縛されることなく，自由に動き回れる電子。
束縛電子	**束縛電子**：原子核の周りにあってクーロン力に束縛され，他の原子に自由には移動できない電子。
電流	**電流**：単位時間あたりに通過する電荷の量で定義される。 $I = \dfrac{dQ}{dt}$　[A]††
熱的ブラウン運動	**熱的ブラウン運動**：周りの原子との衝突を繰り返して熱的運動を行っている電子は，電界がかかっていないと，左右上下方向に運動し，その統計的な総和が零となる†††。

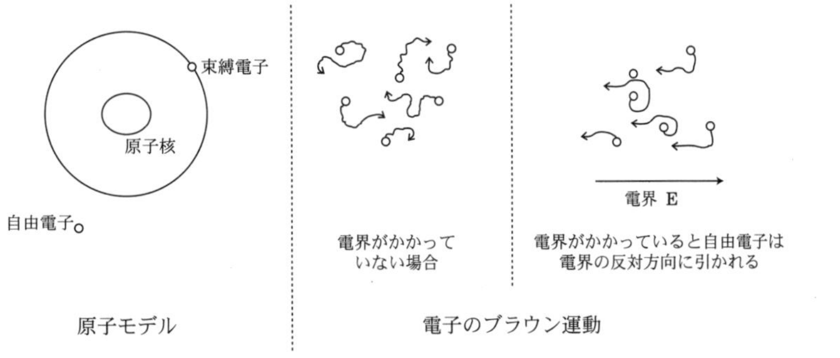

図1.1　原子モデルと電子のブラウン運動

---

† [C] クーロン：電荷の単位，MKS 単位系（Meter, Kirogram, Second）
†† [A]=[C/s] アンペア：電流の単位
††† 左へ行き，右へ行き，上へ行ったり，下へ行ったりして，結局動いていないのと同じ結果となる。

帯電体

帯電体：電荷を帯びた物質。

導体

導体：電荷の通りやすい物質またはキャリア濃度が高い物質。

（例）金属，電解溶液，炭素

絶縁体

絶縁体：電荷が通りにくく，かつキャリア濃度が低い物質。

（例）水晶，雲母，陶磁器，ゴム，エボナイト

半導体

半導体：外部からの電界や光照射でキャリア濃度を変えることにより伝導度を制御できる物質。

ダイオード，トランジスタなどに広く利用されている。

（例）ゲルマニウム，シリコン，ガリウムヒ素

超伝導体

超伝導体：極低温で抵抗がまったくなくなる物質。

強力な電磁石やジョセフソン素子などに利用される。

（例）鉛，ニオブ，バリウス鉛ビスマス酸化物

図1.2 に各媒質の固有抵抗を示す。ただし，同じ材料でも抵抗値が温度や組成，キャリア濃度などに依存し，また，導体，絶縁体，半導体の境界がはっきりしているわけではない。

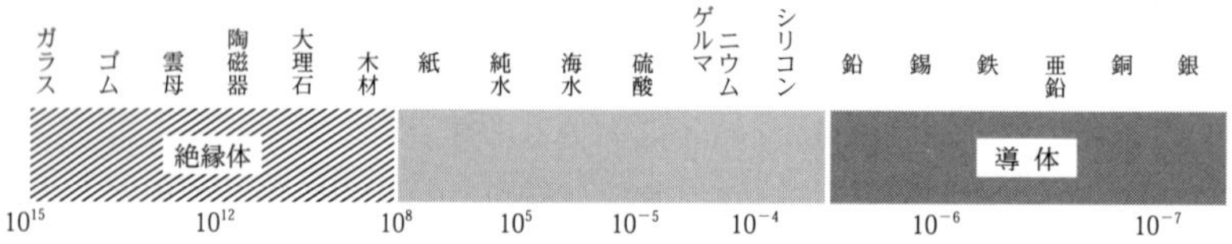

図1.2　固有抵抗 [Ωm]

起電力の定義

起電力：導体に外部から何らかの形により電界を加えて電流を流すような作用：単位 [V]

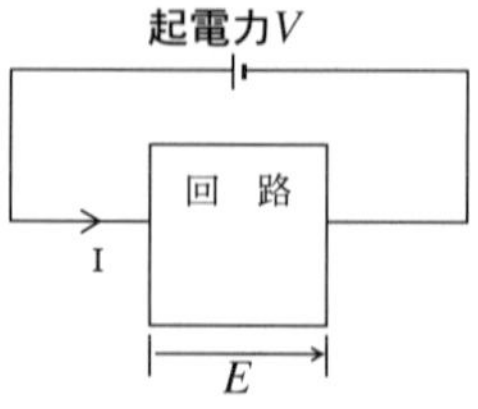

図1.3　起電力の説明

1.2　クーロンの法則（実験法則）

クーロンの法則（真空中）

クーロンの法則（真空中）：2 つの帯電体の間に働く力は，帯電体の大きさに比べて十分に大きな距離では，その方向が両帯電体を結ぶ線上にあって，両電荷が同符号のときは反発し，異符号のときは引き合い，その大きさは両電荷量の積に比例し，距離の 2 乗に反比例する。この力をクーロン力（電気力）という。

クーロンの法則の実験式

$$F = \frac{1}{4\pi\varepsilon_0}\frac{Q_1 Q_2}{r^2} \quad [\mathrm{N}] \quad \text{真空中}^{\dagger} \tag{1.1}$$

ただし，Q_1，Q_2：電荷 [C]

r：電荷間の距離　[m]

$$\frac{1}{4\pi\varepsilon_0} = 9 \times 10^9 \quad [\mathrm{m/F}] \tag{1.2}$$

ε_0：真空誘電率 $= 8.854 \times 10^{-12}$　[F/m] ††

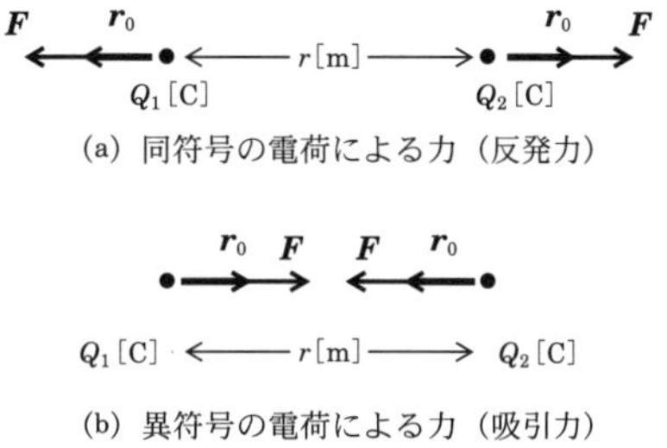

図1.4　クーロンの法則のモデル

† 式（1.1）の分母の r^2 の 2 はこれまでの経験による推測値である。実験的には 2 に近似できることが確認されている。

†† ε_0 の値を覚える代わりに式（1.2）を覚えておき，必要に応じて（1.2）から ε_0 の値を算出するとよい。

クーロンの法則のベクトル表現式

クーロンの法則をベクトルで表すと

$$\boldsymbol{F} = \frac{1}{4\pi\varepsilon_0}\frac{Q_1Q_2}{r^2}\boldsymbol{r}_0 \quad [\mathrm{N}] \tag{1.3}$$

ただし $\boldsymbol{r}_0$ は電荷間の単位位置ベクトル

ベクトル

ベクトル：大きさ，方向を表現。

（例）力，電界，磁界，電流，速度

スカラー

スカラー：大きさのみ表現。

（例）質量，電荷，磁荷，電位，抵抗

単位ベクトル

a 方向の単位ベクトル $\boldsymbol{a}_0$

単位ベクトル：大きさが 1 のベクトル。

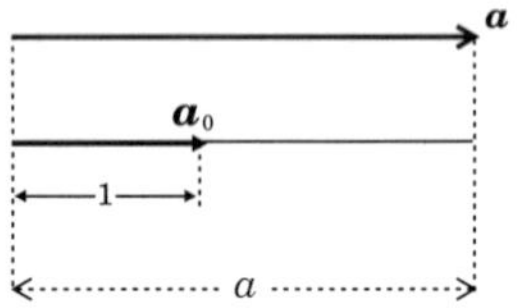

図1.5　単位ベクトル $\boldsymbol{a}_0$ の説明

$$\boldsymbol{a} = a\boldsymbol{a}_0 \text{（ベクトル）} \tag{1.4}$$

$$\boldsymbol{a}_0 = \frac{\boldsymbol{a}}{a} \text{（単位ベクトル）} \tag{1.5}$$

位置ベクトル

位置に関するベクトルについては，$\boldsymbol{a}$ を $\boldsymbol{r}$ で表記し，この $\boldsymbol{r}$ を特に位置ベクトル，$\boldsymbol{r}_0$ を単位位置ベクトル，r を位置ベクトルの長さ，または距離と呼ぶ。

【例 1.1】 2 つの電荷 Q_1，Q_2 が距離 5 [cm] 離れて置かれているとき，各電荷に働くクーロン力を求めよ。ただし，$Q_1 = 0.2$ [C]，$Q_2 = 0.3$ [C] とする。

各電荷に働くクーロン力は式（1.1）より

$$\begin{aligned} F &= \frac{1}{4\pi\varepsilon_0}\frac{Q_1Q_2}{r^2} = 9 \times 10^9 \times \frac{0.2 \times 0.3}{(5 \times 10^{-2})^2} \\ &= 216 \times 10^9 \quad [\mathrm{N}] \quad \text{（反発力）} \end{aligned}$$

【例 1.2】　一辺が 5 [m] の正三角形の各頂点に点電荷 $Q = 0.002$ [C] が置かれているとき，それぞれの頂点に働く力を求めよ。

図のように各頂点間に働く力（反発力）は，

$$
\begin{aligned}
F_1 &= \frac{1}{4\pi\varepsilon_0}\frac{Q_1Q_2}{r^2} = 9\times10^9\times\frac{0.002^2}{5\times5} \\
&= 9\times10^9\times4\times10^{-6}\times4\times10^{-2} \\
&= 1440 \quad [\mathrm{N}]
\end{aligned}
$$

したがって，各頂点に働く力，すなわち各頂点間に働く合成力は

$$
F = \sqrt{3}F_1 = 1440\sqrt{3} \quad [\mathrm{N}]
$$

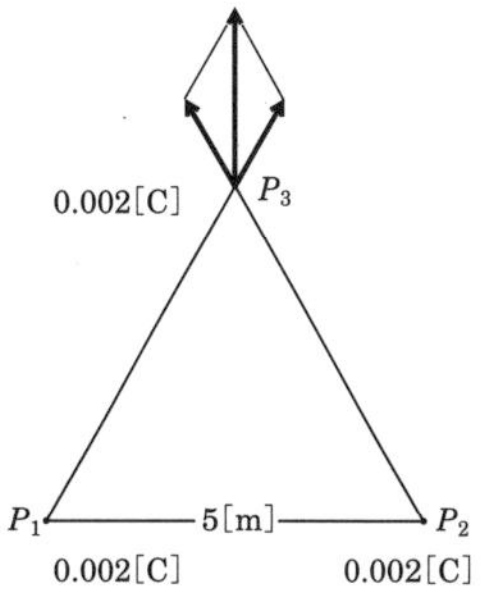

合成ベクトルの力

【例 1.3】　2 つの電荷 $Q_1 = 0.1$ [C]，$Q_2 = 0.4$ [C] が距離 3 [cm] 離れて置かれているとき，両電荷を結ぶ直線上にはどのような大きさの電荷を置いてもクーロン力が働かない位置がある。この位置を求めよ。

2 つの電荷は同極性であるから，両電荷によるクーロン力が互いに反対向きになる位置 P は両電荷の間にある。両電荷間の距離は 3[cm] であるから，Q_1 から P までの距離を a（ただし $0 < a < 0.03$），Q_2 からの距離を $0.03 - a$ とする。
P 点に置く電荷の大きさを Q_0 として，これに働くクーロン力を求めると

$$
F_1 = \frac{1}{4\pi\varepsilon_0}\frac{0.1\times Q_0}{a^2}, \qquad F_2 = \frac{1}{4\pi\varepsilon_0}\frac{0.4\times Q_0}{(0.03-a)^2}
$$

これらの力はお互い反対方向であるから，Q_0 に働く力をキャンセルするためには $F_1 = F_2$ と置けばよい。これに上の 2 つの式を代入すれば

$$4a^2 = (0.03-a)^2$$

よって　$2a = \pm(0.03-a)$

よって　$a = 0.01, -0.03$

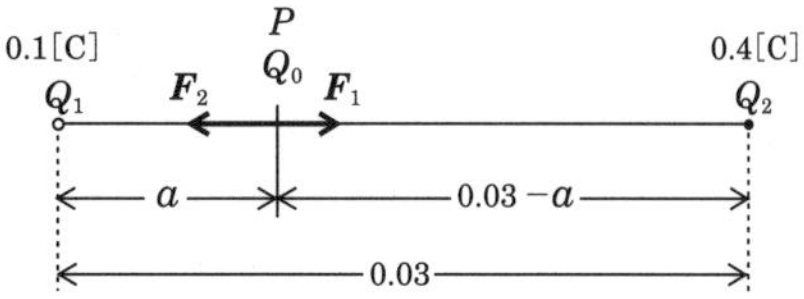

$0 < a < 0.03$ だから $a = 0.01$ [m] $= 1$ [cm]

1.3　クーロンの法則と万有引力の法則

クーロンの法則と万有引力の法則とは非常によく似た形をしており，事実，クーロンの法則は最初，万有引力の法則と同じように考えられた。しかし実際には，両者には下に述べるように大きな違いがある（後述の電界の項を参照）。

■**クーロンの法則**（電気力）

$$\boldsymbol{F} = \frac{1}{4\pi\varepsilon_0}\frac{Q_1Q_2}{r^2}\boldsymbol{r}_0 \ \ [\mathrm{N}] \qquad \left(\frac{1}{4\pi\varepsilon_0} = 9\times10^9\ [\mathrm{m/F}]\right) \tag{1.6}$$

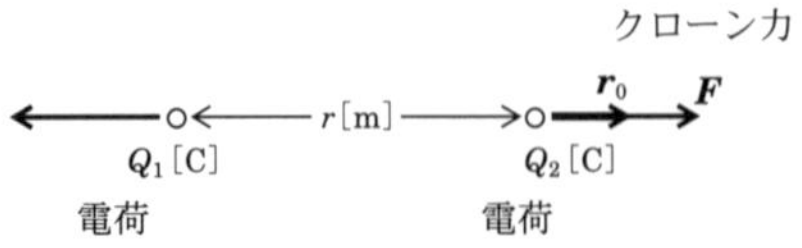

図1.6　クーロンの法則

電気力は電荷間の距離だけでなく，媒質にも影響される。
原子核と電子，原子や分子の間に働く化学的な力，凝集力，結合させる力。

■**万有引力の法則**（重力）　Newton 力学

$$\boldsymbol{F} = G\frac{mM}{r^2}\boldsymbol{r}_0 \quad [\mathrm{N}] \qquad \left(G = 6.7\times10^{-11}\ \ [\mathrm{Nm^2/kg^2}]\right) \tag{1.7}$$

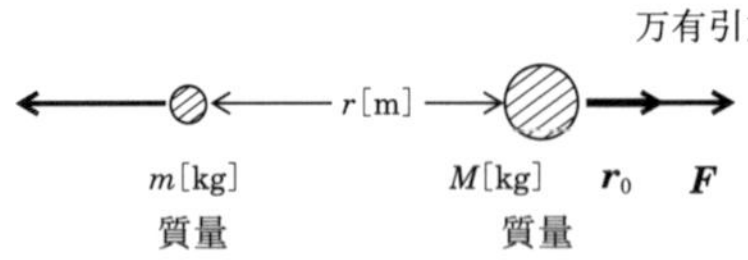

図1.7　万有引力の法則

重力は質量間の距離のみに依存し，媒質には影響されない。
地球と太陽の間に働く力，惑星間に働く力。潮の干満。
万有引力定数はキャベンディシュが金属球間の引力をねじれ秤で測定することにより得られた。

電気力と重力の違い：電気力は，媒体の間になんらかの媒質（ガラス，鉄など）を挿入すると弱まる（式（7.13）参照）が，重力ではこのようなことはない。

演習問題

1.1　点電荷 $Q_1 = 25$ [μC] と $Q_2 = 12$ [μC] が，それぞれ（$1, 2, 3$）と（$-1, 0, 2$）に置かれているとき，Q_1 に働く力を求めよ。

1.2　2 つの電子の間に働くクーロン力と万有引力の大きさを比較せよ。ただし，電子の質量は $m = 9.1 \times 10^{-31}$ [kg] である。

1.3　半径 1 [m] の円周上に 10 [μC] の電荷 8 個が等間隔に置かれている。この円の中心軸上で，円の中心から 1 [m] の距離に置かれている電荷 50 [μC] に働く力を求めよ。

1.4　次の文章が完結するように人名か適当な述語を記入せよ。
2 個の点電荷に働く力を表した式を [　] の法則と呼ぶ。この式はその極限として距離 r を零にすると F は無限大になる。この場合，数学的には [　] があるという。しかし，物理的にはこのような [　] は起こらない。ここで用いている [　] の仮定は電荷間の [　] に比べて，電荷の [　] ということである。この法則をもとに [　] の法則が導かれている。

1.5　空気中の 2 点 A，B にそれぞれ等しい正電荷 Q が 1 [m] 離れて置かれている。2 点 A，B を結ぶ直線上で $2Q$ の電荷をどの位置に置くと B 点に働く力が平衡するか。

1.6　長さ ℓ [m] の正方形の各頂点に $-Q_A$ [C] の点電荷を置いたとき，その正方形の中心にどれほどの点電荷 Q_B [C] を置いたら各電荷がつりあうか。

第2章　電界

2.1　電界の定義と意味

電界の意味

帯電体の周囲の空間に他の帯電体を近づけると電気力を及ぼすような特殊な状態にある空間を電界という。この空間は帯電体があることによって空間が変化し歪む。すなわちこの空間の変化が力を伝えるものと考える。

電界の定義

任意の点 P の電界は，点 P に単位正電荷（1 [C]）を置いたとき働くクーロン力に相当する大きさと方向を有するものとして定義される。

自由空間における1個の点電荷による電界

☆自由空間における1個の点電荷による電界

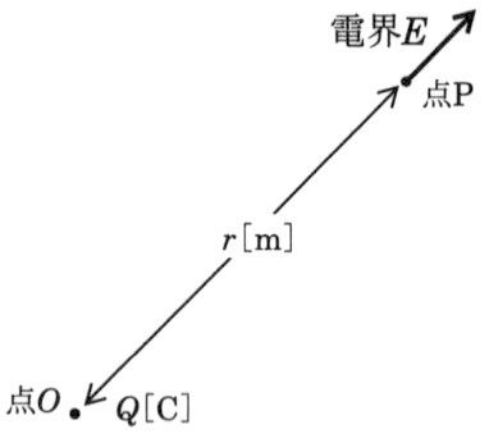

図2.1　点 O に電荷 Q があるときの点 P の電界

Q により作られている電界中で単位正電荷 1 [C] に働く力は

$$\boldsymbol{F} = \frac{1}{4\pi\varepsilon_0}\frac{Q}{r^2}\boldsymbol{r}_0 \quad [\mathrm{N}] \qquad (2.1)$$

となるので，電界は定義より

$$\boldsymbol{E} = \frac{1}{4\pi\varepsilon_0}\frac{Q}{r^2}\boldsymbol{r}_0 \quad [\mathrm{V/m}] \qquad (2.2)$$

となる。電界の大きさは

$$E = \frac{1}{4\pi\varepsilon_0}\frac{Q}{r^2} \quad [\mathrm{V/m}] \qquad (2.3)$$

となる。

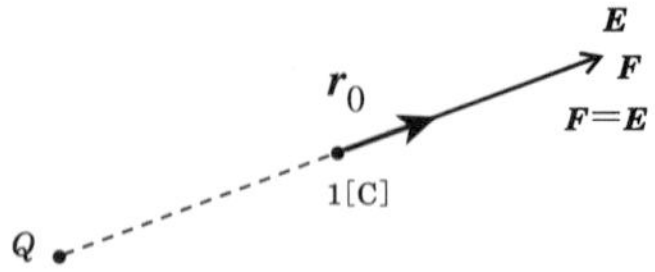

図2.2　電界とクーロンの法則の関係

クーロン力と電界の関係

点 P における電界が $\boldsymbol{E}$ のとき，P に電荷 Q' を置くとその電荷に働くクーロン力は

$$\boldsymbol{F} = Q'\boldsymbol{E} \quad [\mathrm{N}] \tag{2.4}$$

【例 2.1】 点電荷 225×10^{-7} [C] から 30 [m] 離れた位置の電界の大きさを求めよ。また，その位置に 2×10^{-7} [C] の電荷を置いたとき，その電荷に働く力を求めよ。

式 (2.3) より

$$E = \frac{1}{4\pi\varepsilon_0}\frac{Q}{r^2} = 9 \times 10^9 \times \frac{225 \times 10^{-7}}{30^2} = 225 \quad [\mathrm{V/m}]$$

電荷に働く力は

$$F = Q'E = 2 \times 10^{-7} \times 225 = 4.5 \times 10^{-5} \quad [\mathrm{N}]$$

【例 2.2】 帯電体より 10 [km] の位置で電界の大きさが 50 [V/m] であるとき，帯電体より 50 [km] の位置における電界の大きさを求めよ。

電界は，式 (2.3) より

$$E = \frac{1}{4\pi\varepsilon_0} \cdot \frac{Q}{r^2}$$

で表されるから，10 と 50 [km] における電界について

$$50 = \frac{1}{4\pi\varepsilon_0}\frac{Q}{(10^4)^2} \tag{1}$$

$$E = \frac{1}{4\pi\varepsilon_0}\frac{Q}{(50 \times 10^3)^2} \tag{2}$$

(2)/(1):

$$\frac{E}{50} = \frac{10^8}{(50 \times 10^3)^2} = \frac{10^2}{50 \times 50}$$

よって

$$E = \frac{100}{50} = 2 \quad [\mathrm{V/m}]$$

2.2　電界とベクトル

ベクトル

ベクトルは大きさと方向を表現するもので，代表的なものに，電界 $\boldsymbol{E}$，力 $\boldsymbol{F}$ などがある。

単位ベクトル $\boldsymbol{i}, \boldsymbol{j}, \boldsymbol{k}$

$\boldsymbol{i}$: x 軸方向の大きさ 1 のベクトル
$\boldsymbol{j}$: y 軸方向の大きさ 1 のベクトル
$\boldsymbol{k}$: z 軸方向の大きさ 1 のベクトル

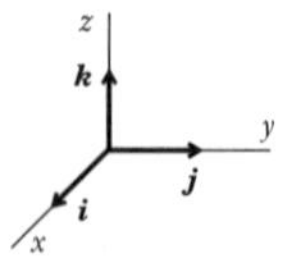

図2.3　単位ベクトル

ベクトル $\boldsymbol{A}$ を単位ベクトルで表す

$$\boldsymbol{A} = A_x\boldsymbol{i} + A_y\boldsymbol{j} + A_z\boldsymbol{k} \tag{2.5}$$

A_x : ベクトル $\boldsymbol{A}$ の x 方向成分
A_y : ベクトル $\boldsymbol{A}$ の y 方向成分
A_z : ベクトル $\boldsymbol{A}$ の z 方向成分

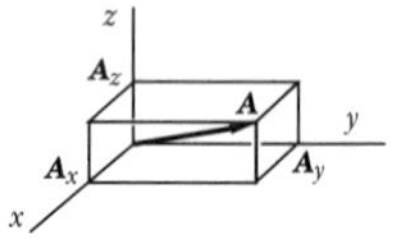

図2.4　ベクトル $\boldsymbol{A}$

ベクトル $\boldsymbol{A}$ の大きさ

$|\boldsymbol{A}|$ あるいは A と表す。

$$|\boldsymbol{A}| = \sqrt{A_x^2 + A_y^2 + A_z^2} \tag{2.6}$$

ベクトル $\boldsymbol{A}$ とベクトル $\boldsymbol{B}$ の和

ベクトルの和は各成分の和となる。

$$\begin{aligned} \boldsymbol{A} + \boldsymbol{B} &= (A_x + B_x)\boldsymbol{i} \\ &+ (A_y + B_y)\boldsymbol{j} \\ &+ (A_z + B_z)\boldsymbol{k} \end{aligned} \tag{2.7}$$

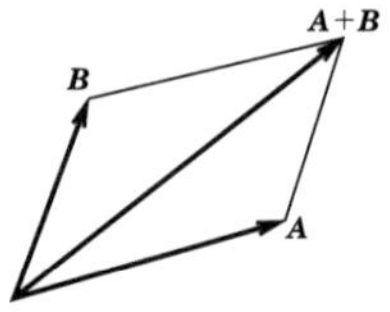

図2.5　$\boldsymbol{A} + \boldsymbol{B}$

ベクトル $\boldsymbol{A}$ の単位ベクトル

ベクトル $\boldsymbol{A}$ とその単位ベクトル $\boldsymbol{a}$ の関係は

$$\boldsymbol{A} = A\boldsymbol{a} \tag{2.8}$$

と表され，単位ベクトル $\boldsymbol{a}$ は

$$\boldsymbol{a} = \frac{\boldsymbol{A}}{A} \tag{2.9}$$

となる。

電界ベクトル $\boldsymbol{E}$ とその大きさ

電界 $\boldsymbol{E}$ を単位ベクトル $\boldsymbol{i},\boldsymbol{j},\boldsymbol{k}$ で表すと

$$\boldsymbol{E} = E_x\boldsymbol{i} + E_y\boldsymbol{j} + E_z\boldsymbol{k} \tag{2.10}$$

となる。また，その大きさは

$$E = |\boldsymbol{E}| = \sqrt{\boldsymbol{E}\cdot\boldsymbol{E}} = \sqrt{E_x^2 + E_y^2 + E_z^2} \tag{2.11}$$

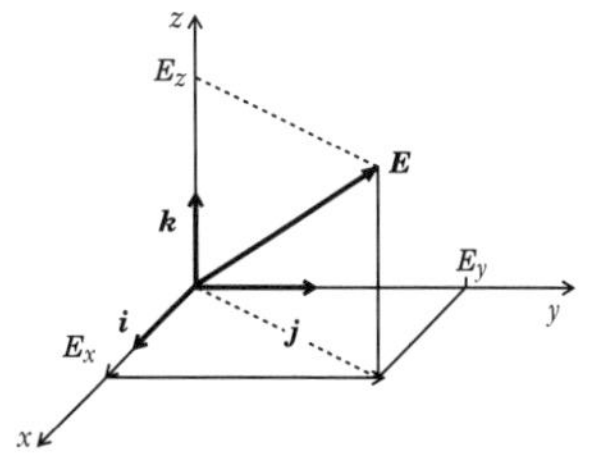

図**2.6**　電界ベクトル $\boldsymbol{E}$

【例 2.3】　xy 平面上で，点 P_0 $(0,0)$ に 電荷 0.002 [C] が置かれているとき，点 P_1 $(3,4)$ の電界 $\boldsymbol{E}$ を求めよ。

点 P_0 と P_1 の間の距離は図より 5 であるから，電界の大きさは式（2.3）より

$$E = \frac{1}{4\pi\varepsilon_0}\frac{0.002}{5^2} = \frac{18\times10^6}{25} = 72\times10^4$$

したがって，電界の x 方向成分 E_x は

$$E_x = 72\times10^4\times\frac{3}{5} = 432\times10^3$$

電界の y 方向成分 E_y は

$$E_y = 72\times10^4\times\frac{4}{5} = 576\times10^3$$

これより，電界 $\boldsymbol{E}$ は次式のようになる。

$$\boldsymbol{E} = (4.32\boldsymbol{i} + 5.76\boldsymbol{j})\times10^5 \quad [\mathrm{V/m}]$$

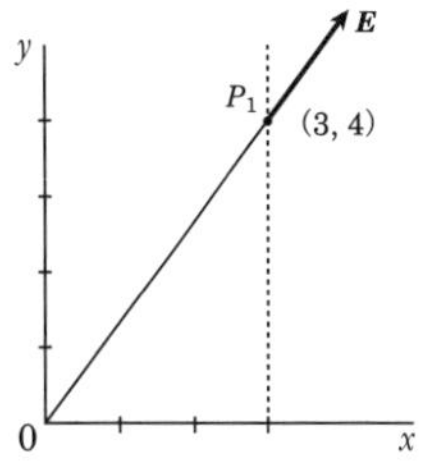

電界ベクトル

【例 2.4】　原点 O に点電荷 0.1 [C] があるとき，点 $P(1,-2,2)$ における電界をベクトルで表せ。

2 点 OP 間の距離は $r = \sqrt{1+4+4} = \sqrt{9} = 3$

これより，電界の大きさ E は $E = \dfrac{1}{4\pi\varepsilon_0}\dfrac{0.1}{9} = 10^8$

したがって，電界の x，y，z 方向成分は

$$E_x = \frac{1}{3}\times10^8,\ E_y = \frac{-2}{3}\times10^8,\ E_z = \frac{2}{3}\times10^8$$

これより，電界ベクトルは

$$\boldsymbol{E} = \frac{10^8}{3}(\boldsymbol{i} - 2\boldsymbol{j} + 2\boldsymbol{k}) \quad [\mathrm{V/m}]$$

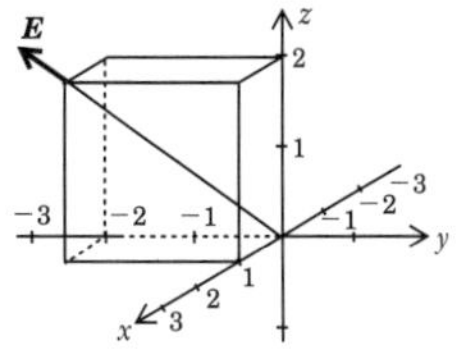

【例 2.5】 ある点 A に点電荷があって，これによる点 $P(1,2,-1)$ の電界が $\boldsymbol{E}=14\boldsymbol{i}-7\boldsymbol{j}+14\boldsymbol{k}$ のとき，点 A の座標を求めよ。ただし，点電荷の値は $Q=21\times10^{-9}$ [C] とする。

点 A から点 P への位置ベクトルを $\boldsymbol{r}$ とすると，その単位ベクトル $\boldsymbol{r}_0$ は

$$\boldsymbol{r}_0=\frac{7(2\boldsymbol{i}-\boldsymbol{j}+2\boldsymbol{k})}{7\sqrt{2^2+1^2+2^2}}=\frac{2\boldsymbol{i}-\boldsymbol{j}+2\boldsymbol{k}}{3}$$

電界の大きさ $|\boldsymbol{E}|$ は

$$|\boldsymbol{E}|=\frac{\boldsymbol{E}}{\boldsymbol{r}_0}=\frac{7(2\boldsymbol{i}-\boldsymbol{j}+2\boldsymbol{k})}{\frac{2\boldsymbol{i}-\boldsymbol{j}+2\boldsymbol{k}}{3}}=21$$

位置ベクトルの大きさを r とすると

$$|\boldsymbol{E}| \;=\; \frac{1}{4\pi\varepsilon_0}\frac{Q}{r^2}\text{ であるから }\frac{1}{4\pi\varepsilon_0}\frac{Q}{r^2}=21$$

よって　$9\times10^9\times\frac{21\times10^{-9}}{r^2}=21$

よって　$r=3$

よって　$\boldsymbol{r}=r\boldsymbol{r}_0=2\boldsymbol{i}-\boldsymbol{j}+2\boldsymbol{k}.\ \cdots\ (1)$

原点から点 A，点 P の位置ベクトルをそれぞれ $\boldsymbol{r}_A$，$\boldsymbol{r}_P$ とすると

$$\boldsymbol{r}_A \;=\; \boldsymbol{r}_P-\boldsymbol{r}$$

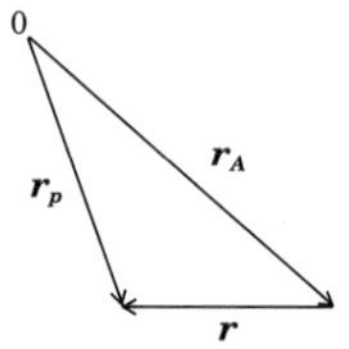

(1) を代入して

$$\boldsymbol{r}_A=(\boldsymbol{i}+2\boldsymbol{j}-\boldsymbol{k})-(2\boldsymbol{i}-\boldsymbol{j}+2\boldsymbol{k})=-\boldsymbol{i}+3\boldsymbol{j}-3\boldsymbol{k}$$

これより，点 A の座標は $(-1,3,-3)$ である。

[別解]

r を求めるところまでは上記解法と同様である。点 A の座標を (a,b,c) とする。

$$\boldsymbol{r}_0 \;=\; \frac{\boldsymbol{r}}{|\boldsymbol{r}|}=\frac{(1-a)\boldsymbol{i}+(2-b)\boldsymbol{j}+(-1-c)\boldsymbol{k}}{r}=\frac{(1-a)\boldsymbol{i}+(2-b)\boldsymbol{j}+(-1-c)\boldsymbol{k}}{3}$$

すでに求めた $\boldsymbol{r}_0$ と比較すれば

$$\begin{aligned}1-a &= 2\\ 2-b &= -1\\ -1-c &= 2\end{aligned}$$

よって　$a=-1,\ b=3,\ c=-3$

これより，点 A の座標は $(-1,3,-3)$ である。

2.3　電界計算におけるベクトルの取扱い†

$P_1(x_1, y_1, z_1)$ に Q_1 の電荷を置いたときの $P_2(x_2, y_2, z_2)$ における電界を求める。
P_1 から P_2 への位置ベクトルを $\boldsymbol{r}$
$\boldsymbol{r}$ の単位位置ベクトルを $\boldsymbol{r}_0$
$\boldsymbol{r}$ の大きさ（P_1，P_2 間距離）を r
とすると

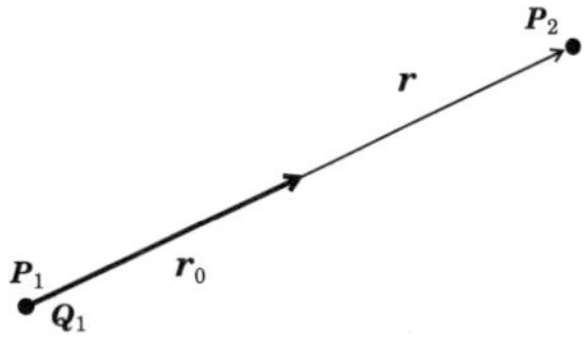

$$\boldsymbol{r} = \boldsymbol{r}_2 - \boldsymbol{r}_1 = (x_2 - x_1)\boldsymbol{i} + (y_2 - y_1)\boldsymbol{j} + (z_2 - z_1)\boldsymbol{k} \tag{2.12}$$

$$r = |\boldsymbol{r}| = |\boldsymbol{r}_2 - \boldsymbol{r}_1| = \sqrt{(x_2 - x_1)^2 + (y_2 - y_1)^2 + (z_2 - z_1)^2} \tag{2.13}$$

$$\begin{aligned} \boldsymbol{r}_0 &= \frac{\boldsymbol{r}}{r} = \frac{\boldsymbol{r}_2 - \boldsymbol{r}_1}{|\boldsymbol{r}_2 - \boldsymbol{r}_1|} \\ &= \frac{(x_2 - x_1)\boldsymbol{i} + (y_2 - y_1)\boldsymbol{j} + (z_2 - z_1)\boldsymbol{k}}{\sqrt{(x_2 - x_1)^2 + (y_2 - y_1)^2 + (z_2 - z_1)^2}} \end{aligned} \tag{2.14}$$

$$\begin{aligned} \boldsymbol{E} &= E\boldsymbol{r}_0 \\ &= E \cdot \frac{\boldsymbol{r}}{r} \end{aligned}$$

よって

$$\boldsymbol{E} = \frac{1}{4\pi\varepsilon_0}\frac{Q}{r^2}\frac{(x_2 - x_1)\boldsymbol{i} + (y_2 - y_1)\boldsymbol{j} + (z_2 - z_1)\boldsymbol{k}}{\sqrt{(x_2 - x_1)^2 + (y_2 - y_1)^2 + (z_2 - z_1)^2}} \tag{2.15}$$

ただし，r^2 は $|\boldsymbol{r}_2 - \boldsymbol{r}_1|^2$ であり，分母にある平方根の 2 乗である。
$\boldsymbol{E}$ を次のように変形すると方向余弦を求めることができる。

$$\boldsymbol{E} = \frac{1}{4\pi\varepsilon_0}\frac{Q}{r^2}\Bigg(\underbrace{\frac{x_2 - x_1}{r}}_{\cos\theta_x}\boldsymbol{i} + \underbrace{\frac{y_2 - y_1}{r}}_{\cos\theta_y}\boldsymbol{j} + \underbrace{\frac{z_2 - z_1}{r}}_{\cos\theta_z}\boldsymbol{k}\Bigg) \tag{2.16}$$

すなわち方向余弦は

$$\begin{cases} \cos\theta_x = \dfrac{x_2 - x_1}{r} \\ \cos\theta_y = \dfrac{y_2 - y_1}{r} \\ \cos\theta_z = \dfrac{z_2 - z_1}{r} \end{cases}$$

† この項（Section 2.3）は以降多用される内容であるので，必ず十分理解し記憶することが望まれる。

また E_x，E_y，E_z は

$$\begin{cases} E_x &= \frac{x_2-x_1}{r}E \\ E_y &= \frac{y_2-y_1}{r}E \\ E_z &= \frac{z_2-z_1}{r}E \end{cases}$$

で与えられる。

2.4　2 個の点電荷により作られる電界

2 個の点電荷により作られる電界

電荷 Q_1 による電界を $\boldsymbol{E}_1$，電荷 Q_2 による電界を $\boldsymbol{E}_2$ として

$$\boldsymbol{E}_1 = E_{1x}\boldsymbol{i} + E_{1y}\boldsymbol{j} + E_{1z}\boldsymbol{k} \tag{2.17}$$

$$\boldsymbol{E}_2 = E_{2x}\boldsymbol{i} + E_{2y}\boldsymbol{j} + E_{2z}\boldsymbol{k} \tag{2.18}$$

合成電界 $\boldsymbol{E}$ は，電界 $\boldsymbol{E}_1$，$\boldsymbol{E}_2$ の各成分の和に単位ベクトルをつけて表すことができる。

$$\begin{aligned} \boldsymbol{E} &= \boldsymbol{E}_1 + \boldsymbol{E}_2 \\ &= (E_{1x} + E_{2x})\boldsymbol{i} + (E_{1y} + E_{2y})\boldsymbol{j} + (E_{1z} + E_{2z})\boldsymbol{k} \end{aligned}$$

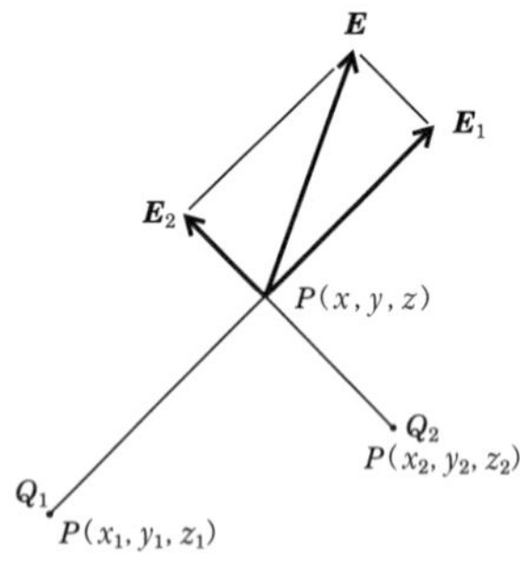

図2.7　電界ベクトルの合成図

【例 2.6】 $\boldsymbol{E}_1 = 2\boldsymbol{i} + 3\boldsymbol{j} + 4\boldsymbol{k}$，　$\boldsymbol{E}_2 = -5\boldsymbol{i} - 4\boldsymbol{j} + 3\boldsymbol{k}$　について，合成電界 $\boldsymbol{E}$ を求めよ。

合成電界は

$$\boldsymbol{E} = \boldsymbol{E}_1 + \boldsymbol{E}_2 = (2-5)\boldsymbol{i} + (3-4)\boldsymbol{j} + (4+3)\boldsymbol{k} = -3\boldsymbol{i} - \boldsymbol{j} + 7\boldsymbol{k}$$

【例 2.7】 点 P_1 (0,0,0) に 3 [C]，点 P_2 (5,0,0) に 2 [C] を置くとき，点 P (4,2,0) における電界 $\boldsymbol{E}$ とその大きさを求めよ。

$$\begin{aligned}
\boldsymbol{E} &= \frac{1}{4\pi\varepsilon_0}\frac{3}{r_1^2}\frac{(4-0)\boldsymbol{i}+(2-0)\boldsymbol{j}+(0-0)\boldsymbol{k}}{\sqrt{(4-0)^2+(2-0)^2+(0-0)^2}}+\frac{1}{4\pi\varepsilon_0}\frac{2}{r_2^2}\frac{(4-5)\boldsymbol{i}+(2-0)\boldsymbol{j}+(0-0)\boldsymbol{k}}{\sqrt{(4-5)^2+(2-0)^2+(0-0)^2}}\\
&= \frac{1}{4\pi\varepsilon_0}\left[\frac{3\times 2(2\boldsymbol{i}+\boldsymbol{j})}{20\sqrt{20}}+\frac{-2\boldsymbol{i}+4\boldsymbol{j}}{5\sqrt{5}}\right]\\
&= 9\times 10^9\times\frac{1}{20\sqrt{5}}[-2\boldsymbol{i}+19\boldsymbol{j}]
\end{aligned}$$

電界の大きさは

$$\begin{aligned}
E &= \frac{1}{4\pi\varepsilon_0}\frac{1}{20\sqrt{5}}\sqrt{(-2)^2+19^2}\\
&= \frac{1}{4\pi\varepsilon_0}\frac{\sqrt{73}}{20}\\
&= 3.8\times 10^9 \quad [\mathrm{V/m}]
\end{aligned}$$

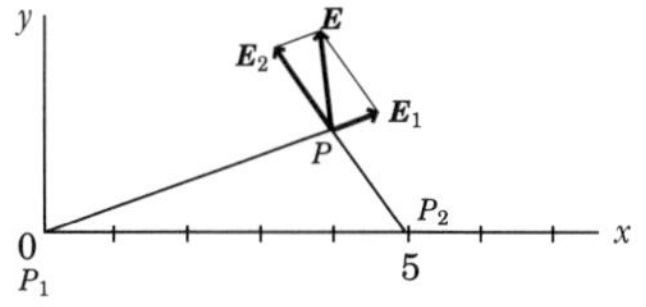

[別解]

電荷 Q_1 による電界を $\boldsymbol{E}_1$，電荷 Q_2 による電界を $\boldsymbol{E}_2$ とすると，その大きさは式 (2.3) より

$$E_1=\frac{1}{4\pi\varepsilon_0}\frac{3}{(\sqrt{20})^2},\qquad E_2=\frac{1}{4\pi\varepsilon_0}\frac{2}{(\sqrt{5})^2}$$

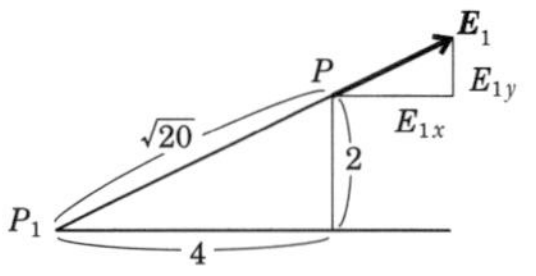

E_1，E_2 の x，y，z 成分は，図の三角形の相似関係より

$$E_{1x}=\frac{4}{\sqrt{20}}E_1=\frac{1}{4\pi\varepsilon_0}\frac{3}{10\sqrt{5}},\quad E_{1y}=\frac{2}{\sqrt{20}}E_1=\frac{1}{4\pi\varepsilon_0}\frac{3}{20\sqrt{5}},\quad E_{1z}=0$$

$$E_{2x}=-\frac{1}{\sqrt{5}}E_2=-\frac{1}{4\pi\varepsilon_0}\frac{2}{5\sqrt{5}},\quad E_{2y}=\frac{2}{\sqrt{5}}E_2=\frac{1}{4\pi\varepsilon_0}\frac{4}{5\sqrt{5}},\quad E_{2z}=0$$

したがって

$$\boldsymbol{E}=\frac{1}{4\pi\varepsilon_0}\left(\frac{3}{10\sqrt{5}}-\frac{2}{5\sqrt{5}}\right)\boldsymbol{i}+\frac{1}{4\pi\varepsilon_0}\left(\frac{3}{20\sqrt{5}}+\frac{4}{5\sqrt{5}}\right)\boldsymbol{j}=\frac{1}{4\pi\varepsilon_0}\left(\frac{-1}{10\sqrt{5}}\boldsymbol{i}+\frac{19}{20\sqrt{5}}\boldsymbol{j}\right)$$

電界の大きさは

$$E=\frac{1}{4\pi\varepsilon_0}\frac{1}{20\sqrt{5}}\sqrt{(-2)^2+19^2)}=\frac{1}{4\pi\varepsilon_0}\frac{\sqrt{73}}{20}=3.8\times 10^9\quad [\mathrm{V/m}]$$

【例 2.8】 x, y, z 直交座標系において，点（1,2,3）に電荷 $Q_1 = 28\sqrt{14} \times 10^{-9}$ [C]，点（2,−3,−1）に電荷 $Q_2 = 70\sqrt{14} \times 10^{-9}$ [C] が置かれているとき，原点における電界およびその大きさを求めよ。

$$
\begin{aligned}
\boldsymbol{E} &= \frac{1}{4\pi\varepsilon_0}\left[\frac{Q_1}{r_1^2}\frac{(0-1)\boldsymbol{i}+(0-2)\boldsymbol{j}+(0-3)\boldsymbol{k}}{\sqrt{(0-1)^2+(0-2)^2+(0-3)^2}}\right.\\
&\qquad \left.+\frac{Q_2}{r_2^2}\frac{(0-2)\boldsymbol{i}+(0-(-3))\boldsymbol{j}+(0-(-1))\boldsymbol{k}}{\sqrt{(0-2)^2+(0+3)^2+(0+1)^2}}\right]\\
&= \frac{1}{4\pi\varepsilon_0}\left[\frac{28\sqrt{14}\times10^{-9}}{14}\frac{-\boldsymbol{i}-2\boldsymbol{j}-3\boldsymbol{k}}{\sqrt{14}}+\frac{70\sqrt{14}\times10^{-9}}{14}\frac{-2\boldsymbol{i}+3\boldsymbol{j}+\boldsymbol{k}}{\sqrt{14}}\right]\\
&= 9\left[2(-\boldsymbol{i}-2\boldsymbol{j}-3\boldsymbol{k})+5(-2\boldsymbol{i}+3\boldsymbol{j}+\boldsymbol{k})\right] = 9(-12\boldsymbol{i}+11\boldsymbol{j}-\boldsymbol{k})
\end{aligned}
$$

また電界の大きさは

$$E = 9\sqrt{12^2+11^2+1^2} = 9\sqrt{266} \simeq 146.8 \quad \text{[V/m]}$$

[別解]

Q_1 から原点までの距離　　$r_1 = \sqrt{1^2+2^2+3^2} = \sqrt{14}$

原点から Q_2 までの距離　　$r_2 = \sqrt{2^2+(-3)^2+(-1)^2} = \sqrt{14}$

各電荷による電界の大きさは

$$
\begin{aligned}
E_1 &= \frac{1}{4\pi\varepsilon_0}\frac{Q_1}{r_1^2} = 9\times10^9\times\frac{28\sqrt{14}\times10^{-9}}{14} = 18\sqrt{14} \quad \text{[V/m]}\\
E_2 &= \frac{1}{4\pi\varepsilon_0}\frac{Q_2}{r_2^2} = 9\times10^9\times\frac{70\sqrt{14}\times10^{-9}}{14} = 45\sqrt{14} \quad \text{[V/m]}
\end{aligned}
$$

一方，電界（ベクトル）$\boldsymbol{E}_1$ は

$$\boldsymbol{E}_1 = \boldsymbol{i}\,E_{1x} + \boldsymbol{j}\,E_{1y} + \boldsymbol{k}\,E_{1z}$$

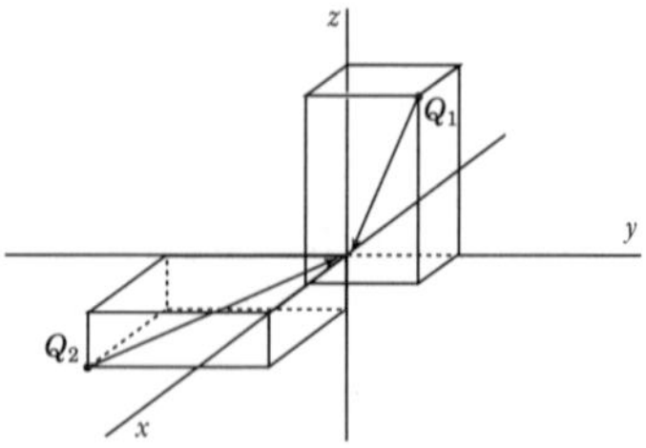

ここで

$$E_{1x} = \frac{-1}{\sqrt{14}}E_1, \quad E_{1y} = \frac{-2}{\sqrt{14}}E_1, \quad E_{1z} = \frac{-3}{\sqrt{14}}E_1$$

であるから

$$\boldsymbol{E}_1 = 18\sqrt{14}\left\{\frac{-1}{\sqrt{14}}\boldsymbol{i}+\frac{-2}{\sqrt{14}}\boldsymbol{j}+\frac{-3}{\sqrt{14}}\boldsymbol{k}\right\} = -18\boldsymbol{i}-36\boldsymbol{j}-54\boldsymbol{k}$$

同様に $\boldsymbol{E}_2$ は

$$\boldsymbol{E}_2 = -90\boldsymbol{i} + 135\boldsymbol{j} + 45\boldsymbol{k}$$

これより，合成電界は $\boldsymbol{E} = \boldsymbol{E}_1 + \boldsymbol{E}_2$ より

$$\boldsymbol{E} = -108\boldsymbol{i} + 99\boldsymbol{j} - 9\boldsymbol{k} = 9(-12\boldsymbol{i} + 11\boldsymbol{j} - \boldsymbol{k})$$

電界の大きさは

$$E = \sqrt{\boldsymbol{E}\cdot\boldsymbol{E}}^{\dagger} = \sqrt{9^2 \times (12^2 + 11^2 + 1^2)} = 9\sqrt{266} \simeq 146.8 \quad [\mathrm{V/m}]$$

【例 2.9】 図のように微小間隔 ℓ を隔てて正負の電荷 $\pm Q$ が存在する状態を電気双極子という。OP の長さを r，OP と x 軸とのなす角度を θ とするとき，点 P における合成電界 $\boldsymbol{E}$ を求めよ。ただし，$\ell \ll r$ とする。

座標系を右図のようにとり，点 P の座標を (x, y) とする。各電荷による電界は

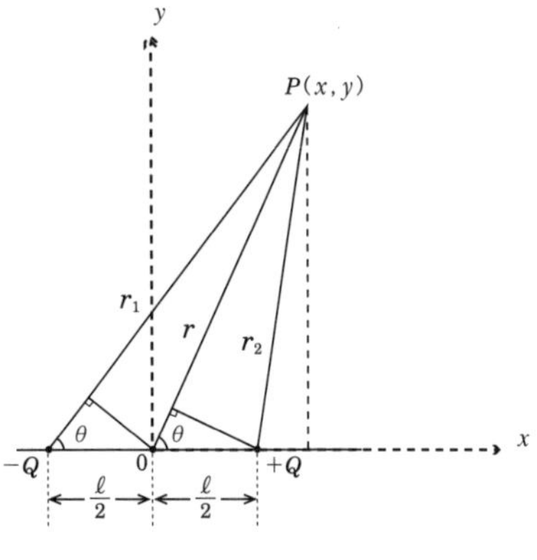

$$\begin{aligned}
\boldsymbol{E}_1 &= \frac{1}{4\pi\varepsilon_0}\frac{-Q}{r_1^2}\frac{\left(x - \left(-\frac{\ell}{2}\right)\right)\boldsymbol{i} + (y-0)\boldsymbol{j}}{r_1} \\
\boldsymbol{E}_2 &= \frac{1}{4\pi\varepsilon_0}\frac{Q}{r_2^2}\frac{\left(x - \frac{\ell}{2}\right)\boldsymbol{i} + (y-0)\boldsymbol{j}}{r_2}
\end{aligned}$$

$l \ll r$ より r_1，r_2 は次のように近似的に表される。

$$\begin{aligned}
r_1 &= r + \frac{\ell}{2}\cos\theta \\
r_2 &= r - \frac{\ell}{2}\cos\theta
\end{aligned}$$

これにより，$\frac{1}{r_1^3}$，$\frac{1}{r_2^3}$ は次のように近似することができる。

$$\begin{aligned}
\frac{1}{r_1^3} &= \frac{1}{r^3\left(1 + \frac{\ell}{2r}\cos\theta\right)^3} \sim \frac{1 - \frac{3\ell}{2r}\cos\theta}{r^3} \\
\frac{1}{r_2^3} &= \frac{1}{r^3\left(1 - \frac{\ell}{2r}\cos\theta\right)^3} \sim \frac{1 + \frac{3\ell}{2r}\cos\theta}{r^3}
\end{aligned}$$

したがって

$$\begin{aligned}
\boldsymbol{E}_1 &\sim \frac{-Q}{4\pi\varepsilon_0}\frac{1 - \frac{3\ell}{2r}\cos\theta}{r^3}\left[\left(x + \frac{\ell}{2}\right)\boldsymbol{i} + y\boldsymbol{j}\right] \\
\boldsymbol{E}_2 &\sim \frac{Q}{4\pi\varepsilon_0}\frac{1 + \frac{3\ell}{2r}\cos\theta}{r^3}\left[\left(x - \frac{\ell}{2}\right)\boldsymbol{i} + y\boldsymbol{j}\right]
\end{aligned}$$

† $\boldsymbol{E}\cdot\boldsymbol{E}$：スカラー積の表示（§3.2 参照）。

合成電界は

$$
\begin{aligned}
\boldsymbol{E} &= \boldsymbol{E}_1 + \boldsymbol{E}_2 \\
&= \frac{1}{4\pi\varepsilon_0}\frac{Q\ell}{r^3}\left[\left(\frac{3}{r}x\cos\theta - 1\right)\boldsymbol{i} + \frac{3}{r}y\cos\theta\boldsymbol{j}\right]
\end{aligned}
$$

ここで，$x = r\cos\theta$，$y = r\sin\theta$ を代入すれば

$$
\boldsymbol{E} = \frac{1}{4\pi\varepsilon_0}\frac{Q\ell}{r^3}\left[\left(3\cos^2\theta - 1\right)\boldsymbol{i} + 3\sin\theta\cos\theta\boldsymbol{j}\right]
$$

2.5　電界の近接作用論と遠隔作用論

電界の近接作用論（action through medium）

電界の性質	電荷の周りの空間は電気的に特別な性質をもつ空間と考え，この中に置かれた他の電荷はその空間から力を受けると考えた。この考え方は，静電界は勿論，磁界の変動により生じる電界の場合も成り立つ。

電界の遠隔作用論（action at distance）

電界の性質	電荷の周りの空間は単なる距離（幾何学的空間）にすぎず，静電現象は電荷そのものによるという考え。万有引力の法則の考え方に基づいている。静電界の場合は同じとなるが，磁界の時間的変動により生じる電界はこの考え方では説明できない。

歴史的には遠隔作用論で始まったが，今日では理論と実験の整合性より近接作用論が主流になっている。

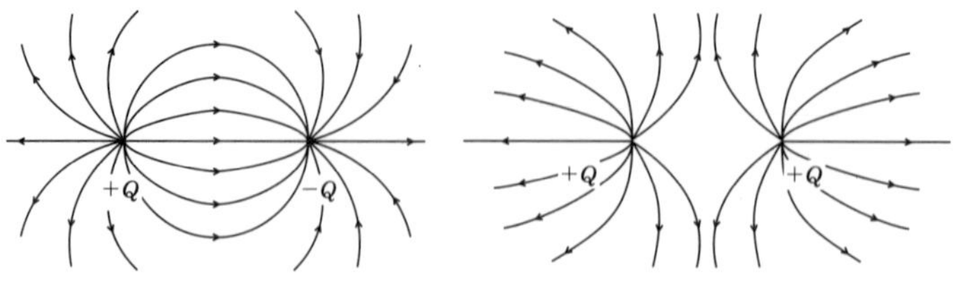

図2.8　電気力線をゴムのように考えたファラデーの仮説

演習問題

2.1 電界ベクトル $\boldsymbol{E} = 3\boldsymbol{i} + 2\boldsymbol{j} - \boldsymbol{k}$ の単位ベクトル $\boldsymbol{n}_0$ を求めよ。

2.2 A 放送局より自宅までの直線距離を測るために，A 放送局の周波数で電界の大きさを測定したところ 0.5 [V/m] であった。また，この延長線上で自宅から 6 [km] 遠い所の電界の大きさを調べたら 0.32 [V/m] となった。自宅より A 放送局までの直線距離を求めよ。

2.3 半径 1 [m] の円周上に 10 [μC] の電荷 8 個が等間隔に置かれている。この円の中心軸上で，円の中心から 1 [m] の位置における電界を求めよ。

2.4 点 $A(1, 1, 1)$ に Q_1 [C] の電荷，点 $B(1, -2, 2)$ に Q_2 [C] の電荷があるとき，電界が零になる位置を求めよ。

2.5 一辺 1 [cm] の立方体の 8 個の頂点に 0.2 [C] の電荷を置いたとき，立方体の中心における電界を求めよ。

2.6 点 $P_1(2, 3, 4)$ に 2 [C]，点 $P_2(3, 2, 4)$ に 3 [C] の電荷が置かれている。このとき，点 $P(4, 2, 3)$ における電界ベクトルを求めよ。

2.7 電荷 Q [C] の等しい 2 つの点電荷が x 軸上で d [m] 離れて置かれている。1 個の電荷が原点 $x = 0$，もう一方の電荷が $x = -d$ のところに置かれているとき，x 軸上の任意の位置における電界を求めよ。

2.8 正六角錘の底辺の六隅におのおの Q [C] が帯電した物体がある。六角錘の高さが底面の六角形の一辺の長さに等しい場合，頂点における電界の大きさを求めよ。ただし，底面の一辺の長さを d [m] とする。

2.9 長さ 2ℓ の直線状導線に電荷が線電荷密度 δ で帯電している。導線の中心を通り，導体に垂直な面上の電界を求めよ。

2.10 半径 a の薄い円板に電荷が面電荷密度 σ で帯電している。円板の中心軸上 h における電界を求めよ。

第 3 章　電界に関するガウスの法則

3.1　電界と電気力線の関係

電気力線の定義とその性質

電気力線は電界の方向と大きさを表すように考えられた仮想の線で次のような性質を持つ。

1. 電気力線の方向が電界の方向と一致する。
2. 任意の位置における電気力線の空間密度は，その点の電界の大きさに一致する。Q なる電荷から $\dfrac{Q}{\varepsilon_0}$ 本の電気力線が出る。
3. 必ず正電荷から出発して負電荷で終わる。
4. 電気力線同士は交わらない。

電気力線の性質を表す図

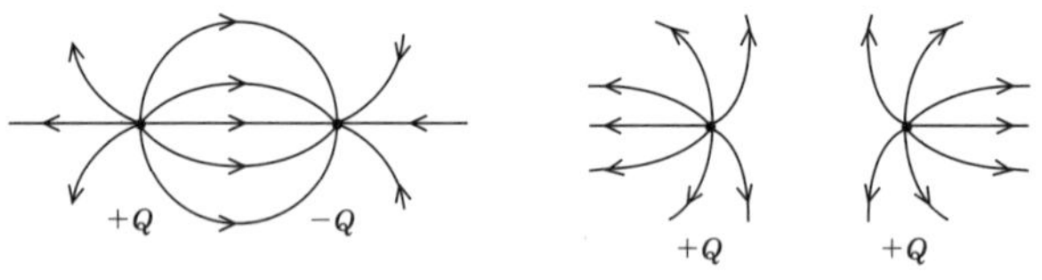

図3.1　電気力線の状態

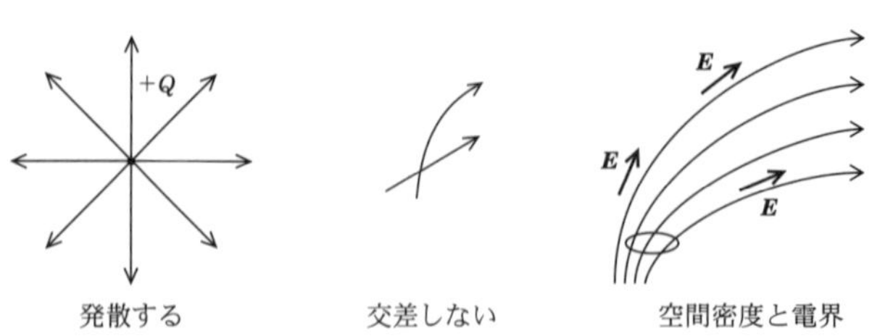

図3.2　電気力線の性質

電束	電気力線をまとめて考えたもの。 Q なる電荷から Q 本の電束がでる。
電束密度	単位面積あたりの電束の数。
電気力線と電束	電気力線 $\to \boldsymbol{E}$ 電界の方向と大きさ 電束 $\to \boldsymbol{D}$ 電束密度

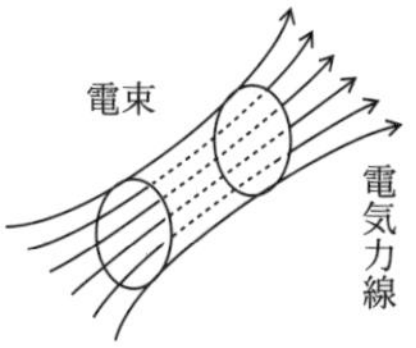

図3.3　電束の説明

【例 3.1】　半径 r の球の中心に電荷 Q が置かれているとき，この球面上の任意の点 P における単位面積あたりの電気力線の本数を求めよ。

電荷 Q から出る電気力線の本数は § **3.1** の 2 より $\dfrac{Q}{\varepsilon_0}$ 本である。
また，半径 r の球の表面積は $4\pi r^2$ であるから，
点 P における単位面積あたりの電気力線の本数 $\dfrac{N}{S}$ は

$$\frac{N}{S} = \frac{1}{4\pi r^2} \cdot \frac{Q}{\varepsilon_0} \quad [\text{本}/\text{m}^2]$$

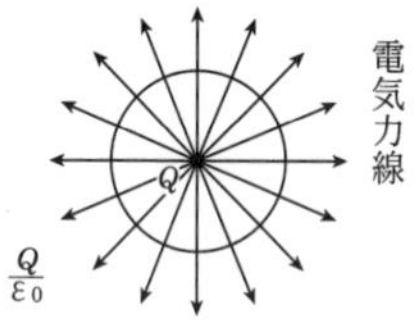

【例 3.2】　半径 2 [cm] の導体球に 5×10^{10} 個の電子が充満している。このとき，導体球に入る電気力線の本数を求めよ。

導体球から出る全電気力線の本数は $\frac{Q}{\varepsilon_0}$ であるから，導体球に入る全電気力線の本数 N は

$$N = -\frac{Q}{\varepsilon_0} = -\frac{1}{4\pi\varepsilon_0} \cdot 4\pi Q$$

ここで，電子の電荷は § **1.1** より $e = -1.602 \times 10^{-19}$ であるから，全電荷 Q は

$$Q = -5 \times 10^{10} \times 1.602 \times 10^{-19} = -8.01 \times 10^{-9}$$

したがって

$$N = 9 \times 10^9 \times 4 \times 3.14 \times 8.01 \times 10^{-9} \sim 905$$

よって，導体球に入る電気力線の本数 N は

$$N \sim 905 \text{ 本}$$

である。

3.2　ベクトルのスカラー積

電界の成分 E_n の表し方

第 2 章で述べたように電界はベクトル量であり，これが図3.4 に示すように面から斜めに出ているとき，面に垂直な電界の成分 E_n は，図から

$$E_n = E\cos\theta \tag{3.1}$$

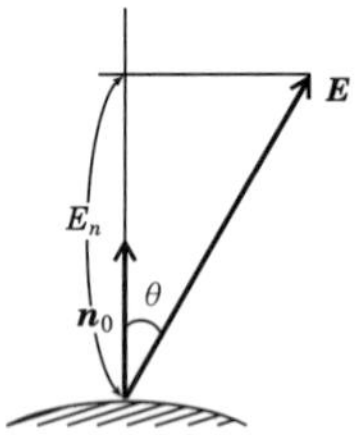

図3.4

となるが，電磁気学ではベクトルのスカラー積というものを用いて表す。いま，$\boldsymbol{A}$, $\boldsymbol{B}$ をベクトルとするとき，$\boldsymbol{A}\cdot\boldsymbol{B}$ を**スカラー積**（あるいは内積）といい，次の式で計算を行う。この結果はスカラーとなる（図3.5 参照）。

スカラー積の定義

$$\boldsymbol{A}\cdot\boldsymbol{B} = AB\cos\theta \tag{3.2}$$

$$\boldsymbol{A}\cdot\boldsymbol{B} = A_xB_x + A_yB_y + A_zB_z \tag{3.3}$$

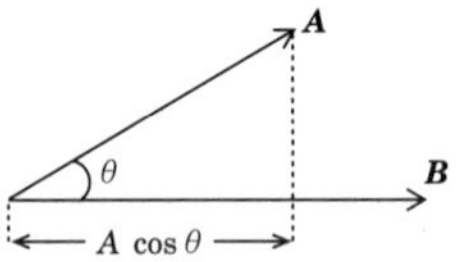

図3.5

スカラー積に成り立つ法則
交換の法則
分配の法則

$$\boldsymbol{A}\cdot\boldsymbol{B} = \boldsymbol{B}\cdot\boldsymbol{A} \tag{3.4}$$

$$\boldsymbol{A}\cdot(\boldsymbol{B}+\boldsymbol{C}) = \boldsymbol{A}\cdot\boldsymbol{B}+\boldsymbol{A}\cdot\boldsymbol{C} \tag{3.5}$$

$\boldsymbol{A}\cdot\boldsymbol{B}$ の $\boldsymbol{m}$ 倍

m をスカラーとするとき

$$(m\boldsymbol{A})\cdot\boldsymbol{B} = \boldsymbol{A}\cdot(m\boldsymbol{B}) = m\boldsymbol{A}\cdot\boldsymbol{B} \tag{3.6}$$

単位ベクトルのスカラー積

単位ベクトルのスカラー積

$$\boldsymbol{i}\cdot\boldsymbol{i} = \boldsymbol{j}\cdot\boldsymbol{j} = \boldsymbol{k}\cdot\boldsymbol{k} = 1 \tag{3.7}$$

$$\boldsymbol{i}\cdot\boldsymbol{j} = \boldsymbol{j}\cdot\boldsymbol{k} = \boldsymbol{k}\cdot\boldsymbol{i} = 0 \tag{3.8}$$

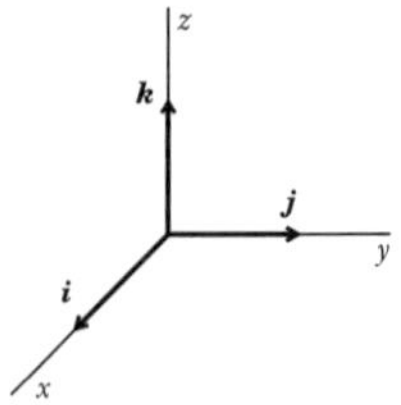

図3.6

なぜなら，式（3.2）より

$$\boldsymbol{i}\cdot\boldsymbol{i} = 1\times1\times\cos 0 = 1$$

$$\boldsymbol{i}\cdot\boldsymbol{j} = 1\times1\times\cos\frac{\pi}{2} = 0$$

ベクトル $\boldsymbol{A}$ の大きさ

ベクトル $\boldsymbol{A}$ の大きさはベクトル $\boldsymbol{A}$ のスカラー積の平方根より求められる。式（3.3）より

$$A^2 = \boldsymbol{A}\cdot\boldsymbol{A} = A_x^2 + A_y^2 + A_z^2$$

よって

$$A = \sqrt{\boldsymbol{A}\cdot\boldsymbol{A}} = \sqrt{A_x^2 + A_y^2 + A_z^2} \quad (3.9)$$

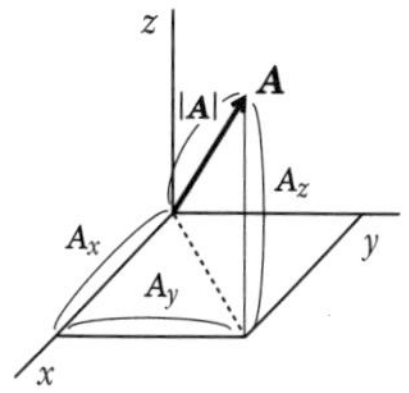

図3.7

ベクトル $\boldsymbol{A}$, $\boldsymbol{B}$ の間の角度

角度 θ は次のように求められる。まず，式（3.2）より

$$\cos\theta = \frac{\boldsymbol{A}\cdot\boldsymbol{B}}{AB} \quad (3.10)$$

上式の分子，分母に式（3.3），式（3.9）を適用すると

$$\cos\theta = \frac{A_xB_x + A_yB_y + A_zB_z}{\sqrt{A_x^2 + A_y^2 + A_z^2}\sqrt{B_x^2 + B_y^2 + B_z^2}} \quad (3.11)$$

【例 3.3】 次のベクトル $\boldsymbol{A}$, $\boldsymbol{B}$ のスカラー積を各成分で表せ（式（3.3）の導出）。

$$\boldsymbol{A} = A_x\boldsymbol{i} + A_y\boldsymbol{j} + A_z\boldsymbol{k} \quad (1)$$
$$\boldsymbol{B} = B_x\boldsymbol{i} + B_y\boldsymbol{j} + B_z\boldsymbol{k} \quad (2)$$

式（1），(2) のスカラー積をとると

$$\begin{aligned}\boldsymbol{A}\cdot\boldsymbol{B} &= (A_x\boldsymbol{i} + A_y\boldsymbol{j} + A_z\boldsymbol{k})\cdot(B_x\boldsymbol{i} + B_y\boldsymbol{j} + B_z\boldsymbol{k})\\ &= A_xB_x\underline{\boldsymbol{i}\cdot\boldsymbol{i}} + A_xB_y\boldsymbol{i}\cdot\boldsymbol{j} + A_xB_z\boldsymbol{i}\cdot\boldsymbol{k}\\ &+ A_yB_x\boldsymbol{j}\cdot\boldsymbol{i} + A_yB_y\underline{\boldsymbol{j}\cdot\boldsymbol{j}} + A_yB_z\boldsymbol{j}\cdot\boldsymbol{k}\\ &+ A_zB_x\boldsymbol{k}\cdot\boldsymbol{i} + A_zB_y\boldsymbol{k}\cdot\boldsymbol{j} + A_zB_z\underline{\boldsymbol{k}\cdot\boldsymbol{k}}\end{aligned}$$

上式に式（3.7），(3.8) を代入すれば

$$\boldsymbol{A}\cdot\boldsymbol{B} = A_xB_x + A_yB_y + A_zB_z \quad (3.3)$$

【例 3.4】 次の 2 つのベクトル $\boldsymbol{A}$, $\boldsymbol{B}$ のスカラー積を求めよ。

$$\boldsymbol{A} = 4\boldsymbol{i} + 8\boldsymbol{j} + 5\boldsymbol{k},\ \boldsymbol{B} = 3\boldsymbol{i} + 6\boldsymbol{j} + \boldsymbol{k}$$

式（3.3）より

$$\begin{aligned}\boldsymbol{A}\cdot\boldsymbol{B} &= (4\boldsymbol{i} + 8\boldsymbol{j} + 5\boldsymbol{k})\cdot(3\boldsymbol{i} + 6\boldsymbol{j} + \boldsymbol{k})\\ &= 4\times3 + 8\times6 + 5\times1 = 65\end{aligned}$$

【例 3.5】　前問のベクトル $\boldsymbol{A}$，$\boldsymbol{B}$ 間のなす角 θ を求めよ。

まず，式（3.9）を適用して，ベクトル $\boldsymbol{A}$，$\boldsymbol{B}$ の大きさを求める。

$$A = \sqrt{\boldsymbol{A}\cdot\boldsymbol{A}} = \sqrt{16+64+25} = \sqrt{105}$$
$$B = \sqrt{\boldsymbol{B}\cdot\boldsymbol{B}} = \sqrt{9+36+1} = \sqrt{46}$$

前問の結果と式（3.10）を用いれば，

$$\cos\theta = \frac{65}{\sqrt{105}\cdot\sqrt{46}}$$

よって

$$\theta = \cos^{-1}\left(\frac{65}{\sqrt{4830}}\right) \sim 20.7^\circ$$

【例 3.6】　2 つのベクトル $\boldsymbol{A} = 2\boldsymbol{i} - 2\boldsymbol{j} + \boldsymbol{k}$，$\boldsymbol{B} = \boldsymbol{i} + \boldsymbol{j} + \boldsymbol{k}$ に直交する単位ベクトル $\boldsymbol{n}_0$ を求めよ。†

a，b，c を定数として，単位ベクトル $\boldsymbol{n}_0$ を次のように表す。

$$\boldsymbol{n}_0 = a\boldsymbol{i} + b\boldsymbol{j} + c\boldsymbol{k} \tag{1}$$

$\boldsymbol{n}_0$ は $\boldsymbol{A}$ と直交しているので，$\boldsymbol{A}\cdot\boldsymbol{n}_0$ は式（3.2）より零となる。

$$\boldsymbol{A}\cdot\boldsymbol{n}_0 = (2\boldsymbol{i} - 2\boldsymbol{j} + \boldsymbol{k})\cdot(a\boldsymbol{i} + b\boldsymbol{j} + c\boldsymbol{k}) = 0$$

よって $2a - 2b + c = 0$　(2)

同様に，$\boldsymbol{n}_0$ は $\boldsymbol{B}$ とも直交しているので，

$$\boldsymbol{B}\cdot\boldsymbol{n}_0 = (\boldsymbol{i} + \boldsymbol{j} + \boldsymbol{k})\cdot(a\boldsymbol{i} + b\boldsymbol{j} + c\boldsymbol{k}) = a + b + c = 0 \tag{3}$$

式（2），(3）より，$a = 3b$，$c = -4b$　(4)

式（4）を（1）に代入すると

$$\boldsymbol{n}_0 = b(3\boldsymbol{i} + \boldsymbol{j} - 4\boldsymbol{k}) \tag{5}$$

$\boldsymbol{n}_0$ の大きさは 1 だから，

$$\boldsymbol{n}_0\cdot\boldsymbol{n}_0 = b^2(9+1+16) = 26b^2 = 1$$

よって

$$b = \pm\frac{1}{\sqrt{26}}$$

よって

$$\boldsymbol{n}_0 = \pm\frac{3\boldsymbol{i} + \boldsymbol{j} - 4\boldsymbol{k}}{\sqrt{26}}$$

---

†　ベクトル $\boldsymbol{A}$，$\boldsymbol{B}$ に直交するベクトルは § **14.1** のベクトル積を用いると簡単に求まる。

3.3　電界に関するガウスの法則（真空中）

電気力線束の総和

電界内の任意の閉曲面を通り，内から外に垂直（$\boldsymbol{n}_0$）に向かう電気力線束の総和は閉曲面内に含まれる電荷の代数的総和の $\dfrac{1}{\varepsilon_0}$ すなわち $\dfrac{Q}{\varepsilon_0}$ に等しい（真空中において成り立つ）。

この法則はクーロンの法則に基づいている。

なぜ $\dfrac{Q}{\varepsilon_0}$

ある位置における電界の大きさと方向は，その場所に単位正電荷を置いたときのクーロン力の大きさと方向で定義されている。

一方，ある位置における電気力線の本数密度と方向はその位置における電界の大きさと方向に一致するように定められている。

このため，1 つの電荷 Q から出る電気力線の総数は，電荷を中心とした半径 r の閉曲面 s において

$$N = \oint_s \frac{1}{4\pi\varepsilon_0}\frac{Q}{r^2}dS = \frac{Q}{\varepsilon_0} \tag{3.12}$$

となる。ただし，電気力線の方向は閉曲面 s の法線方向と一致している。

1 つの電荷によるガウスの法則

他方，電気力線の総数は閉曲面 s において，その密度（すなわち電界 $\boldsymbol{E}$）を面積分したものと一致するから

$$N = \oint_s E_n dS$$

したがって

$$\oint_s E_n dS = \frac{Q}{\varepsilon_0}$$

よって

$$\oint_s \varepsilon_0 E_n dS = Q \tag{3.13}$$

と書き表すことができる。†

上記では 1 つの電荷 Q についてそれを中心とした仮想球面上で考えたが，実は任意の閉曲面で考えても同じ結果を得る。

† 真空中または大気中でないときは，ε_0 の代わりに ε または $\varepsilon_0\,\varepsilon_r$（$\varepsilon_r$ は比誘電率）を用いる。

閉曲面 s 上の局部の面積 dS を通る電気力線本数は，電気力線方向の電気力線密度，すなわち電界 E，と面積 dS の電気力線方向成分の積であり，これはまた，電気力線密度の面法線方向成分，すなわち電界の面法線成分 E_n，と面積 dS の積と単純に書き換えることができる。すなわち任意の閉曲面で考えても (3.13) が成立する。

複数電荷によるガウスの法則

複数の電荷を考えた場合に，閉曲面から外に出る電気力線の総和は

$$N = \frac{\sum Q}{\varepsilon_0}$$

であり，このことに伴い

$$\oint \varepsilon_0 E_n dS = \sum Q$$

が得られる。

すなわち，複数の電荷があり，かつ，閉曲面を任意に考えても次のガウスの法則が成り立つ。この式の導出のより厳密な証明は次章に譲る。

電界に関するガウスの法則のベクトル表示式

電気力線に関する（電界に関する）式

ベクトル表示式

$$\oint_s (\varepsilon_0 \boldsymbol{E}) \cdot \boldsymbol{n}_0 dS = \sum Q \tag{3.14}$$

$$\sum Q = Q_1 + Q_2 + \cdots + Q_n$$

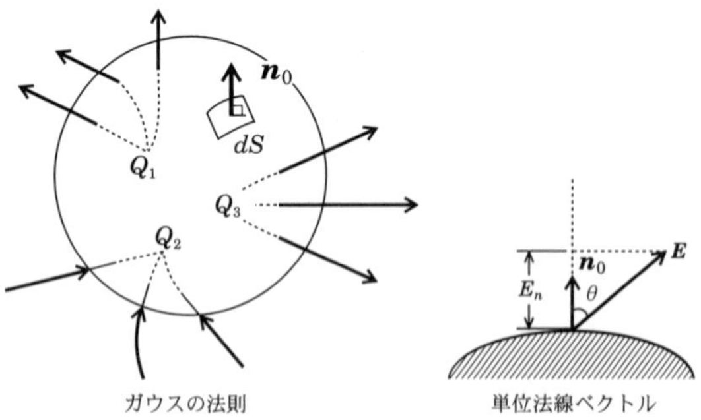

図3.8　ガウスの法則と単位法線ベクトル

単位法線ベクトル $\boldsymbol{n}_0$

単位法線ベクトル $\boldsymbol{n}_0$ は大きさが 1 で面素に垂直なベクトル。

面素 dS
面素ベクトル

dS：曲面 s を小さく分割した面積の単位。
ガウスの法則は面素ベクトル

$$\boldsymbol{dS} \;=\; \boldsymbol{n}_0 dS \qquad (3.15)$$

を用いて

$$\oint_s (\varepsilon_0 \boldsymbol{E}) \cdot \boldsymbol{dS} \;=\; \sum Q \qquad (3.16)$$

と書くこともできる。

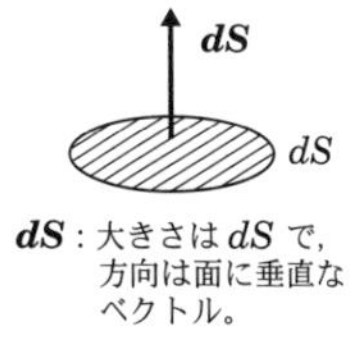

図3.9　面素ベクトル

さて，球面に垂直な電界 $\boldsymbol{E}$ の成分 E_n は，電界の大きさを E とし，前記の単位法線ベクトルの定義から

$$E_n \;=\boldsymbol{E}\cdot\boldsymbol{n}_0 \;= E\cos\theta$$

となる。

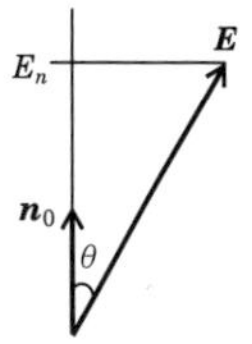

図3.10　電界の法線成分

式（3.14）のスカラー表示は次式のように書くことができる。

ガウスの法則のスカラー表示式

$$\oint_s \varepsilon_0 E_n dS = \sum Q \qquad (3.17)$$

ガウスの法則（電束に関する）
ベクトル表現式
スカラー表現式

電束に関する式

ベクトル表現式

$$\oint_s \boldsymbol{D}\cdot\boldsymbol{n}_0 dS \;=\; \sum Q \qquad (3.18)$$

→

スカラー表現式

$$\oint_s D_n dS \;=\; \sum Q \qquad (3.19)$$

電束密度

電束密度 $\boldsymbol{D}$：単位面積あたりの電束の本数 [本/m^2]。
電束密度 $\boldsymbol{D}$ は真空中で次式のように表される。

$$\boldsymbol{D} \;=\; \varepsilon_0 \boldsymbol{E}\ ^{\dagger} \qquad (3.20)$$

$D_n = \boldsymbol{D}\cdot\boldsymbol{n}_0$：電束密度 $\boldsymbol{D}$ の球面に垂直な成分。

† $\boldsymbol{D} = \varepsilon_0\boldsymbol{E}$ が成り立つのは真空中だけであり，誘電体中では $\boldsymbol{D} = \varepsilon_0\boldsymbol{E} + \boldsymbol{P}\cdots$ と表され（§7.2 参照），電界と電束密度は必ずしも比例せず，方向も変化する。

演習問題

3.1　点電荷 10×10^{-6} [C]，-12×10^{-6} [C]，68×10^{-6} [C] を含む閉曲面から垂直に外に出る電気力線の本数を求めよ。

3.2　1 本の電気力線は何クーロンの電荷から出ているかを求めよ。

3.3　半径 15 [cm] の球内に電荷 Q_1，Q_2，Q_3 があるとき，球の表面より出る電気力線の本数を求めよ。ただし，$Q_1 = 2.3 \times 10^{-5}$ [C]，$Q_2 = 4.1 \times 10^{-5}$ [C]，$Q_3 = -1.2 \times 10^{-5}$ [C]

3.4　次の 2 つのベクトル $\boldsymbol{A}$，$\boldsymbol{B}$ が与えられている。次の問に答えよ。

$$\boldsymbol{A} = -3\boldsymbol{i} + 2\boldsymbol{j} - 2\boldsymbol{k},\ \boldsymbol{B} = \boldsymbol{i} + 5\boldsymbol{j} + 2\boldsymbol{k}$$

1. 2 つのベクトルのスカラー積を求めよ。
2. ベクトル $\boldsymbol{A}$，$\boldsymbol{B}$ 間のなす角 θ を求めよ。

3.5　前問で与えられた 2 つのベクトルに直交する単位ベクトル $\boldsymbol{n}_0$ を求めよ。

3.6　電界 $\boldsymbol{E} = 3\boldsymbol{i} - \boldsymbol{j} + 3\boldsymbol{k}$ の大きさ E を求めよ。

3.7　前問の電界 $\boldsymbol{E}$ の方向を持つ単位位置ベクトル $\boldsymbol{r}_0$ を求めよ。

第 4 章　ガウスの法則の導出と電界分布

4.1　面積分

面積分 $\int_s f(x,y,z)dS$ の定義と意味

連続点関数 $f(x,y,z)$ と曲面 s があるとき，曲面 s を曲面網によって n 個の微小な部分に分割し，その各面積を

$\Delta S_1, \Delta S_2, \cdots, \Delta S_n$

とし，それらの上の任意の点をそれぞれ

$(x_1,y_1,z_1),(x_2,y_2,z_2),\cdots,(x_n,y_n,z_n)$

とする。このとき，$f(x,y,z)$ の面積分は次のように定義される。

$$\int_s f(x,y,z)dS = \lim_{\substack{n\to\infty \\ \Delta S_i\to 0}} \{f(x_1,y_1,z_1)\Delta S_1 + f(x_2,y_2,z_2)\Delta S_2 + \cdots + f(x_n,y_n,z_n)\Delta S_n\} \tag{4.1}$$

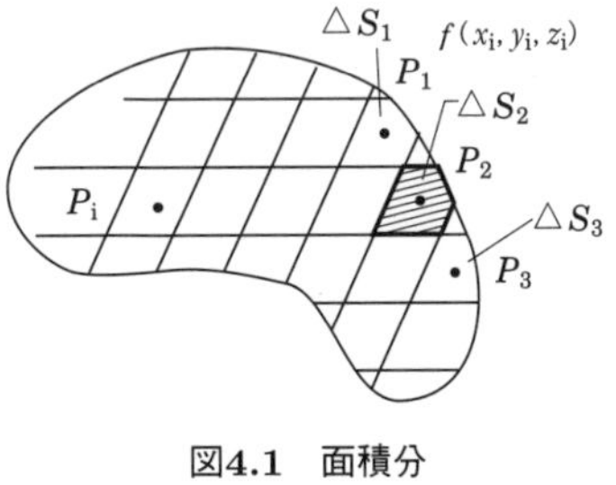

図4.1　面積分

式（4.1）は簡単に次のように書ける。†

$$\int_s f(x,y,z)dS = \lim_{\substack{n\to\infty \\ \Delta S_i\to 0}} \sum_{i=0}^{n} f(x_i,y_i,z_i)\Delta S_i \tag{4.2}$$

† これまでに学んできた積分は以下に示すようなものだった。

$$\int f(x)dx = \lim_{\substack{n\to\infty \\ \Delta x_i\to 0}} \sum f(x_i)\Delta x_i$$

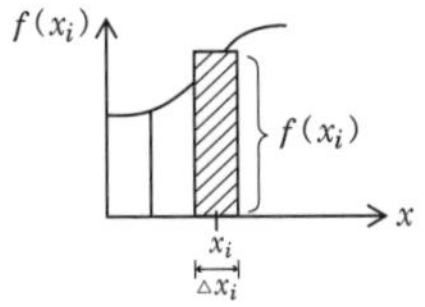

法線面積分

$\int_s \boldsymbol{A}\cdot\boldsymbol{n}_0 dS$

ベクトル界 $\boldsymbol{A}$ において，曲面 s の単位法線ベクトルを $\boldsymbol{n}_0$ とするとき，面積分

$$\int_s \boldsymbol{A}\cdot\boldsymbol{n}_0 dS$$

を曲面 s に関する $\boldsymbol{A}$ の法線面積分という。上式の積分の中の項は次のように書ける。

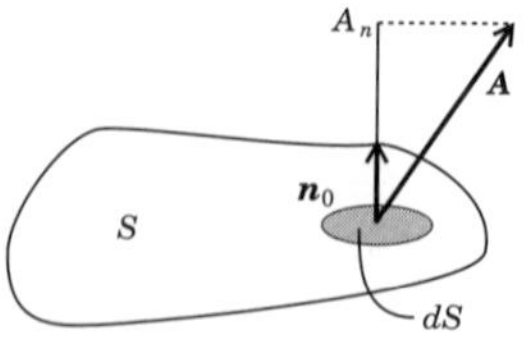

図4.2

$$\int_s \boldsymbol{A}\cdot\boldsymbol{n}_0 dS = \int_s A_n dS \quad (4.3)$$

閉路積分

$\oint_s f(x,y,z)dS$ について

閉路積分：面 s が閉曲面をなしている。

$\oint_s f(x,y,z)dS$ の ∘ 印は面 s が閉じていることを表す。

【例 4.1】　関数 f が半径 r の球面 s 上で一定であり，$f(x,y,z)=a$ のとき，次の面積分を求めよ。

$$\oint_s f(x,y,z)dS$$

与えられた被積分関数は曲面上で一定であるから，これを積分の外へ出して

$$I = \oint_s f(x,y,z)dS = f(x,y,z)\oint_s dS \qquad (1)$$

ここで，式（1）の右辺の積分は半径 r の球の表面積を求める面積分となっている。
図のように，z 軸を中心とした回転角 θ，xy 平面からの角度 ϕ として，$d\theta$，$d\phi$ によってできる微小面積 dS は

$$dS = r\cos\phi d\theta\cdot r d\phi$$

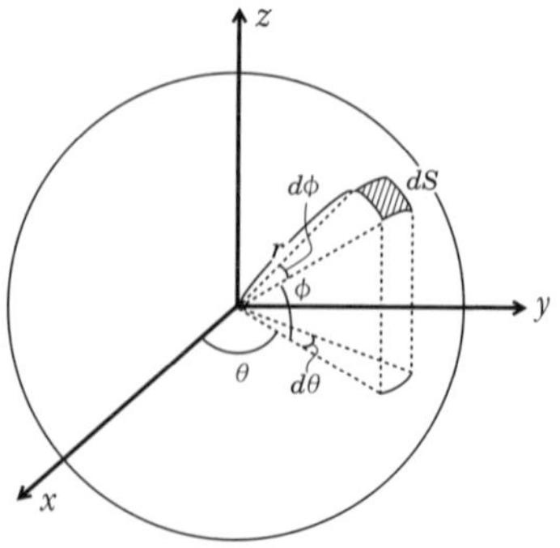

よって

$$\oint_s dS = r^2\int_0^{2\pi} d\theta \int_{-\frac{\pi}{2}}^{\frac{\pi}{2}} \cos\phi\, d\phi$$
$$= 4\pi r^2 \qquad (2)$$

したがって，$I = 4\pi r^2 a$ となる。

【例 4.2】 図のように x 方向に 3，y 方向に 2，z 方向に 1 の直方体の内部にベクトル界 $\boldsymbol{A} = 2x\boldsymbol{i} - \boldsymbol{j}$ が与えられている。この直方体の 1 つの頂点が原点にあるとき，この表面を出る線束を求めよ。

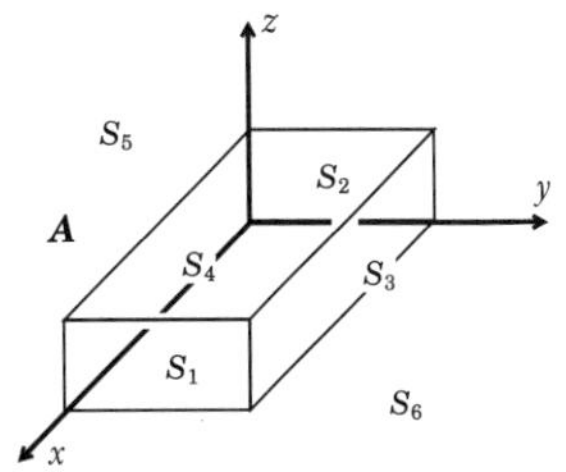

$$\begin{aligned}\phi = \oint_s \boldsymbol{A} \cdot \boldsymbol{n}_0 dS &= \int_{x=3} (6\boldsymbol{i} - \boldsymbol{j}) \cdot \boldsymbol{i} dS_1 + \int_{x=0} (-\boldsymbol{j}) \cdot (-\boldsymbol{i}) dS_2 \\ &+ \int_{y=2} (2x\boldsymbol{i} - \boldsymbol{j}) \cdot \boldsymbol{j} dS_3 + \int_{y=0} (2x\boldsymbol{i} - \boldsymbol{j}) \cdot (-\boldsymbol{j}) dS_4 \\ &+ \int_{z=1} (2x\boldsymbol{i} - \boldsymbol{j}) \cdot \boldsymbol{k} dS_5 + \int_{z=0} (2x\boldsymbol{i} - \boldsymbol{j}) \cdot (-\boldsymbol{k}) dS_6\end{aligned}$$

上記積分内のスカラー積をとり，面素の面積 dS_3 と dS_4，dS_5 と dS_6 の大きさが等しいことを考慮すると，第 3 項と 4 項，第 5 項と 6 項がキャンセルし，また，第 2 項は零。したがって，次のようになる。

$$\phi = \int_{x=3} 6 dS_1 = 6 \int_{x=3} dS_1 = 6 \times 2 = 12$$

なお，$\int_{x=3} dS_1$ は 2×1 の矩形の面積であるからその値は 2 となることを使った。

4.2 ガウスの法則の導出（厳密な導出）

ガウスの法則の式（3.14）は次のように与えられた。

$$\oint_s (\varepsilon_0 \boldsymbol{E}) \cdot \boldsymbol{n}_0 dS = \sum Q \tag{4.4}$$

$$(4.4) = (3.14)$$

この式は真空中における電荷と電界の関係を表す一般解となっている。以下に厳密な解法を示して，一般解であることを明らかにする。†

† なお，この厳密な導出は，先を急ぐ読者は読み飛ばしてもよいが，法則を理解する上で導出手順を理解しておくことが望ましい。

導出

いま，m 個の点電荷 $Q_1, Q_2, \cdots, Q_m$ を内部に含む閉曲面を考える。電界 $\boldsymbol{E}$ は単位面積あたりの電気力線を表すので，面素 dS から垂直に出る電気力線の数 $d\phi$ は，電界の面素 dS に対する垂直成分 E_n と dS の積で表される（図4.3）。

$$d\phi = E_n\, dS \tag{4.5}$$

ここに，E_n は，電界方向と面素 dS の法線ベクトル n_0 の方向との間の角を θ として

$$E_n = E\cos\theta \tag{4.6}$$

あるいは

$$E_n = \boldsymbol{E}\cdot\boldsymbol{n}_0 \tag{4.7}$$

と表される。式（4.5）に（4.7）を代入すると

$$d\phi = \boldsymbol{E}\cdot\boldsymbol{n}_0 dS \tag{4.8}$$

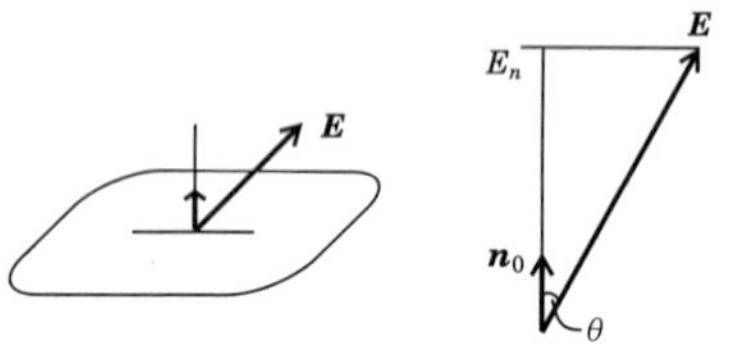

図4.3

これより，閉曲面の全表面より出る電気力線の総数は上式を積分することにより求まる。

$$\phi = \oint_s d\phi = \oint_s (\boldsymbol{E}\cdot\boldsymbol{n}_0)dS \tag{4.9}$$

ところで，1 個の点電荷より出る電気力線は一様媒体中ではすべて直線となるから，電荷 Q_1 による電界を E_1 として，式（4.5），(4.6）より $d\phi$ を

$$\begin{aligned} d\phi &= (E_1\cos\theta)dS \\ &= E_1(\cos\theta dS) \end{aligned} \tag{4.10}$$

と書き表す。ここに，$(\cos\theta dS)$ は面素の電界に垂直な成分を示す（図4.4）。

さて，電荷 Q_1 から距離 r にある点の電界 E_1 は式（2.3）より

$$E_1 = \frac{1}{4\pi\varepsilon_0}\frac{Q_1}{r^2} \tag{4.11}$$

であるから，式（4.10）は

$$d\phi = \frac{1}{4\pi\varepsilon_0}\frac{Q_1}{r^2}\cos\theta dS \tag{4.12}$$

と変形される。

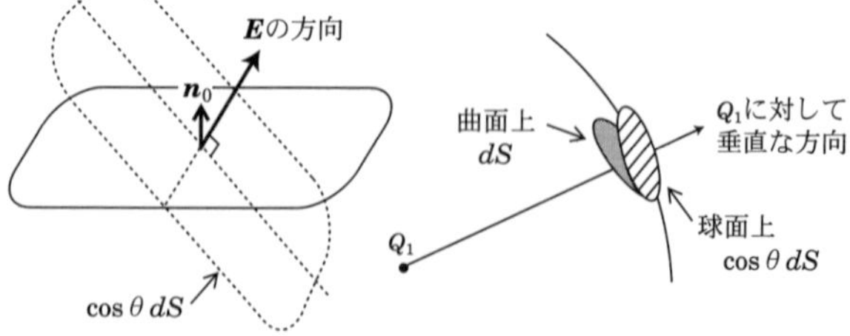

図4.4

ここで，$\cos\theta dS$ は図4.5 のように電荷位置を中心として半径 r の球面に dS を射影した面積を

示すので，これが半径 1 の球面を切り取る面積を $d\Omega$ とすると，これらの関係は図4.5 より次式となる[†]。

$$\frac{d\Omega}{\cos\theta dS} = \frac{1}{r^2} \qquad (4.13)$$

$d\Omega$ は立体角と呼ばれる。

式（4.13）を（4.12）に代入すると

$$d\phi = \frac{1}{4\pi\varepsilon_0} Q_1 d\Omega \qquad (4.14)$$

式（4.14）を全球面にわたって積分すると

$$\oint_s d\phi = \oint_s \frac{1}{4\pi\varepsilon_0} Q_1 d\Omega = \frac{Q_1}{\varepsilon_0} \quad ^{\dagger\dagger} \qquad (4.15)$$

式（4.9）と（4.15）より

$$\oint_s (\boldsymbol{E}_1 \cdot \boldsymbol{n}_0) dS = \frac{Q_1}{\varepsilon_0} \qquad (4.16)$$

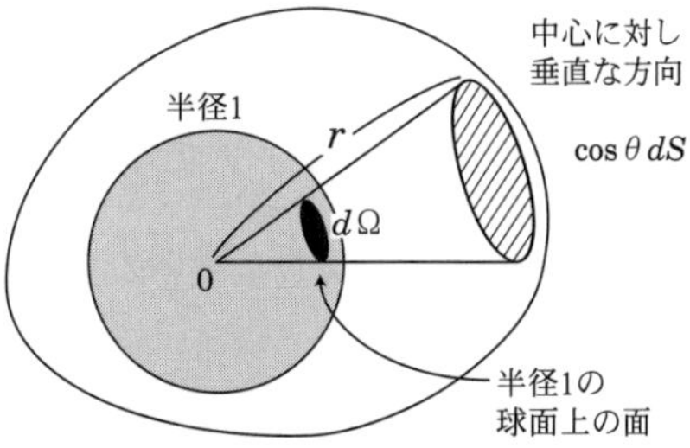

図4.5　立体角の説明

半径 r の球の表面積：$4\pi r^2$

半径 1 の球の表面積：4π

面積比：$\dfrac{d\Omega}{\cos\theta dS} = \dfrac{4\pi}{4\pi r^2}$

これを全電荷について加え合わせると

$$\oint_s (\boldsymbol{E}_1 + \boldsymbol{E}_2 + \boldsymbol{E}_3 + \cdots + \boldsymbol{E}_m) \cdot \boldsymbol{n}_0 dS = \frac{Q_1 + Q_2 + Q_3 + \cdots + Q_m}{\varepsilon_0}$$

となる。ここで，

$$\boldsymbol{E} = \boldsymbol{E}_1 + \boldsymbol{E}_2 + \boldsymbol{E}_3 + \cdots + \boldsymbol{E}_m \qquad (4.17)$$

$$\sum Q = Q_1 + Q_2 + Q_3 + \cdots + Q_m \qquad (4.18)$$

とすると，次のようなガウスの法則が得られる。

$$\oint_s \varepsilon_0 (\boldsymbol{E} \cdot \boldsymbol{n}_0) dS = \sum Q \qquad (4.19)$$

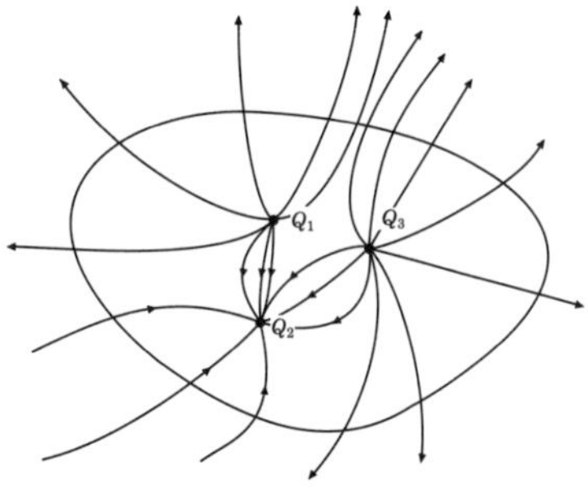

図4.6　全電荷による電気力線

† 図4.5 において O から距離 r の位置に曲面上の面素 dS があるとき，その曲面のすべての境界の点と O を結べば錐面ができる。O を中心として半径 r の球を描き，錐面が球面から切り取る面積を $\cos\theta dS$ とするとき，$\dfrac{\cos\theta dS}{r^2}$ を面素 dS の点 O に対する立体角という。

†† $\oint_s d\Omega = 4\pi$：立体角の面積分

4.3　導体内外の電界分布

ガウスの法則を使うと，導体内外の電界分布を求めることができる。本節ではその代表例を以下の例題により示す。なお，面積分するための仮想閉曲面は，その面上の電界の大きさが一様になるように描くことが重要なコツである。

【例 4.3】　電荷 Q が帯電している半径 a の導体球の内外の電界分布をガウスの法則より求めよ。

(i) $a \leq r$ について

半径 r の仮想閉曲面 s を描くと，ガウスの法則の式 (3.17) より

$$\oint_s \varepsilon_0 E_n dS = Q \qquad (3.17)$$

閉曲面から垂直に出る電界の大きさは閉曲面上で一様であるから，
式 (3.17) の E_n は積分の外へ出て，

$$\varepsilon_0 E_n \oint_s dS = Q \qquad (1)$$

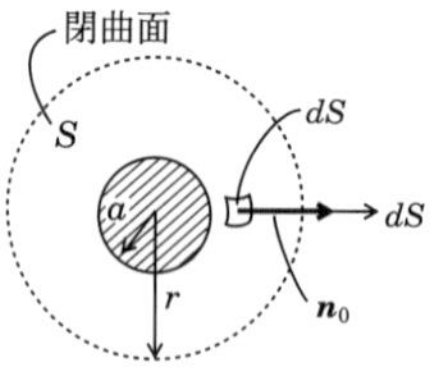

となる。一方，$\oint_s dS$ は閉曲面の表面積であるから

$$\oint_s dS = 4\pi r^2 \qquad (2)$$

したがって，上の 2 式により距離 r における電界は次のようになる。

$$E_n = \frac{1}{4\pi\varepsilon_0}\frac{Q}{r^2} \ \ [\mathrm{V/m}] \ \ (a \leq r) \qquad (3)$$

上式はクーロンの法則を基に定義した電界を表す式 (2.3) と
同じ形であることがわかる。
特に，r が a と等しいところでは式 (3) より

$$E_n = \frac{Q}{4\pi\varepsilon_0 a^2} \ \ [\mathrm{V/m}] \ \ (r = a)$$

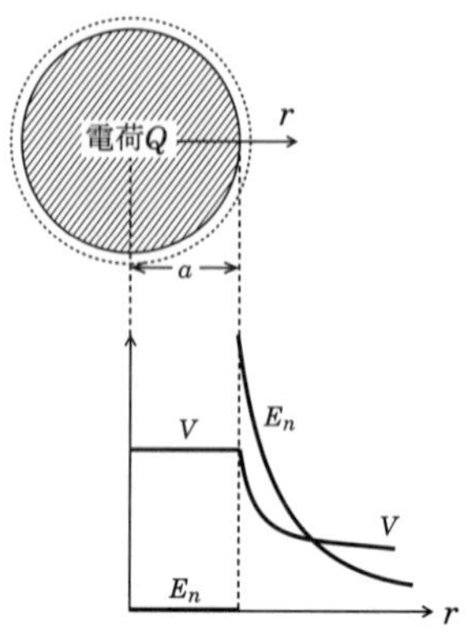

(ii) $r < a$ のとき

電荷は導体表面のみに帯電するため，半径 r の仮想閉曲面内（各自必ず描いてください）の電荷は 0 である。このためガウスの法則式 (3.17) の右辺は 0 となることにより電界 E は零である。

$$E_n = 0 \qquad [\mathrm{V/m}] \ \ (r < a) \qquad (4)$$

これまでのガウスの法則における面積分は球面などシンプルな面形状の場合でないと計算できなかった。実際に遭遇するような複雑な問題を解く場合は計算機シミュレーション（数値計算）を行うことが多い。ここでは，面積分が計算できる簡単な例について電界分布を計算する。無限長円筒導体はその1例である。

【例 4.4】　単位長さあたり電荷 δ が帯電している半径 a の導線の周りの電界をガウスの法則より求めよ。

導線の周り（中心より r の位置）にできる電界は，次のように求められる。図に示す仮想閉曲面 s についてガウスの法則を適用する。式（3.17）より

$$\oint_s \varepsilon_0 E_n dS = \delta\ell \qquad (1)$$

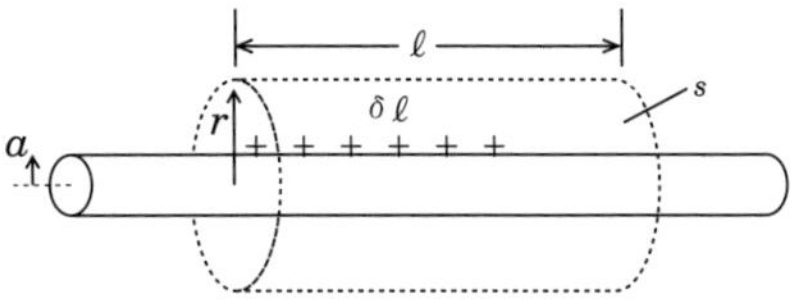

ガウスの法則を適用する閉曲面

閉曲面の側面 s' 上の電界はその面に垂直かつ一様で，軸方向の電界成分を無視すると，E_n は面積分の外へ出て

$$\varepsilon_0 E_n \int_{s'} dS = \delta\ell \qquad (2)$$

ただし，s' は仮想閉曲面（円筒）の側面。
ここで側面 s' は円筒側面であるから

$$\int_{s'} dS = 2\pi r\ell \qquad (3)$$

したがって，導線外の任意の点 r の電界は次のようになる。

$$E_n = \frac{\delta}{2\pi r\varepsilon_0} \qquad (4)$$

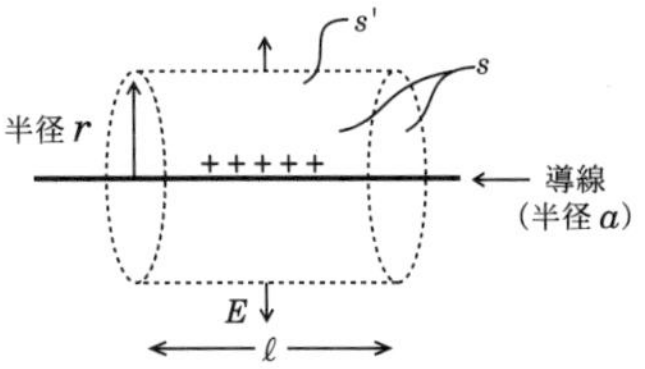

点線は仮想閉曲面を示す。単位長さあたりの電荷を δ [C/m] とすれば，ℓ [m] あたりの電荷は $Q = \delta \times \ell$ [C] となる。

導線の周りにできる電界

ここで，導線外の電界が導線の半径 a によらないことに注意。また，長さにもよらない。ただし，極端に短い場合には長さに依存することになり計算は極めて複雑になる。

【例 4.5】　原点に点電荷 $Q = 54\pi \times 10^{-6}$ [C] があるとき，点 $A(2, -2, 1)$ における電束密度 $\boldsymbol{D}$ を求めよ。

点 $A(2, -2, 1)$ における電界の単位ベクトルは，原点から点 A までの距離 r が $r = \sqrt{2^2 + 2^2 + 1^2} = 3$ であることから

$$\boldsymbol{r}_0 = \frac{2\boldsymbol{i} - 2\boldsymbol{j} + \boldsymbol{k}}{3}$$

点電荷を中心として半径 r の仮想閉曲面 s を描くと

$$\oint_s \varepsilon_0 E_n dS = Q$$

この閉曲面上では電界の大きさ E_n は一様であるから E_n を積分の外に出すことができ，また，閉曲面の表面積 S は $S = 4\pi r^2$ であるから，

$$E_n = \frac{1}{4\pi\varepsilon_0}\frac{Q}{r^2}$$

よって

$$\begin{aligned} D &= \varepsilon_0 E_n = \frac{1}{4\pi}\frac{Q}{r^2} \\ &= \frac{54\pi \times 10^{-6}}{36\pi} = \frac{3 \times 10^{-6}}{2} \end{aligned}$$

これより，電束密度ベクトル $\boldsymbol{D}$ は次のようになる。

$$\boldsymbol{D} = D\boldsymbol{r}_0 = 0.5 \times 10^{-6}(2\boldsymbol{i} - 2\boldsymbol{j} + \boldsymbol{k})$$

演習問題

4.1　一辺が 2 [m] の立方体の内部にベクトル界 $\boldsymbol{A} = 3\boldsymbol{i} - \boldsymbol{j} + 2z\boldsymbol{k}$ が与えられている。この立方体の 1 つの頂点が原点にあり，他のすべての頂点が座標軸上またはその + 側にあるとき，立方体表面を出る線束を求めよ。

4.2　辺の長さが 1 [cm]，2 [cm]，3 [cm] の直方体の中心に電荷 $Q = 20 \times 10^{-6}$ [C] が置かれているとき，2 [cm]，3 [cm] の辺で構成されている面から垂直に出て行く電束密度を求めよ。

4.3　半径 0.5 [mm] の無限長導線に単位長さあたり電荷 $\delta = 24 \times 10^{-6}$ [C/m] が帯電している。この導線の中心より 10 [cm] 離れた位置の電界を求めよ。

4.4　半径 20 [cm] の導体球に電荷 3 [C] が帯電している。球の内外における電界分布を求めよ。

第5章　電位

5.1　線積分

電位の定義

$V_{BA} = -\int_A^B E_\ell d\ell$

ここで学ぶ電位は電界をある点 A から B まで線積分することによって定義される。そこで，まず線積分について学ぶことにする。

線積分の定義

空間のある領域で与えられた連続関数を $f(x,y,z)$，曲線を AB とする。曲線を点 $p_1, p_2, \cdots, p_{n-1}$ で n 個の微小な弧に分割し，その各々の長さを $\Delta\ell_1, \Delta\ell_2, \cdots, \Delta\ell_n$ とする。各弧の上に任意の点 (x_1,y_1,z_1), (x_2,y_2,z_2), $\cdots$, (x_n,y_n,z_n) をとって次の和を作る。

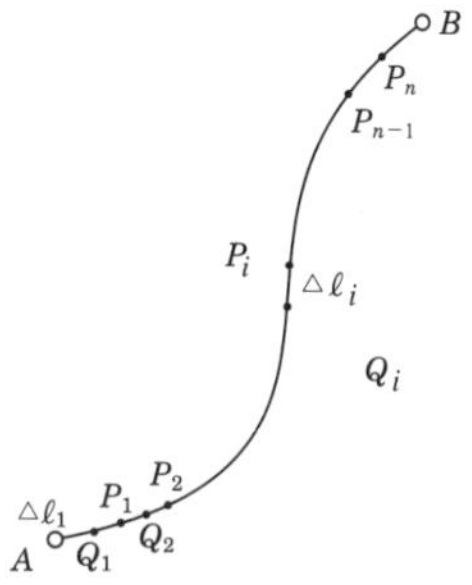

図5.1

$$\int_A^B f(x,y,z)d\ell \quad = \lim_{\substack{n \to \infty \\ \Delta\ell_i \to 0}} \left\{ \sum_{i=0}^{n} f(x_i,y_i,z_i)\Delta\ell_i \right\} \tag{5.1}$$

これを線積分という。曲線 AB が閉曲線のときは $\int$ の中央に ∘ 印を付けて次のように表す。

閉曲線の場合：

$$\oint_c f(x,y,z)d\ell \tag{5.2}$$

接線線積分

ベクトル界 $\boldsymbol{A}(x,y,z)$ に曲線 PQ があるとき，その曲線上の1点における長さ $d\ell$ の接線ベクトルを $\boldsymbol{d\ell}$ とし，その点におけるベクトル $\boldsymbol{A}$ との内積 $\boldsymbol{A}\cdot\boldsymbol{d\ell}$ を作る。

この線積分を

$$\int_P^Q \boldsymbol{A}\cdot\boldsymbol{d\ell} \quad \text{または} \quad \int_P^Q A_\ell d\ell \qquad (5.3)$$

ただし $\boldsymbol{A}\cdot\boldsymbol{d\ell} = A_\ell d\ell$　（$\boldsymbol{A}$ の ℓ 方向成分）

と表す。

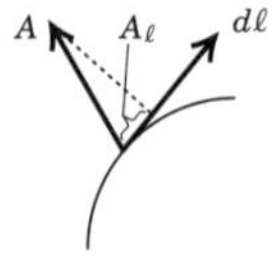

図5.2

線積分の線素 $\boldsymbol{d\ell}$（$\boldsymbol{d\ell}$ を単位ベクトルで表す）

ここで，線素 $\boldsymbol{d\ell}$ の x，y，z 方向の成分は dx，dy，dz であるから，これを単位ベクトル $\boldsymbol{i}$，$\boldsymbol{j}$，$\boldsymbol{k}$ で表すと，

$$\underline{\boldsymbol{d\ell} = \boldsymbol{i}\,dx + \boldsymbol{j}\,dy + \boldsymbol{k}\,dz} \qquad (5.4)$$

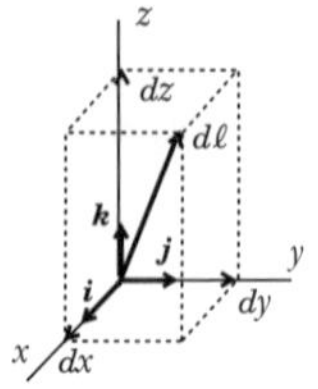

図5.3

接線線積分の例

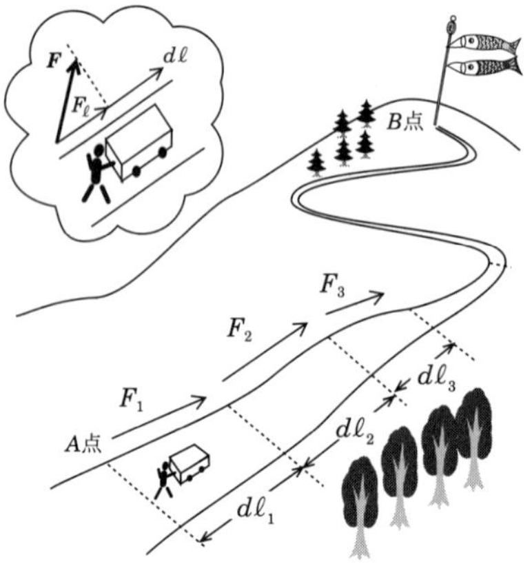

図5.4　力と距離と仕事の関係

力を $\boldsymbol{F}$，距離を ℓ としたとき，次の線積分は PQ 間の仕事を表す。

$$\int_P^Q \boldsymbol{F}\cdot\boldsymbol{d\ell} \quad \text{または} \quad \int_P^Q F_\ell\, d\ell \qquad (5.5)$$

ただし

$$\int_P^Q F_\ell d\ell \;\simeq\; F_1 d\ell_1 + F_2 d\ell_2 + F_3 d\ell_3 + \cdots + F_n d\ell_n \qquad (5.6)$$

力 $\boldsymbol{F}$ の方向が $\boldsymbol{d\ell}$ の方向と異なる場合であっても，$\boldsymbol{F}$ の ℓ 方向の成分 F_ℓ と $d\ell$ を掛けたものが微小区間の仕事量となり，PQ 間の仕事は各微小区間で行った仕事を全区間で加えたものと考えてよい。

【例 5.1】 $\boldsymbol{F}=\boldsymbol{i}\,(x-1)+\boldsymbol{j}\,(y+1)+\boldsymbol{k}\,z$ で表されるベクトルを $P_1(1,-2,3)$ から $P_2(2,4,-6)$ まで線積分した値を求めよ。

線積分の線素は $\boldsymbol{d\ell}=\boldsymbol{i}\,dx+\boldsymbol{j}\,dy+\boldsymbol{k}\,dz$ であるから

$$\boldsymbol{F}\cdot\boldsymbol{d\ell}=[\boldsymbol{i}\,(x-1)+\boldsymbol{j}\,(y+1)+\boldsymbol{k}\,z]\cdot[\boldsymbol{i}\,dx+\boldsymbol{j}\,dy+\boldsymbol{k}\,dz]$$

ここで，異なる単位ベクトル $\boldsymbol{i}$，$\boldsymbol{j}$，$\boldsymbol{k}$ 間の内積は零となることに留意すれば，

$$\begin{aligned}\int_{P_1}^{P_2}\boldsymbol{F}\cdot\boldsymbol{d\ell} &= \int_1^2(x-1)\boldsymbol{i}\cdot\boldsymbol{i}dx+\int_{-2}^4(y+1)\boldsymbol{j}\cdot\boldsymbol{j}dy+\int_3^{-6}z\boldsymbol{k}\cdot\boldsymbol{k}dz\\ &= \left[\frac{x^2}{2}-x\right]_1^2+\left[\frac{y^2}{2}+y\right]_{-2}^4+\left[\frac{z^2}{2}\right]_3^{-6}\\ &= \frac{1}{2}+12+18-\frac{9}{2}=26\end{aligned}$$

5.2 電位差

静電界中で Q を動かすときに働く力

静電界 $\boldsymbol{E}$ 中で図のように電界 $\boldsymbol{E}$ を乱さないような小さな電荷 Q を $\boldsymbol{d\ell}$ 方向に微小長 $d\ell$ だけ動かす場合について考える。

このとき，電荷には次式のような力が働いている。

$$\boldsymbol{F} = Q\boldsymbol{E} \qquad (5.7)$$

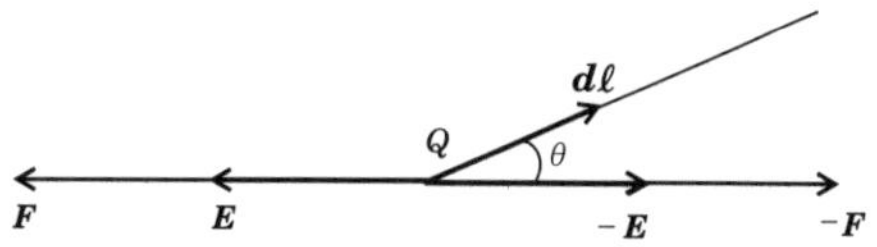

図5.5

Q：電荷
$\boldsymbol{E}$：電界

電荷 Q を微小長だけ動かすのに要する仕事量 dW

この電荷に対してなされる微小な仕事量 dW は †

$$dW = -\boldsymbol{F}\cdot\boldsymbol{d\ell} \qquad (5.8)$$

で定義されるから，上式に式 (5.7) を代入すると

$$dW = -Q\boldsymbol{E}\cdot\boldsymbol{d\ell} \qquad (5.9)$$

† 仕事量の定義：仕事量 = 加える力 × 力方向に移動した距離。

と表される。ここに，線素 $\boldsymbol{d\ell}$ は式（5.4）のように dx，dy，dz に分解できる。

上式をスカラーで書くには，右図からわかるように

$$-\boldsymbol{E}\cdot\boldsymbol{d\ell} = E\cos\theta d\ell$$

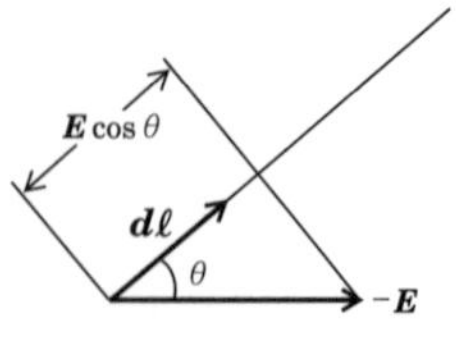

図5.6

を考慮して

$$dW \ = \ QE\cos\theta d\ell \quad [\mathrm{J}] \qquad (5.10)$$

で表される。

静電界中で Q を動かすときに要する仕事量 W_{BA}

したがって，電荷 Q を点 A から点 B まで動かしたとき Q に対してなされる仕事量 W_{BA} は

$$W_{BA} \ = \ \int_A^B dW = -\int_A^B \boldsymbol{F}\cdot\boldsymbol{d\ell}$$

式（5.9）を使えば

$$W_{BA} \ = \ -Q\int_A^B \boldsymbol{E}\cdot\boldsymbol{d\ell} \qquad (5.11)$$

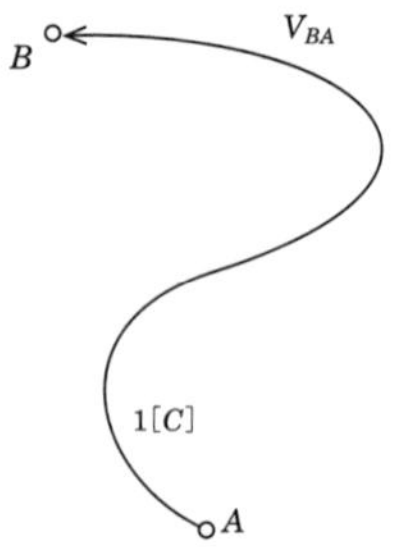

図5.7

ここで，上式を新たに

$$W_{BA} \ = \ QV_{BA} \quad [\mathrm{J}] \quad (5.12)$$

と表す。

上式は $Q=1$ とすることにより，点 B で単位正電荷 1 [C] が点 A に対して持っているエネルギーを表している。したがって，V_{BA} は次のように定義される。

電位差 V_{BA} の意味

電位差：V_{BA} は静電界中の点 B で単位正電荷（1 [C]）が点 A に対して持っている位置エネルギーを表す。

式（5.11），(5.12) より，電位差の定義式は次式となる。

電位差の定義式
ベクトル表示
スカラー表示

ベクトル表示

$$V_{BA} = \frac{W_{BA}}{Q} = -\int_A^B \boldsymbol{E}\cdot d\boldsymbol{\ell} \quad [\mathrm{V}] \tag{5.13}$$

スカラー表示

$$V_{BA} = -\int_A^B E_\ell d\ell \quad [\mathrm{V}] \tag{5.14}$$

E_ℓ：ℓ 方向の電界

2 つの電位差 V_{BA} と $V_{AA'}$ との和 $V_{BA'}$

電位差はスカラー量であるから，2つの電位差 V_{BA} と $V_{AA'}$ の和は $V_{BA'}$ となる。

$$\begin{aligned} V_{BA}+V_{AA'} &= -\int_A^B \boldsymbol{E}\cdot d\boldsymbol{\ell} - \int_{A'}^A \boldsymbol{E}\cdot d\boldsymbol{\ell} \\ &= -\int_{A'}^B \boldsymbol{E}\cdot d\boldsymbol{\ell} = V_{BA'} \end{aligned} \tag{5.15}$$

次に，ある基準点（無限遠点）からの電位差を電位として定義する。

電位の定義

電位：単位正電荷（1 [C]）を基準点（無限遠点）からその点まで動かすのに要する仕事量を表す。

式（5.13），(5.14）で，$A=\infty$ とすると，点 B の電位は次のように表される。

電位の定義式
ベクトル表示
スカラー表示

ベクトル表示

$$V_B = -\int_\infty^B \boldsymbol{E}\cdot d\boldsymbol{\ell} \tag{5.16}$$

スカラー表示

$$V_B = -\int_\infty^B E_\ell d\ell \tag{5.17}$$

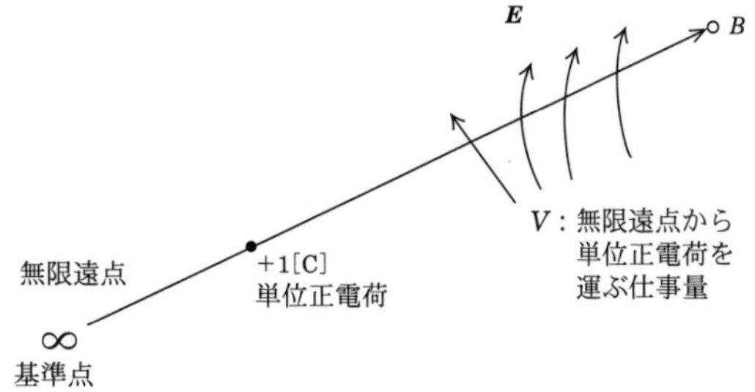

図5.8 電位の定義の意味

5.3　点電荷による電位

点電荷による電位

点電荷 Q より r [m] 離れた点 P の電界

図のように点電荷 Q より r [m] 離れた点 P がある。このときの電界と電位を求めることを考える。

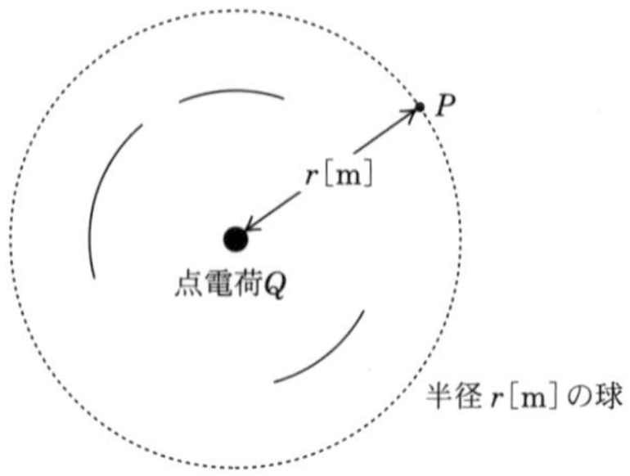

図5.9　点電荷による電位

点電荷 Q より r [m] 離れた点 P での電界の r 方向成分は，式 (3.17) のガウスの法則より

$$\oint_s \varepsilon_0 E_r dS = Q$$

ただし，s は半径 r の仮想閉曲面。
E_r は仮想閉曲面 s 上で一様であるから積分の外へ出る。

$$\varepsilon_0 E_r \oint_s dS = Q$$

仮想閉曲面の表面積は

$$\oint_s dS = 4\pi r^2$$

であるから，上の 2 式より E_r は

$$E_r = \frac{1}{4\pi\varepsilon_0}\frac{Q}{r^2} \tag{5.18}$$

これは当然クーロンの法則より定義した電界と同じ形になる。

点 P の電位

ここで，式 (5.17) より，点 P の電位は，

$$V_P = -\int_\infty^r \frac{1}{4\pi\varepsilon_0}\frac{Q}{R^2}dR = \frac{1}{4\pi\varepsilon_0}Q\left[\frac{1}{R}\right]_\infty^r$$

上式より

$$\boxed{V_P = \frac{1}{4\pi\varepsilon_0}\frac{Q}{r}} \tag{5.19}$$

【例 5.2】　原点より r_1 離れた点 P_1 に電荷 Q_1，r_2 離れた点 P_2 に電荷 Q_2 が置かれているとき，原点 O の電位を求めよ。

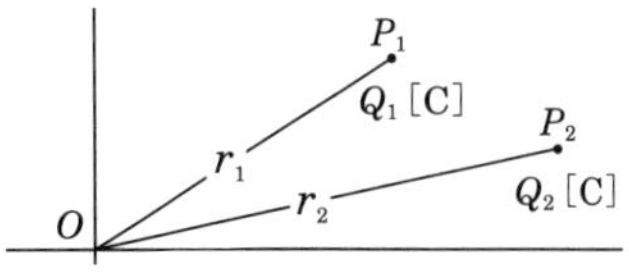

電荷 Q_1 による点 O における電位は

$$\text{電界 } E_{P_1} = \frac{1}{4\pi\varepsilon_0}\frac{Q_1}{r_1^2} \quad \text{を使って}$$

$$\text{電位 } V_1 = -\int_{\infty}^{r_1}\frac{1}{4\pi\varepsilon_0}\frac{Q_1}{{R_1}^2}dR_1 = \frac{1}{4\pi\varepsilon_0}\frac{Q_1}{r_1}$$

同様に，電荷 Q_2 による点 O における電位は

$$V_2 = \frac{1}{4\pi\varepsilon_0}\frac{Q_2}{r_2}$$

また，2 個の電荷 Q_1，Q_2 による点 O の電位の計算は，電位がスカラーであるから，両方の電位をそのまま代数的に加算すればよい。

$$\text{合成電位 } V = V_1 + V_2 = \frac{1}{4\pi\varepsilon_0}\left(\frac{Q_1}{r_1} + \frac{Q_2}{r_2}\right) \quad [\mathrm{V}]$$

【例 5.3】　図のように微小間隔 ℓ を隔てて，正負の電荷 $\pm Q$ が存在する状態を電気双極子という。$\overline{OP}$ の長さを r，$\overline{OP}$ と x 軸との傾きを θ とするとき，点 P における合成電位 V を求めよ。ただし，$\ell \ll r$ とする。

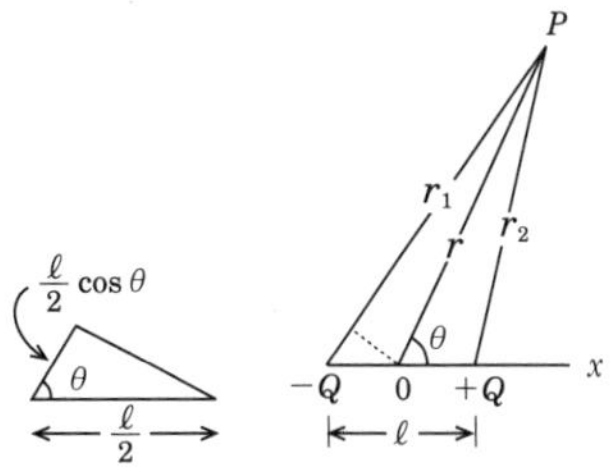

問題の図から，r_1，r_2 は

$$r_1 \simeq r + \frac{\ell}{2}\cos\theta$$

$$r_2 \simeq r - \frac{\ell}{2}\cos\theta$$

各電荷による電位は式（5.19）により

$$V_1 = \frac{1}{4\pi\varepsilon_0}\cdot\frac{-Q}{r_1} \quad , \quad V_2 = \frac{1}{4\pi\varepsilon_0}\cdot\frac{Q}{r_2}$$

したがって，合成電位は

$$V = V_1 + V_2 = \frac{1}{4\pi\varepsilon_0}Q\left\{-\frac{1}{r_1} + \frac{1}{r_2}\right\}$$

ここで，上式の { } 内は

$$
\begin{aligned}
-\frac{1}{r_1}+\frac{1}{r_2} &= \frac{-1}{r+\frac{\ell}{2}\cos\theta}+\frac{1}{r-\frac{\ell}{2}\cos\theta} \\
&= \frac{-r+\frac{\ell}{2}\cos\theta+r+\frac{\ell}{2}\cos\theta}{r^2-\left(\frac{\ell}{2}\cos\theta\right)^2} \\
&= \frac{\ell\cos\theta}{r^2}\frac{1}{1-\left(\frac{\ell}{2r}\cos\theta\right)^2} \\
&\simeq \frac{\ell\cos\theta}{r^2}\left\{1+\left(\frac{\ell}{r}\right)^2\frac{\cos^2\theta}{4}\right\} \\
&\simeq \frac{\ell\cos\theta}{r^2}
\end{aligned}
$$

となるから，電気双極子による点 P の電位は次式のように求まる。

$$
V \simeq \frac{1}{4\pi\varepsilon_0}\cdot\frac{Q\ell\cos\theta}{r^2}
$$

【例 5.4】　図のように立方体の 7 つの頂点に電荷 Q が置かれているとき，残りの頂点 P における電位および立方体の中心における電位を求めよ。

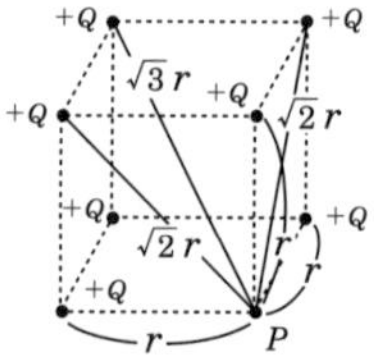

合成電位は各電荷による電位のスカラー量の和として求められるから，頂点 P における電位は，式（5.19）より

$$
\begin{aligned}
V &= \frac{1}{4\pi\varepsilon_0}Q\left(\frac{1}{r}+\frac{1}{r}+\frac{1}{r}+\frac{1}{\sqrt{2}r}+\frac{1}{\sqrt{2}r}+\frac{1}{\sqrt{2}r}+\frac{1}{\sqrt{3}r}\right) \\
&= \frac{Q}{4\pi\varepsilon_0 r}\left(3+\frac{3}{\sqrt{2}}+\frac{1}{\sqrt{3}}\right) \\
&= \frac{Q}{24\pi\varepsilon_0 r}(18+9\sqrt{2}+2\sqrt{3}) = \frac{1}{4\pi\varepsilon_0}\frac{5.7Q}{r}
\end{aligned}
$$

立方体の中心における電位は

$$
V = \frac{1}{4\pi\varepsilon_0}Q\frac{7}{\frac{\sqrt{3}r}{2}} = \frac{Q}{4\pi\varepsilon_0 r}\frac{14}{\sqrt{3}}
$$

演習問題

5.1 電界 $\boldsymbol{E} = 2\boldsymbol{i} - \boldsymbol{j} + 3\boldsymbol{k}$ が与えられているとき，点 $P_1(1,-2,3)$ から $P_2(2,4,-6)$ までの電位差を求めよ。

5.2 前問の電界があるとき，点 $(1,-2,3)$ から $(2,-2,3)$ までの電位差を求めよ。

5.3 前問の電界があるとき，点 $(x,-2,3)$ から $(3,2,1)$ までの電位差を計算したところ，零となった。x の値を求めよ。

5.4 電界 $\boldsymbol{E} = 3\boldsymbol{i} + 5\boldsymbol{j} - 4\boldsymbol{k}$ が与えられているとき，点 $P_1(1,-2,3)$ における電位を求めよ。ただし，原点における電位を 0 とする。

5.5 一辺が a の正四面体の 3 個の頂点に電荷 Q が与えられている。このとき，残りの 1 つの頂点の電位を求めよ。

5.6 点 $(1,1,1)$ に電荷 2×10^{-8} [C]，$(-1,-1,2)$ に電荷 1.5×10^{-8} [C]，$(2,1,-2)$ に電荷 -3×10^{-8} [C] が与えられているとき，原点における電位を求めよ。

5.7 半径 1 [mm] の雨滴に電荷 $0.1p$ [C] が帯電している。この雨滴が 2 個合体して 1 個の雨滴となった。合体前後について，雨滴表面の電界と電位を求めよ。

5.8 電界 $\boldsymbol{E}$ の各成分が $E_x = x - 1$，$E_y = y + 2$，$E_z = z$ で表されるとき，2 点 $a(1,-2,3)$，$b(2,4,-6)$ 間の電位差 V_{ab} を求めよ。

第 6 章　電位の匂配と電界

6.1　偏導関数

偏導関数の定義

ここで，電界を電位で表すために
偏導関数：$\dfrac{\partial V}{\partial x}$
を定義しておく。ただし，V は x，y，z の関数（多変数関数）とする。偏導関数 $\dfrac{\partial V}{\partial x}$ は次のように定義される。

$$\frac{\partial V(x,y,z)}{\partial x} = \lim_{\Delta x \to 0} \frac{V(x+\Delta x, y, z) - V(x,y,z)}{\Delta x} \tag{6.1}$$

ただし，$V(x,y,z)$ は定義された領域において連続とする。式 (6.1) は V の x 方向の微係数と考えられ，y，z をしばらくの間定数とみなせば，$V(x,y,z)$ は x だけの関数となる。

偏導関数の意味

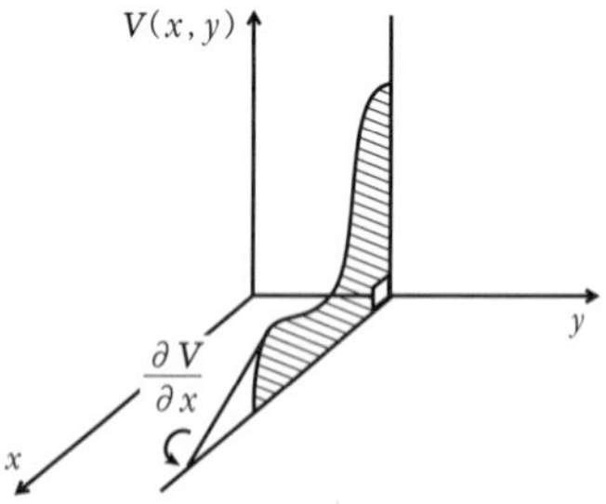

図6.1　偏導関数の意味

【例 6.1】　$V = 3x^2y^3$ の微分および偏微分を求めよ。

(i) 微分の場合

$$\frac{dV}{dx} = 3\frac{d}{dx}(x^2)y^3 + 3x^2\frac{d}{dx}(y^3) = 6xy^3 + 3x^2 \cdot 3y^2\frac{dy}{dx} = 6xy^3 + 9x^2y^2\frac{dy}{dx}$$

(ii) 偏微分の場合

定義式（6.1）より

$$\begin{aligned}\frac{\partial V(x,y)}{\partial x} &= \lim_{\Delta x\to 0}\frac{3(x+\Delta x)^2y^3-3x^2y^3}{\Delta x}\\ &= \lim_{\Delta x\to 0}\frac{3x^2y^3+6x(\Delta x)y^3+3(\Delta x)^2y^3-3x^2y^3}{\Delta x}\\ &= \lim_{\Delta x\to 0}(6xy^3+3y^3\Delta x)=6xy^3\end{aligned}$$

y が一定という条件のもとで微分していることになる。すなわち，

$$\frac{\partial V}{\partial x} = 3\frac{\partial}{\partial x}\{x^2y^3\}=3y^3\frac{d}{dx}(x^2)=6xy^3$$

偏導関数の主な定理

偏導関数の定理(1)

$\dfrac{\partial^2 V}{\partial y\,\partial x}=\dfrac{\partial^2 V}{\partial x\,\partial y}$

点 $A(a,b)$ の近くにおいて，$\dfrac{\partial V}{\partial x}, \dfrac{\partial V}{\partial y}, \dfrac{\partial^2 V}{\partial y\,\partial x}$ が存在し，かつ $\dfrac{\partial^2 V}{\partial y\,\partial x}$ が A で連続ならば，$\dfrac{\partial^2 V}{\partial x\,\partial y}$ もまた A で存在して $\dfrac{\partial^2 V}{\partial y\,\partial x}$ と一致する。

$$\frac{\partial^2 V}{\partial y\,\partial x} = \frac{\partial^2 V}{\partial x\,\partial y} \tag{6.2}$$

6.2　全微分公式

全微分公式の導出

ここでは，電界を電位の勾配で表す準備のために全微分公式の導出を行う。いま，3 変数の関数 $V(x,y,z)$ のテイラー展開は，一変数のテイラー展開

$$V(x+\Delta x) = V(x)+\Delta x\frac{d}{dx}V(x)+\cdots \tag{6.3}$$

と同様に，

$$\begin{aligned}&V(x+\Delta x, y+\Delta y, z+\Delta z)=V(x,y,z)\\ &+\left\{\Delta x\frac{\partial}{\partial x}V(x,y,z)+\Delta y\frac{\partial}{\partial y}V(x,y,z)\right.\\ &+\left.\Delta z\frac{\partial}{\partial z}V(x,y,z)+\cdots\right\}\end{aligned} \tag{6.4}$$

と表される。

Δx，Δy，Δz が非常に小さいので 2 次の項以降を無視し，式（6.4）を変形すると

$$\begin{aligned} \Delta V &= V(x+\Delta x, y+\Delta y, z+\Delta z) - V(x,y,z) \\ &\simeq \frac{\partial V}{\partial x}\Delta x + \frac{\partial V}{\partial y}\Delta y + \frac{\partial V}{\partial z}\Delta z \end{aligned} \tag{6.5}$$

ここで，$\Delta x \to 0$，$\Delta y \to 0$，$\Delta z \to 0$ の極限をとると次の全微分の公式が得られる。

全微分公式

$$dV = \frac{\partial V}{\partial x}dx + \frac{\partial V}{\partial y}dy + \frac{\partial V}{\partial z}dz \tag{6.6}$$

偏導関数の定理 (2)
$V(f(x), g(x))$ のとき $\dfrac{dV}{dx}$ =?

$f(x)$，$g(x)$ が連続微分可能で，$V(f,g)$ が f，g について連続的偏微分可能ならば

$$\frac{dV}{dx} = \frac{\partial V}{\partial f}\cdot\frac{df}{dx} + \frac{\partial V}{\partial g}\cdot\frac{dg}{dx} \tag{6.7}$$

[証明]

$$\begin{aligned} \frac{dV}{dx} &= \lim_{\Delta x\to 0}\frac{\Delta V}{\Delta x} \\ &= \lim_{\Delta x\to 0}\frac{V(f+\Delta f, g+\Delta g) - V(f,g)}{\Delta x} \\ &= \lim_{\substack{\Delta f\to 0\\ \Delta x\to 0}}\frac{V(f+\Delta f, g+\Delta g) - V(f, g+\Delta g)}{\Delta f}\cdot\frac{\Delta f}{\Delta x} \\ &\quad + \lim_{\substack{\Delta g\to 0\\ \Delta x\to 0}}\frac{V(f, g+\Delta g) - V(f,g)}{\Delta g}\cdot\frac{\Delta g}{\Delta x} \\ &= \frac{\partial V}{\partial f}\cdot\frac{df}{dx} + \frac{\partial V}{\partial g}\cdot\frac{dg}{dx} \end{aligned}$$

偏導関数の定理 (3)
$f(x,y)$，$g(x,y)$ のとき $V(f,g)$
$\dfrac{\partial V}{\partial x}$ =?
$\dfrac{\partial V}{\partial y}$ =?

$f(x,y)$，$g(x,y)$ および $V(f,g)$ が連続的偏微分可能なとき

$$\begin{aligned} \frac{\partial V}{\partial x} &= \frac{\partial V}{\partial f}\cdot\frac{\partial f}{\partial x} + \frac{\partial V}{\partial g}\cdot\frac{\partial g}{\partial x} \\ \frac{\partial V}{\partial y} &= \frac{\partial V}{\partial f}\cdot\frac{\partial f}{\partial y} + \frac{\partial V}{\partial g}\cdot\frac{\partial g}{\partial y} \end{aligned} \tag{6.8}$$

6.3 電位の勾配と電界

電界を電位の傾きで表す

式（5.13）を微分すると

$$dV = -\boldsymbol{E}\cdot d\boldsymbol{\ell} \tag{6.9}$$

dV を電界の各成分で表すために式（6.9）に式（2.10）

$$\boldsymbol{E} = \boldsymbol{i}\,E_x + \boldsymbol{j}\,E_y + \boldsymbol{k}\,E_z$$

と式（5.4）を代入すると

$$dV = -(\boldsymbol{i}\,E_x + \boldsymbol{j}\,E_y + \boldsymbol{k}\,E_z)\cdot(\boldsymbol{i}\,dx + \boldsymbol{j}\,dy + \boldsymbol{k}\,dz) \tag{6.10}$$

となる。一方，dV は全微分公式（6.6）より

$$dV = \frac{\partial V}{\partial x}dx + \frac{\partial V}{\partial y}dy + \frac{\partial V}{\partial z}dz \tag{6.11}$$

と表される。これは，次の 2 つのベクトルのスカラー積で表すことができる。

$$dV = \left(\boldsymbol{i}\,\frac{\partial V}{\partial x} + \boldsymbol{j}\,\frac{\partial V}{\partial y} + \boldsymbol{k}\,\frac{\partial V}{\partial z}\right)\cdot(\boldsymbol{i}\,dx + \boldsymbol{j}\,dy + \boldsymbol{k}\,dz) \tag{6.12}$$

式（6.10）と式（6.12）を比較すると電界の各成分は V の関数として次式のように表される。

電位の勾配と電界の関係

$$E_x = -\frac{\partial V}{\partial x}, E_y = -\frac{\partial V}{\partial y}, E_z = -\frac{\partial V}{\partial z} \tag{6.13}$$

式（2.10）と（6.13）より電界 $\boldsymbol{E}$ は次のように表される。

$$\boldsymbol{E} = -\left(\boldsymbol{i}\,\frac{\partial V}{\partial x} + \boldsymbol{j}\,\frac{\partial V}{\partial y} + \boldsymbol{k}\,\frac{\partial V}{\partial z}\right) \tag{6.14}$$

電界ベクトルを電位で表す

これより，演算子とスカラー関数に分けて次のように書く。

$$\boldsymbol{E} = -\left(\boldsymbol{i}\,\frac{\partial}{\partial x} + \boldsymbol{j}\,\frac{\partial}{\partial y} + \boldsymbol{k}\,\frac{\partial}{\partial z}\right)V \tag{6.15}$$

ハミルトンの演算子 ∇

ここで，式（6.15）の $\boldsymbol{E}$ をベクトル演算子 ∇ と電位 V で次のように表す。†

$$\boldsymbol{E} = -\nabla V \tag{6.16}$$

∇ はハミルトン（Hamilton）演算子の 1 つでありナブラーと読む。

† 演算子：$+$，$-$，$\times$，div，$\dfrac{d}{dx}$，$\displaystyle\int dx$ などは演算子という。

∇ の定義

∇ はベクトル微分演算子であり次のように定義される。

$$\nabla = \boldsymbol{i}\frac{\partial}{\partial x} + \boldsymbol{j}\frac{\partial}{\partial y} + \boldsymbol{k}\frac{\partial}{\partial z} \tag{6.17}$$

6.4 スカラーの勾配

スカラーの勾配
$\nabla\phi = ?$

スカラー関数 ϕ に ∇ を演算すると

$$\nabla\phi = \mathrm{grad}\phi = \boldsymbol{i}\frac{\partial\phi}{\partial x} + \boldsymbol{j}\frac{\partial\phi}{\partial y} + \boldsymbol{k}\frac{\partial\phi}{\partial z} \tag{6.18}$$

一般に，スカラー ϕ の勾配はベクトル量となる。

∇φ の大きさ
$|\nabla\phi| = ?$

勾配 $\nabla\phi$ の大きさは次のようにスカラー積をとることにより求められる。

$$|\nabla\phi| = |\mathrm{grad}\phi| = \sqrt{\nabla\phi\cdot\nabla\phi} \tag{6.19}$$

したがって

$$|\nabla\phi| = \sqrt{\left(\frac{\partial\phi}{\partial x}\right)^2 + \left(\frac{\partial\phi}{\partial y}\right)^2 + \left(\frac{\partial\phi}{\partial z}\right)^2} \tag{6.20}$$

【例 6.2】　電位分布が $V = 2x + 3xy + 4xyz$ で与えられるとき，電界分布を求めよ。また，$(1, 2, 1)$ における電界を計算せよ。

$$\begin{aligned} \boldsymbol{E} &= -\nabla V \\ &= -\left(\boldsymbol{i}\frac{\partial V}{\partial x} + \boldsymbol{j}\frac{\partial V}{\partial y} + \boldsymbol{k}\frac{\partial V}{\partial z}\right) \\ &= -(2 + 3y + 4yz)\boldsymbol{i} - (3x + 4xz)\boldsymbol{j} - 4xy\boldsymbol{k} \end{aligned}$$

$(1, 2, 1)$ における電界は上式に x，y，z の値を代入して

$$\boldsymbol{E} = -16\boldsymbol{i} - 7\boldsymbol{j} - 8\boldsymbol{k}$$

6.5　演算子 ∇ の簡単な公式

演算子 ∇ の簡単な公式

$\nabla(\phi+\psi)$
$\nabla(\phi\psi)$
$\nabla\left(\dfrac{1}{r}\right)$
$\nabla f(u,v)$

ϕ，ψ および u，v を x，y，z の関数とし，位置ベクトル $\boldsymbol{r}$ を $\boldsymbol{r} = \boldsymbol{i}\,x + \boldsymbol{j}\,y + \boldsymbol{k}\,z$，$\boldsymbol{r}_0$ を $\boldsymbol{r}$ 方向の単位ベクトルとする。このとき，各関数の勾配の公式は次の通りである。

$$\nabla(\phi+\psi) = \nabla\phi + \nabla\psi \tag{6.21}$$

$$\nabla(\phi\psi) = (\nabla\phi)\psi + \phi(\nabla\psi) \tag{6.22}$$

$$\nabla\left(\frac{1}{r}\right) = -\frac{r\boldsymbol{r}_0}{r^3} = -\frac{\boldsymbol{r}_0}{r^2} \tag{6.23}$$

$$\nabla f(u,v) = \frac{\partial f}{\partial u}\nabla u + \frac{\partial f}{\partial v}\nabla v \tag{6.24}$$

【例 6.3】 $\nabla(\phi+\psi) = \nabla\phi + \nabla\psi$ を導出せよ。

$$\begin{aligned}
\nabla(\phi+\psi) &= \boldsymbol{i}\,\frac{\partial(\phi+\psi)}{\partial x} + \boldsymbol{j}\,\frac{\partial(\phi+\psi)}{\partial y} + \boldsymbol{k}\,\frac{\partial(\phi+\psi)}{\partial z} \\
&= \boldsymbol{i}\,\frac{\partial\phi}{\partial x} + \boldsymbol{j}\,\frac{\partial\phi}{\partial y} + \boldsymbol{k}\,\frac{\partial\phi}{\partial z} + \boldsymbol{i}\,\frac{\partial\psi}{\partial x} + \boldsymbol{j}\,\frac{\partial\psi}{\partial y} + \boldsymbol{k}\,\frac{\partial\psi}{\partial z}
\end{aligned}$$

式（6.18）より，上式は

$$\nabla(\phi+\psi) = \nabla\phi + \nabla\psi$$

【例 6.4】 $\nabla(\phi\psi) = (\nabla\phi)\psi + \phi(\nabla\psi)$ を導出せよ。

$$\begin{aligned}
\nabla(\phi\psi) &= \boldsymbol{i}\,\frac{\partial(\phi\psi)}{\partial x} + \boldsymbol{j}\,\frac{\partial(\phi\psi)}{\partial y} + \boldsymbol{k}\,\frac{\partial(\phi\psi)}{\partial z} \\
&= \boldsymbol{i}\frac{\partial\phi}{\partial x}\psi + \boldsymbol{i}\frac{\partial\psi}{\partial x}\phi + \boldsymbol{j}\frac{\partial\phi}{\partial y}\psi + \boldsymbol{j}\frac{\partial\psi}{\partial y}\phi + \boldsymbol{k}\frac{\partial\phi}{\partial z}\psi + \boldsymbol{k}\frac{\partial\psi}{\partial z}\phi \\
&= \left(\boldsymbol{i}\,\frac{\partial\phi}{\partial x} + \boldsymbol{j}\,\frac{\partial\phi}{\partial y} + \boldsymbol{k}\,\frac{\partial\phi}{\partial z}\right)\psi + \phi\left(\boldsymbol{i}\,\frac{\partial\psi}{\partial x} + \boldsymbol{j}\,\frac{\partial\psi}{\partial y} + \boldsymbol{k}\,\frac{\partial\psi}{\partial z}\right)
\end{aligned}$$

よって $\nabla(\phi\psi) = (\nabla\phi)\psi + \phi(\nabla\psi)$

【例 6.5】 $\nabla\left(\dfrac{1}{r}\right) = -\dfrac{r\boldsymbol{r}_0}{r^3} = -\dfrac{\boldsymbol{r}_0}{r^2}$ を導出せよ。

$\dfrac{1}{r}$ の勾配は

$$\nabla\left(\frac{1}{r}\right) = \boldsymbol{i}\frac{\partial}{\partial x}\left(\frac{1}{r}\right)+\boldsymbol{j}\frac{\partial}{\partial y}\left(\frac{1}{r}\right)+\boldsymbol{k}\frac{\partial}{\partial z}\left(\frac{1}{r}\right) \qquad \cdots\cdots(1)$$

いま，x 方向だけについて考える。
$r^2=\boldsymbol{r}\cdot\boldsymbol{r}$ より，$\dfrac{1}{r}=(x^2+y^2+z^2)^{-\frac{1}{2}}$ を考慮すれば，

$$\begin{aligned}\frac{\partial}{\partial x}\left(\frac{1}{r}\right) &= \frac{\partial}{\partial x}(x^2+y^2+z^2)^{-\frac{1}{2}}\\ &= -\frac{1}{2}(x^2+y^2+z^2)^{-\frac{3}{2}}\cdot 2x=-xr^{-3}\end{aligned}$$

したがって，x 方向では

$$\boldsymbol{i}\frac{\partial}{\partial x}\left(\frac{1}{r}\right) = -\boldsymbol{i}\frac{x}{r^3}$$

y，z 方向についても同様にして

$$\boldsymbol{j}\frac{\partial}{\partial y}\left(\frac{1}{r}\right) = -\boldsymbol{j}\frac{y}{r^3}\ ,\quad \boldsymbol{k}\frac{\partial}{\partial z}\left(\frac{1}{r}\right)=-\boldsymbol{k}\frac{z}{r^3}$$

上の 3 つの式を（1）に代入する。

$$\nabla\left(\frac{1}{r}\right) = -\frac{1}{r^3}(\boldsymbol{i}\,x+\boldsymbol{j}\,y+\boldsymbol{k}\,z)=-\frac{\boldsymbol{r}}{r^3}$$

$\boldsymbol{r}$ は $\boldsymbol{r}=r\boldsymbol{r}_0$ であるから

$$\nabla\left(\frac{1}{r}\right) = -\frac{r\boldsymbol{r}_0}{r^3}=-\frac{\boldsymbol{r}_0}{r^2}$$

【例 6.6】 $\nabla f(u,v)=\dfrac{\partial f}{\partial u}\nabla u+\dfrac{\partial f}{\partial v}\nabla v$ を導出せよ。

$$\begin{aligned}\nabla f &= \boldsymbol{i}\frac{\partial f}{\partial x}+\boldsymbol{j}\frac{\partial f}{\partial y}+\boldsymbol{k}\frac{\partial f}{\partial z}\\ &= \boldsymbol{i}\left(\frac{\partial f}{\partial u}\cdot\frac{\partial u}{\partial x}+\frac{\partial f}{\partial v}\cdot\frac{\partial v}{\partial x}\right)+\boldsymbol{j}\left(\frac{\partial f}{\partial u}\cdot\frac{\partial u}{\partial y}+\frac{\partial f}{\partial v}\cdot\frac{\partial v}{\partial y}\right)\\ &\quad +\boldsymbol{k}\left(\frac{\partial f}{\partial u}\cdot\frac{\partial u}{\partial z}+\frac{\partial f}{\partial v}\cdot\frac{\partial v}{\partial z}\right)\\ &= \frac{\partial f}{\partial u}\left(\boldsymbol{i}\frac{\partial u}{\partial x}+\boldsymbol{j}\frac{\partial u}{\partial y}+\boldsymbol{k}\frac{\partial u}{\partial z}\right)+\frac{\partial f}{\partial v}\left(\boldsymbol{i}\frac{\partial v}{\partial x}+\boldsymbol{j}\frac{\partial v}{\partial y}+\boldsymbol{k}\frac{\partial v}{\partial z}\right)\end{aligned}$$

よって

$$\nabla f(u,v)=\frac{\partial f}{\partial u}\nabla u+\frac{\partial f}{\partial v}\nabla v$$

【例 6.7】 電位 V が $V = \dfrac{Q}{4\pi\varepsilon_0 r}$ と与えられたとき，電界ベクトル $\boldsymbol{E}$ を導出せよ。ただし，$\boldsymbol{r}$ は位置ベクトルで $\boldsymbol{r} = r\boldsymbol{r}_0 = \boldsymbol{i}\,x + \boldsymbol{j}\,y + \boldsymbol{k}\,z$，$r = (x^2 + y^2 + z^2)^{\frac{1}{2}}$ と与えられる。

式 (6.16) より，$\boldsymbol{E} = -\nabla V$ であるから，これに与式の V を代入して

$$\boldsymbol{E} = -\nabla\left(\frac{Q}{4\pi\varepsilon_0 r}\right) = -\frac{Q}{4\pi\varepsilon_0}\nabla\left(\frac{1}{r}\right)$$

式 (6.23) の

$$\nabla\left(\frac{1}{r}\right) = = -\frac{r\boldsymbol{r}_0}{r^3} = -\frac{\boldsymbol{r}_0}{r^2}$$

を代入すれば，式 (2.2) と同じ次式が求められる。

$$\boldsymbol{E} = \frac{Q}{4\pi\varepsilon_0 r^2}\boldsymbol{r}_0$$

演習問題

6.1 $V = 2x^2yz^3 - 3xy^2$ に関して次の微分および偏微分を求めよ。

イ) $\dfrac{dV}{dx}$ ロ) $\dfrac{dV}{dy}$ ハ) $\dfrac{\partial V}{\partial x}$ ニ) $\dfrac{\partial V}{\partial y}$ ホ) $\dfrac{\partial V}{\partial z}$

6.2 問 6.1 で与えられた V に対して ∇V を求めよ。

6.3 電位分布が $V = 30x + 23y - 92z$ [V] で与えられるとき，電界分布を求めよ。

6.4 長さ 2ℓ の直線状導線に電荷が線電荷密度 δ で帯電している。導線の中心を通り，導線に垂直な面上の電位を求めよ。また，この結果を使って，その面上の電界を求めよ。

6.5 半径 a の薄い円板に電荷が面電荷密度 σ で帯電している。円板の中心軸上 h における電位を求めよ。また，その結果を使って，軸上の電界を求めよ。

第 7 章　誘電体と電束密度

7.1　誘電体と分極

誘電体

誘電体：金属中の電子は一般に電界をかけると見かけ上自由に動くため電流が通りやすく，導体となるが，ほとんどの非金属は電子が動きにくいので電流が流れにくく絶縁体となっている。

この相違は物質の原子間の結合状態によるもので，原子核が電子を捕捉している強さによっている。この電子捕捉は導体では弱く，絶縁体では強い。

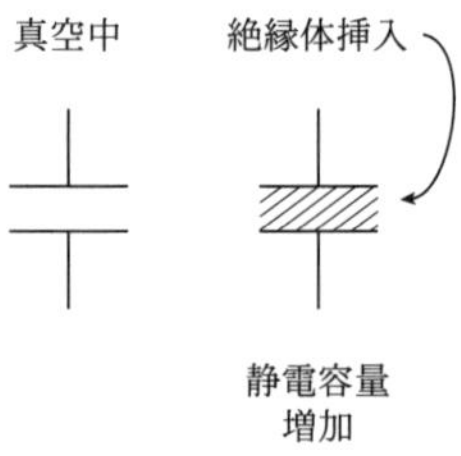

図7.1

絶縁体は電界をかけるとその内部に反対方向の電界を生じて，電界を弱めるような作用をし，特に**誘電体**という。後で述べるようにコンデンサの電極間に絶縁体を挿入すると，静電容量が増加する。

分極

分極：誘電体に外部より電界 E を加えると，質量の軽い電子は電界 E によるクーロン力のために電界と逆方向の力を受け，原子核の周りを回りながら全体として電界と逆の方向へ偏移する。このため原子全体としては，1 つの電気双極子 † となり，外部より加えた電界と逆方向の電界を作って誘電体内の電界を弱める作用をする。このような状態を**分極**という。

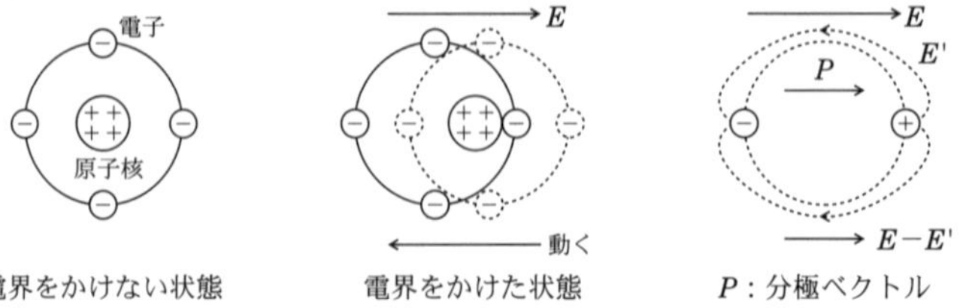

図7.2

† 第 5 章 例 5.3 参照。

7.2 電界と電束密度の関係

分極ベクトル

分極ベクトル：分極により正，負の電荷が移動するが，正の電荷が単位面積あたりに移動した量（σ）と方向で分極が表され，ベクトル $\boldsymbol{P}$ で示す（$P=\sigma$）。したがって，移動した電荷の全部の和を分極電荷 Q_P とすると，これは σ の面積分で表される。また，分極は外部電界とは逆方向の電界 $\boldsymbol{E}'$ を作るため，$\boldsymbol{P}$ の方向を考慮すると次式のように表される。

$$Q_P=\oint_s \sigma dS=\oint_s(-\boldsymbol{P})\cdot \boldsymbol{dS}=\oint_s \boldsymbol{E}'\cdot \boldsymbol{dS} \tag{7.1}$$

電束密度と分極ベクトルの関係

誘電体中の仮想閉曲面 s 内に真電荷 Q と分極電荷 Q_P が共存するので，ガウスの法則により

$$\oint_s \varepsilon_0 \boldsymbol{E}\cdot \boldsymbol{dS}=Q+Q_P$$
$$=Q+\oint_s(-\boldsymbol{P})\cdot \boldsymbol{dS} \tag{7.2}$$

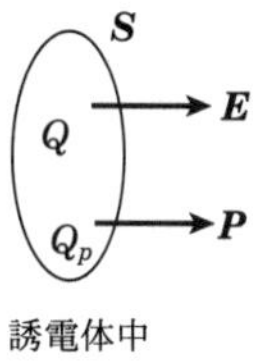

図7.3

よって

$$\oint_s(\varepsilon_0 \boldsymbol{E}+\boldsymbol{P})\cdot \boldsymbol{dS}=Q \tag{7.3}$$

電束密度でガウスの法則を表すと式（3.18）より

$$\oint_s \boldsymbol{D}\cdot \boldsymbol{dS} = Q \tag{7.4}$$

であるから，式（7.3），(7.4）を比較すると

$$\boldsymbol{D} = \varepsilon_0 \boldsymbol{E}+\boldsymbol{P} \tag{7.5}$$

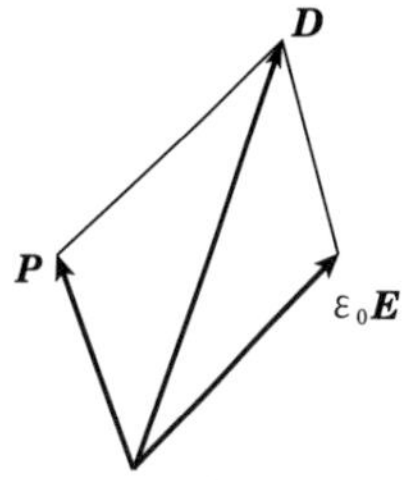

図7.4

特に，$\boldsymbol{E}$ と $\boldsymbol{D}$ が同方向のときは，スカラーで表せるから

$$D = \varepsilon_0 E+P \tag{7.6}$$

となる。これが誘電体中における D と E の関係である。

分極率と分極ベクトル

誘電体に加えた電界に対して生じる分極ベクトルは

$$\boldsymbol{P} = \chi_e \varepsilon_0 \boldsymbol{E} \tag{7.7}$$

χ_e ： 分極率（物質に依存する）

また，式（7.5）は上式を用いると次のように変形される。

$$\boldsymbol{D} = \varepsilon_0(1+\chi_e)\boldsymbol{E} \tag{7.8}$$

線形な誘電体の電界と電束密度の関係

$$
\begin{aligned}
\boldsymbol{D} &= \varepsilon \boldsymbol{E} && (7.9)\\
&\varepsilon = \varepsilon_0 \varepsilon_r = \varepsilon_0(1+\chi_e) && (7.10)\\
&\varepsilon_r = 1+\chi_e && (7.11)
\end{aligned}
$$

ε_0：真空誘電率

ε ：誘電率

ε_r：比誘電率

比誘電率 ε_r は普通の誘電体では $\varepsilon_r > 1$ である。また，プラズマや電離層では高周波において $\varepsilon_r < 1$ となる。

[補足]

一般には，$\boldsymbol{D}$ と $\boldsymbol{E}$ の関係は必ずしも線形ではない。
つまり $\boldsymbol{D} \neq \varepsilon \boldsymbol{E}$

$$
\begin{cases}
\boldsymbol{D} = \varepsilon_a + \varepsilon_b \boldsymbol{E} + \varepsilon_c \boldsymbol{E}^2 + \varepsilon_d \boldsymbol{E}^3 & \text{(非線形)}\\
\boldsymbol{D} = \varepsilon_a + \varepsilon_b \boldsymbol{E} & \text{(線形)}
\end{cases}
$$

しかし，普通は $\boldsymbol{D}$ と $\boldsymbol{E}$ のベクトルの向きは同方向で，かつ線形である（図7.5 参照）。したがって，$\boldsymbol{D} = \varepsilon \boldsymbol{E}$ とすることが多い。
また，この場合でも ε は空間的に一様とは限らない（$\nabla\varepsilon \neq 0$）。

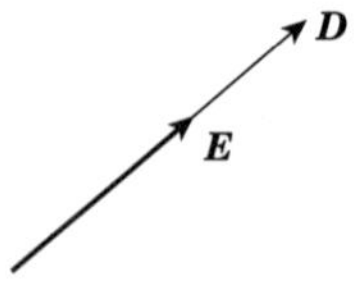

図7.5

誘電体中における電界と電束密度の関係と相違

第 6 章までは，対象とする媒質は真空だけを考えてきたので，電界と電束密度の関係は ε_0 倍すること以外に相違はなかった。しかし，この章で学んだ誘電体媒質中では考え方を修正しなければならない。式 (7.3), (7.4) を比較すると，電荷により作られる電界の値は誘電体の種類により異なるが，電束密度の値は誘電体の種類にはよらないで，電荷のみにより定められることがわかる。
このことから，「電界は電荷に働く力を与える界を表すのに用いる物理量であり，電束密度は電荷により作られる界を表すのに用いる物理量である」ことがわかる。

【例 7.1】 線形等方媒質中における電界の式を求めよ。

式（7.4）と，媒質が線形等方であるから（7.9）を用いて，

$$\oint_s \varepsilon \boldsymbol{E} \cdot \boldsymbol{dS} = Q \tag{1}$$

ただし，s は電荷 Q を中心とした半径 r の仮想閉曲面を表す。この面に垂直な方向の電界成分を E_n とすると

$$\oint_s \varepsilon E_n dS = Q \tag{2}$$

閉曲面 s における電界の大きさはすべて同じであるから，E_n は面積分の外へ出て

$$\varepsilon E_n \oint_s dS = Q \tag{3}$$

したがって

$$E_n = \frac{Q}{4\pi\varepsilon r^2} = \frac{Q}{4\pi\varepsilon_0\varepsilon_r r^2} \tag{4}$$

これは，式（2.3）と比べると，ε_r だけ電界 E_n の値が小さくなることを表す。

【例 7.2】 真空中で 2 枚の平行平板電極が距離 d 離れて置かれている。電極に電荷 Q を与えたとき，電極間の電界を求めよ。ただし，平板電極の面積 S は d に比べて十分大きいものとする。

式（3.17）のガウスの法則により，仮想閉曲面 s において，

$$\oint_s \varepsilon E_n dS = Q \tag{3.17}$$

である。面 s' 上では $\varepsilon = \varepsilon_0$，電界は一様であること，電極内電界および閉曲面の上下面から垂直に出る電界は 0 であることを考慮すれば，

$$\varepsilon_0 E_n \int_{s'} dS = Q \tag{1}$$

ただし，s' は，平板間にあり，かつ平板と平行な閉曲面 s 内の一平面である。

また，$\int_{s'} dS = (s'\text{の面積}) = S$

したがって，電界 E_n は

$$E_n = \frac{Q}{\varepsilon_0 S} \tag{2}$$

電極の面電荷密度 $\sigma = \dfrac{Q}{S}$ であるから

$$E_n = \frac{\sigma}{\varepsilon_0} \tag{3}$$

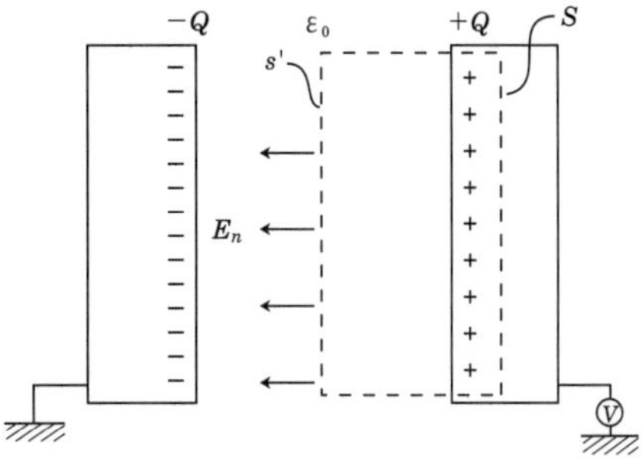

【例 7.3】　例題 7.2 と同じように，2 枚の平行平板電極が距離 d 離れて置かれているが，電極間は比誘電率 ε_r の誘電体で満たされているものとする。電極に電荷 Q を与えたとき，電極間の電界の大きさを求めよ。

例題 7.2 の解において ε_0 を $\varepsilon_0\varepsilon_r$ に置き換えて

$$E_n = \frac{Q}{\varepsilon_0\varepsilon_r S}$$

また，電極の面電荷密度を $\sigma = \frac{Q}{S}$ とおけば

$$E_n = \frac{\sigma}{\varepsilon_0\varepsilon_r}$$

なお，誘電体中では図のように分極電荷が生じるので，これを σ_p とすると，例題 7.2 の結果を用いて

$$E_n = \frac{\sigma - \sigma_p}{\varepsilon_0}$$

となる。上記の E_n の結果を考慮すれば

$$\varepsilon_r = \frac{\sigma}{\sigma - \sigma_p}$$

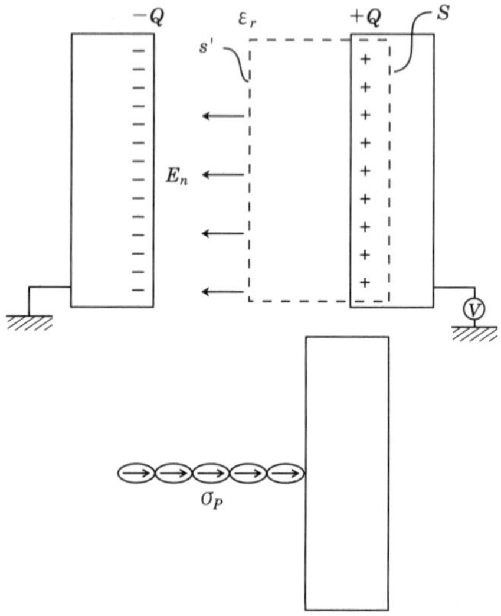

この結果からわかるように，誘電体内では分極電荷により誘電率が増大し電界は弱められる。

7.3　誘電体中のクーロンの法則

誘電体中のクーロンの法則

真空中におけるクーロンの法則は式（1.1）で表されるが，誘電体中ではクーロン力は弱まる。誘電体中におけるクーロンの法則は（図7.6）

$$f = \frac{1}{4\pi\varepsilon}\frac{Q_1Q_2}{r^2} \quad [\mathrm{N}] \quad \cdots 誘電体中 \tag{7.12}$$

式（7.10）を用いると

$$f = \frac{1}{4\pi\varepsilon_0\varepsilon_r}\frac{Q_1Q_2}{r^2} \quad [\mathrm{N}] \tag{7.13}$$

ここで真空中のクーロン力は

$$F \quad = \quad \frac{Q_1 Q_2}{4\pi\varepsilon_0 r^2} \quad [\mathrm{N}] \quad \cdots 真空中$$

であることを考慮すれば，誘電体中のクーロン力は誘電体の特性を示す比誘電率 ε_r により真空中のクーロン力と比べて小さいことがわかる。

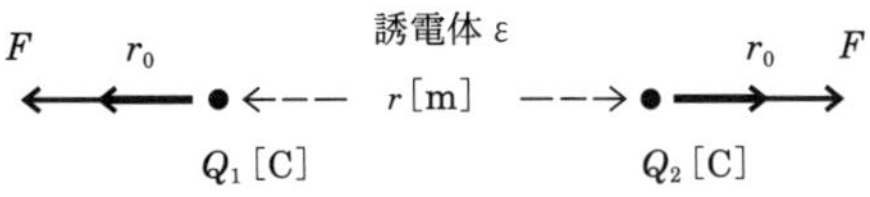

図7.6　誘電体中におけるクーロンの法則

演習問題

7.1　真空中で $Q = 3.2 \times 10^{-8}$ [C] の電荷が与えられているとき，距離 2 [m] 離れた位置の電界を求めよ。また，比誘電率 $\varepsilon_r = 4$ の誘電体中では電界はどうなるか。

7.2　2 枚の平行平板電極が距離 $d = 1$ [cm] 離れて置かれている。電極に電荷密度 $\sigma = 1.6 \times 10^{-11}$ [C/m^2] を与えたとき，板間が真空のときと，比誘電率 $\varepsilon_r = 2$ の誘電体のときについて，極板間の電界を求めよ。

7.3　比誘電率 2.5，厚さ t [m] のガラスの両側に置かれた電荷 Q_1，Q_2 に働くクーロン力と，真空中のそれとを比較せよ。

7.4　誘電体中で電界 $\boldsymbol{E} = 3(2\boldsymbol{i} + \boldsymbol{k})$ をかけたとき，誘電体内にある単位面積あたり 2×10^{-12} [C] の電荷が $\dfrac{\boldsymbol{i} + 2\boldsymbol{j} + \boldsymbol{k}}{\sqrt{6}}$ だけ移動した。電束密度ベクトルを求めよ。

第 8 章　帯電物体の電界と電位

8.1　体積積分

体積積分 $\int_v f(x,y,z)dV$ の定義と意味

連続点関数 $f(x,y,z)$ と曲面 s によって囲まれた体積 V があるとき，これを微小な部分に分割し，その各体積を ΔV_1，ΔV_2，$\cdots$，ΔV_n とし，それらの中の任意の点をそれぞれ

$$(x_1,y_1,z_1),\ (x_2,y_2,z_2),\ \cdots,\ (x_n,y_n,z_n)$$

とする。このとき，体積積分は次のように定義される。†

$$\int_v f(x,y,z)dV = \lim_{\substack{n\to\infty \\ \Delta V_i \to 0}} \sum_{i=0}^{n} f(x_i,y_i,z_i)\Delta V_i \tag{8.1}$$

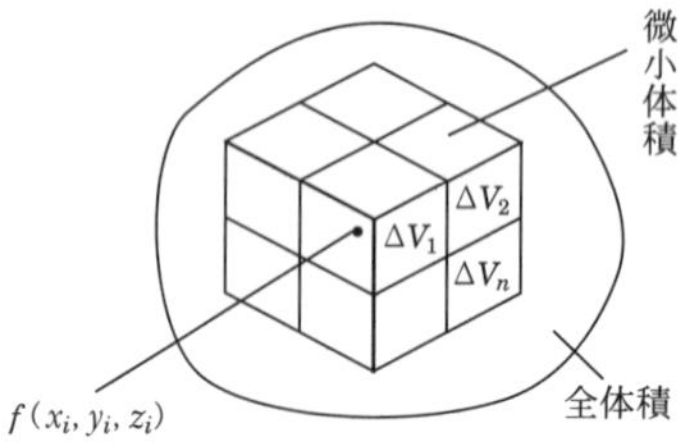

$f(x_i, y_i, z_i)$ = 点 (x_i, y_i, z_i) における f の値

図**8.1**　体積積分

8.2　連続分布の電荷による電界

式 (2.15) において (x,y,z) の値ではなく，$\boldsymbol{r}_1$，$\boldsymbol{r}_2$ の記法で書けば，$\boldsymbol{r}_2$ における電界は

$$\boldsymbol{E}(\boldsymbol{r}_2) = \frac{1}{4\pi\varepsilon_0}\frac{Q}{(\boldsymbol{r}_2-\boldsymbol{r}_1)^2}\frac{\boldsymbol{r}_2-\boldsymbol{r}_1}{|\boldsymbol{r}_2-\boldsymbol{r}_1|}$$

---

† 参考：面積分（§**4.1**），線積分（§**5.1**）。

電荷が体積密度 $\boldsymbol{\rho}$ で空間的に連続に分布しているときの電界
$\boldsymbol{\rho}$：体積密度

電荷が体積密度 ρ で空間的に連続に分布しているときの電界は

$$\boldsymbol{E}(\boldsymbol{r}_2) = \frac{1}{4\pi\varepsilon_0}\int_v \frac{\rho(\boldsymbol{r}_1)}{(\boldsymbol{r}_2-\boldsymbol{r}_1)^2}\cdot\frac{\boldsymbol{r}_2-\boldsymbol{r}_1}{|\boldsymbol{r}_2-\boldsymbol{r}_1|}dV \tag{8.2}$$

と表される。ここに，式（8.2）の積分は体積積分であり，体積素で積分される。総電荷量 Q は

$$Q = \int_v \rho(\boldsymbol{r}_1)dV \tag{8.3}$$

電荷が面密度 $\boldsymbol{\sigma}$ で連続に分布しているときの電界
$\boldsymbol{\sigma}$：面積密度

電荷が面 s 上に面密度 σ で空間的に連続に分布しているときの電界は

$$\boldsymbol{E}(\boldsymbol{r}_2) = \frac{1}{4\pi\varepsilon_0}\int_s \frac{\sigma(\boldsymbol{r}_1)}{(\boldsymbol{r}_2-\boldsymbol{r}_1)^2}\frac{\boldsymbol{r}_2-\boldsymbol{r}_1}{|\boldsymbol{r}_2-\boldsymbol{r}_1|}dS \tag{8.4}$$

と表される。ここに，式（8.4）の積分は面積分であり，面素で積分される。全電荷量は

$$Q = \int_s \sigma(\boldsymbol{r}_1)dS \tag{8.5}$$

電荷が線密度 $\boldsymbol{\delta}$ で空間的に連続に分布しているときの電界
$\boldsymbol{\delta}$：線密度

電荷が線 ℓ 上に線密度 δ で連続に分布しているときの電界は

$$\boldsymbol{E}(\boldsymbol{r}_2) = \frac{1}{4\pi\varepsilon_0}\int_\ell \frac{\delta(\boldsymbol{r}_1)}{(\boldsymbol{r}_2-\boldsymbol{r}_1)^2}\frac{\boldsymbol{r}_2-\boldsymbol{r}_1}{|\boldsymbol{r}_2-\boldsymbol{r}_1|}d\ell \tag{8.6}$$

と表される。ここに，式（8.6）の積分は線積分であり，線素で積分される。全電荷量は

$$Q = \int_\ell \delta(\boldsymbol{r}_1)d\ell \tag{8.7}$$

【例 8.1】 式（8.2）を導出せよ。

体積密度 ρ の微小電荷が微小体積 ΔV_i 内にあるとき，ΔV_i 内の電荷量 Q は $Q=\rho(\boldsymbol{r_i})\Delta V_i$ であるから，ΔV_i の位置ベクトルを $\boldsymbol{r}_i$，位置 $\boldsymbol{r}_2$ における微小電界を $\Delta\boldsymbol{E}_i$ とすると

$$\Delta\boldsymbol{E}_i(\boldsymbol{r}_2) = \frac{1}{4\pi\varepsilon_0}\frac{\rho(\boldsymbol{r}_i)\Delta V_i}{(\boldsymbol{r}_2-\boldsymbol{r}_i)^2}\frac{\boldsymbol{r}_2-\boldsymbol{r}_i}{|\boldsymbol{r}_2-\boldsymbol{r}_i|} \tag{1}$$

と表される。これをすべての微小領域について加えると

$$\boldsymbol{E}(\boldsymbol{r}_2) = \frac{1}{4\pi\varepsilon_0}\sum_{i=1}^{\infty}\frac{\rho(\boldsymbol{r}_i)\Delta V_i}{(\boldsymbol{r}_2-\boldsymbol{r}_i)^2}\frac{\boldsymbol{r}_2-\boldsymbol{r}_i}{|\boldsymbol{r}_2-\boldsymbol{r}_i|} \tag{2}$$

式（2）で ΔV_i を微小にとり，その分割数を無限にして連続量で表すと体積積分に置き換えるこ

とができて，式（8.2）となる。

$$\boldsymbol{E}(\boldsymbol{r}_2) = \frac{1}{4\pi\varepsilon_0}\int_v \frac{\rho(\boldsymbol{r}_i)}{(\boldsymbol{r}_2-\boldsymbol{r}_1)^2}\frac{\boldsymbol{r}_2-\boldsymbol{r}_1}{|\boldsymbol{r}_2-\boldsymbol{r}_1|}dV \tag{8.2}$$

8.3　帯電導体球における電界と電位

半径 $\boldsymbol{a}$ の帯電導体球が与えられたときの電界と電位の分布

半径 a の帯電導体球が与えられたとき，$a \leq r$，$r < a$ の各場合の電界と電位の分布を求める。

i）$\boldsymbol{a \leq r}$

i）$a \leq r$ の場合の電界と電位

ガウスの法則，式（3.17）を適用すると

$$\oint_s (\varepsilon_0 E_n)dS \quad = \quad \varepsilon_0 \oint_s E_n dS = Q \tag{8.8}$$

ただし，s は半径 r の仮想閉曲面，E_n は仮想閉曲面から垂直に外に出る電界成分である。

E_n は仮想閉曲面上で一様であるから積分の外へ出て

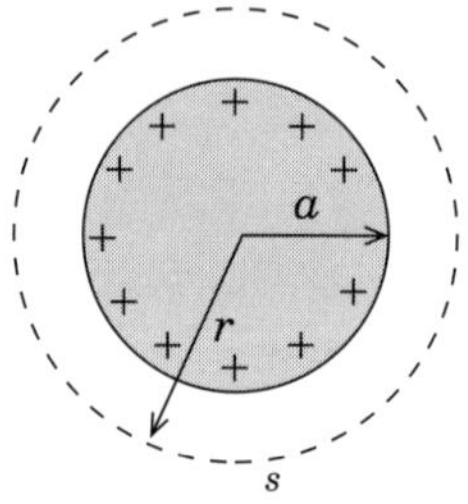

$$\varepsilon_0 E_n \oint_s dS \quad = \quad Q$$

ここで，距離 r のところでの球面の面積は

$$\oint_s dS \quad = \quad 4\pi r^2 \tag{8.9}$$

であるから，**電界**は次式で表される。

$$E_n \quad = \quad \frac{1}{4\pi\varepsilon_0}\frac{Q}{r^2} \quad [\mathrm{V/m}] \quad (a \leq r) \tag{8.10}$$

このときの電位は，定義式（5.17）より

$$\begin{aligned} V \quad &= \quad -\int_\infty^r E_r dr = -\int_\infty^r E_n dr = -\int_\infty^r \frac{Q}{4\pi\varepsilon_0}\cdot\frac{dR}{R^2} \\ &= \quad \frac{Q}{4\pi\varepsilon_0}\left[\frac{1}{R}\right]_\infty^r = \frac{Q}{4\pi\varepsilon_0 r} \end{aligned}$$

したがって，r が a **より大きい所の電位は**

$$V = \frac{1}{4\pi\varepsilon_0}\frac{Q}{r} \quad [\mathrm{V}] \quad (a \leq r) \tag{8.11}$$

特に $r = a$，すなわち導体球面上における電界は式（8.10）で $r = a$ とおいて

$$E_n = \frac{1}{4\pi\varepsilon_0}\frac{Q}{a^2} \quad (r = a) \tag{8.12}$$

であり，電位は式（8.11）で $r = a$ とおいて

$$V = \frac{1}{4\pi\varepsilon_0}\frac{Q}{a} \quad (r = a) \tag{8.13}$$

ii）$r < a$

ii）$r < a$ の場合の電界と電位

導体球内に半径 r の仮想閉曲面 s を描く。ガウスの法則式の右辺 $Q = 0$ であるから

$$\oint_s \varepsilon E_n dS = 0$$

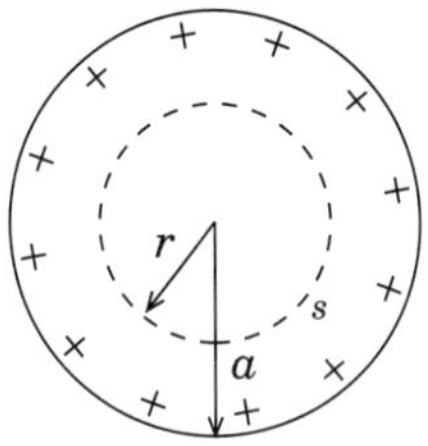

ただし，導体球の誘電率を ε とした。

ε と E_n は閉曲面 s 上で一様だから

$$\varepsilon E_n \oint_s dS = 0$$

よって，$E_n = 0 \quad (r < a)$

この $E_n = 0$ は定性的には次のように考えることができる。

導体球内では至るところ等電位（$V =$ 一定）で電位の傾きは零であるから $r < a$ **のときの電界は**

$$E = 0 \ (r < a) \tag{8.14}$$

となる。

一方，電位は式（8.13）と同じ値となるはずであるから，$r < a$ **のときの電位は**

$$V = \frac{1}{4\pi\varepsilon_0}\frac{Q}{a} \ (r < a) \tag{8.15}$$

である。

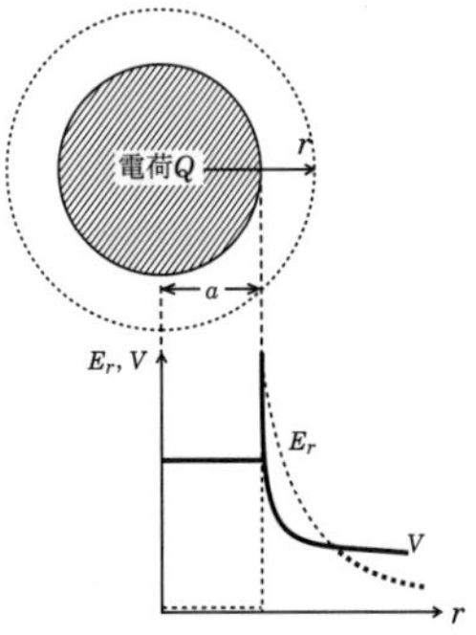

図8.2　電界分布と電位分布

【例 8.2】　点電荷が半径 a の球内に一様に分布しているとき，$a \leq r$，$r < a$ の各場合の電界と電位の分布を求めよ。

i）$a \leq r$ の場合の電界

r が半径 a 以上のところでは，仮想閉曲面 s 内の電荷 Q は

$$Q = \int_0^a \rho_0 4\pi r^2 dr = \frac{4\pi\rho_0}{3}a^3 \qquad (1)$$

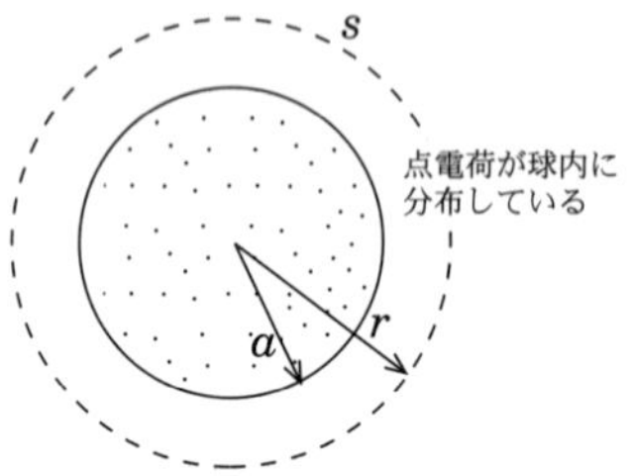

ガウスの法則，式（3.17）より

$$\oint_s \varepsilon_0 E_n dS = Q$$

ただし，s は半径 r の仮想閉曲面。

この閉曲面上で E_n は一様であるから積分の外に出せて

$$\varepsilon_0 E_n \oint_s dS = Q$$

ここで，$\oint_s dS = 4\pi r^2$ であるから，求める電界は

$$E_n = \frac{1}{4\pi\varepsilon_0}\frac{Q}{r^2}$$

この式に式（1）を代入すると

$$E_n = \frac{\rho_0}{3\varepsilon_0} \cdot \frac{a^3}{r^2} \quad [\mathrm{V/m}] \quad (a \leq r) \qquad (2)$$

特に $r = a$ のときの電界は,（2）で $r = a$ とおいて

$$E = \frac{\rho_0 a}{3\varepsilon_0} \quad [\mathrm{V/m}] \quad (r = a) \qquad (3)$$

ii）$r < a$ の場合の電界

球内に半径 r の仮想閉曲面 s を描く。電荷が球内ではその中心を対称に一様に分布しているので，電荷密度を ρ_0 とすると，仮想閉曲面 s 内の電荷 Q は

$$Q = \int_0^r \rho_0 4\pi r^2 dr = \frac{4\pi\rho_0}{3}r^3 \qquad (4)$$

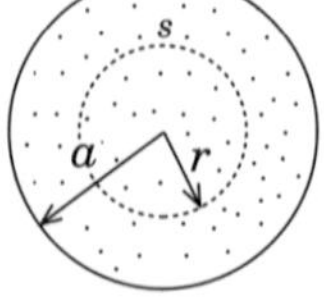

ガウスの法則，式（3.17）より

$$\oint_s \varepsilon_0 E_n dS = Q$$

ただし，s は半径 r の仮想閉曲面。

i）と同様にして

$$E_n = \frac{1}{4\pi\varepsilon_0}\frac{Q}{r^2}$$

式（4）を代入すると次のようになる。

$$E_n = \frac{\rho_0 r}{3\varepsilon_0} \quad [\mathrm{V/m}] \ \ (r < a) \tag{5}$$

iii）$a \leq r$ のときの電位

式（5.17）に式（2）を代入する。

$$\begin{aligned} V_r &= -\int_\infty^r E_r dr = -\int_\infty^r E_n dr \\ &= -\frac{\rho_0 a^3}{3\varepsilon_0}\int_\infty^r \frac{dr}{r^2} \\ &= \frac{\rho_0 a^3}{3\varepsilon_0}\cdot\frac{1}{r} \quad [\mathrm{V}] \quad (a \leq r) \end{aligned} \tag{6}$$

特に $r = a$ **のときの電位**は，式（6）で $r = a$ と置き換えて

$$V_a = \frac{\rho_0}{3\varepsilon_0}a^2 \quad [\mathrm{V}] \quad (r = a) \tag{7}$$

iv）$r < a$ のときの電位

基準点 ∞ からの電位を，基準点から半径 a までの電位差と半径 a から r までの電位差の和に分解して求める。すなわち

$$V_r = -\int_\infty^r E_r dr = -\int_\infty^r E_n dr = -\int_\infty^a E_n dr - \int_a^r E_n dr = V_a + V_{ra} \tag{8}$$

ここで V_{ra} は

$$\begin{aligned} V_{ra} &= -\int_a^r E_r dr = -\int_a^r E_n dr \\ &= -\frac{\rho_0}{3\varepsilon_0}\int_a^r r\,dr \\ &= \frac{\rho_0}{6\varepsilon_0}(a^2 - r^2) \end{aligned} \tag{9}$$

式（8）に式（7）と（9）を代入すると

$$V_r = \frac{\rho_0}{6\varepsilon_0}(3a^2 - r^2) \ \ [\mathrm{V}] \quad (r < a) \tag{10}$$

これらの電位と電界の分布を図示すると右図のようになる。

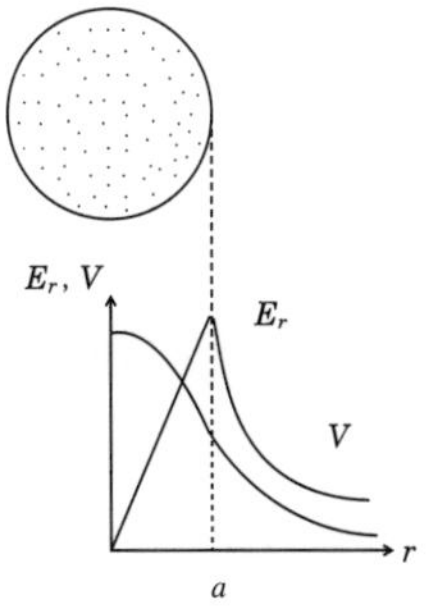

電界および電位分布

【例 8.3】　図のような同心球状導体の内部導体の半径を a，外部導体の内径を b，外径を c としたとき，各部の電界および電位を求めよ。また，各部の電界および電位を図示せよ。

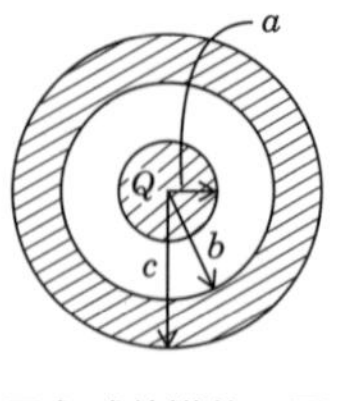

同心球状導体の図

(i)　$c \leq r$

電界はガウスの法則，式（3.17）より

$$\oint_s \varepsilon_0 E_n dS = Q \tag{3.17}$$

ただし，s は半径 r の仮想閉曲面，Q は閉曲面 s 内の総電荷量である。

仮想閉曲面上では電界は一様だから E_n は積分の外に出る。また，閉曲面 s 内の電荷は Q，閉曲面の面積 $S = 4\pi r^2$ であるから

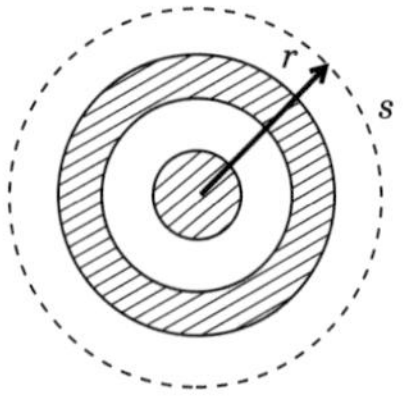

$$E_n = \frac{1}{4\pi\varepsilon_0}\frac{Q}{r^2}\ \ [\mathrm{V/m}]\ \ (c \leq r) \tag{1}$$

(ii)　$a \leq r < b$

半径 r の仮想閉曲面 s を描き，ガウスの法則を適用すれば，(i) と同様にして，

$$E_n = \frac{1}{4\pi\varepsilon_0}\frac{Q}{r^2}\ \ [\mathrm{V/m}],\ \ (a \leq r < b) \tag{2}$$

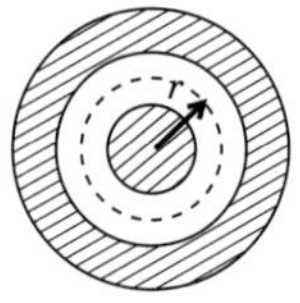

(iii)　$r < a,\ b \leq r < c$

半径 r の仮想閉曲面 s を描きガウスの法則を適用する。閉曲面内には電荷総量が 0 であるから，ガウスの法則式の右辺は 0。左辺は (i) と同様にして積分をはずすと電界以外は 0 でない。ただし，誘電率は ε とする。このため電界は 0 となる。すなわち，導体の内部では電界は 0 となる。

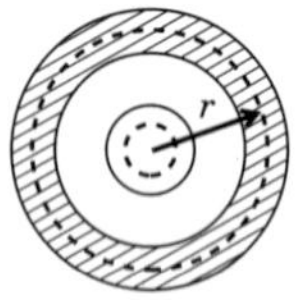

$$E_n = 0\ \ [\mathrm{V/m}]\ \ (r < a,\ b \leq r < c) \tag{3}$$

次に電位分布を求める。

(i)　$c \leq r$

導体より外側の電位は（1）を考慮して

$$V_r \ \ = \ \ -\int_\infty^r E_r dr = -\int_\infty^r E_n dr$$

$$= \quad \frac{1}{4\pi\varepsilon_0}\frac{Q}{r} \quad [\mathrm{V}] \quad (c \leq r) \tag{4}$$

特に，導体上 $(r = c)$ の電位は

$$V_c = \frac{1}{4\pi\varepsilon_0}\frac{Q}{c} \quad [\mathrm{V}] \quad (r = c) \tag{5}$$

である。

(ii) $b \leq r < c$

外側導体内では電位が一様だから

$$V = V_c = \frac{1}{4\pi\varepsilon_0}\frac{Q}{c}\ [\mathrm{V}] \qquad (b \leq r < c) \tag{6}$$

特に $r = b$ では

$$V_b = V_c = \frac{1}{4\pi\varepsilon_0}\frac{Q}{c}\ [\mathrm{V}] \qquad (r = b) \tag{7}$$

(iii) $a \leq r < b$

外側の導体と内側の導体の間 $(a \leq r < b)$ の電位は

$$V_r = V_b + V_{rb} \tag{8}$$

となる。ここで，電位差 V_{rb} は式 (2) を利用して

$$\begin{aligned} V_{rb} &= -\int_b^r E_r dr = -\int_b^r E_n dr \\ &= -\frac{Q}{4\pi\varepsilon_0}\int_b^r \frac{dr}{r^2} \\ &= \frac{Q}{4\pi\varepsilon_0}\left(\frac{1}{r} - \frac{1}{b}\right) \end{aligned} \tag{9}$$

式 (8) に (7) と (9) を代入すると

$$V_r = \frac{Q}{4\pi\varepsilon_0}\left(\frac{1}{r} + \frac{1}{c} - \frac{1}{b}\right) \quad (a \leq r < b) \tag{10}$$

特に，内側導体上 $(r = a)$ の電位は，式 (10) で $r = a$ として

$$V_a = \frac{Q}{4\pi\varepsilon_0}\left(\frac{1}{a} - \frac{1}{b} + \frac{1}{c}\right)$$

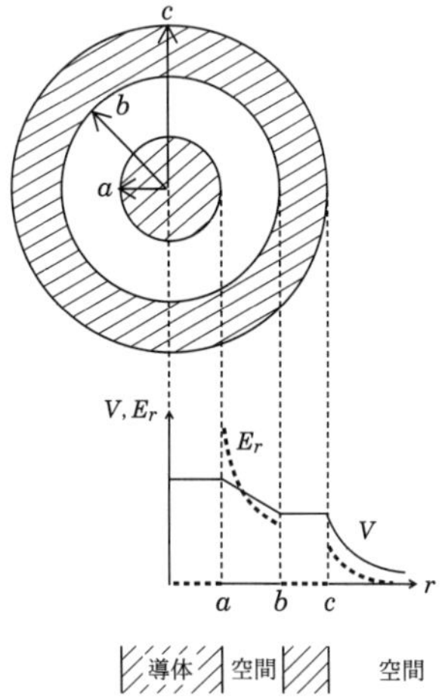

電界分布と電位分布

(iv) $r < a$

内側導体内 $(r < a)$ の電位は導体表面 $(r = a)$ と等しいから

$$V_r = V_a = \frac{Q}{4\pi\varepsilon_0}\left(\frac{1}{a} - \frac{1}{b} + \frac{1}{c}\right) \qquad (r < a)$$

各部の電界および電位は上図のように示される。

8.4　線状導体と円筒導体における電界と電位

線状電荷分布の電界と電位

図8.3 のような導線上に電荷が分布している場合の電界と電位について考える。ただし，導線の太さは無限小とする。

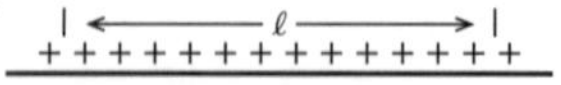

図8.3　線状電荷分布

軸から距離 r の円筒形状の仮想閉曲面 s 上でガウスの法則を適用すると

$$\oint_s \varepsilon_0 E_n \, dS \;=\; Q = \delta\ell$$

導線の半径方向にのみ電気力線が出ているものと考え，軸方向については考えない。このため，仮想閉曲面 s の円筒側面（曲面部分）上 s' の電界のみを考えればよく，かつその電界の大きさは一様であるから，積分の外へ出る。

$$\varepsilon_0 E_n \int_{s'} dS \;=\; \delta\ell \qquad (8.16)$$

また，仮想円筒側面 s' の表面積は

$$\int_{s'} dS \;=\; 2\pi r\ell \qquad (8.17)$$

であるから，式（8.16），(8.17）より**仮想円筒側面の電界は**

仮想円筒側面の電界

$$E_n \;=\; \frac{\delta}{2\pi\varepsilon_0 r} \quad [\mathrm{V/m}] \qquad (8.18)$$

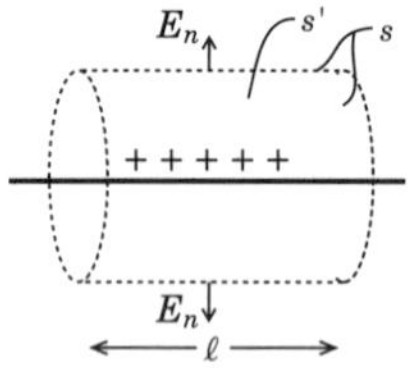

ガウスの法則を
適用する仮想閉曲面

図8.4　軸対称電荷分布

円筒側面の電位

一方，電位は，基準点を r_0 に選ぶと式（5.17）で，∞ を r_0 に置き換えて

$$
\begin{aligned}
V_r &= -\int_{r_0}^{r} E_r dr = -\int_{r_0}^{r} E_n dr \\
&= -\frac{\delta}{2\pi\varepsilon_0}\int_{r_0}^{r}\frac{dr}{r} \\
&= -\frac{\delta}{2\pi\varepsilon_0}(\log r - \log r_0) \\
&= -\frac{\delta}{2\pi\varepsilon_0}\log\frac{r}{r_0}
\end{aligned}
$$

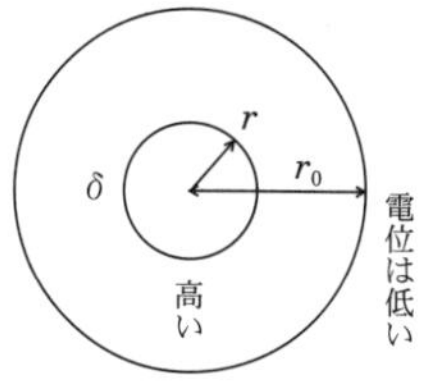

よって

$$V_r = \frac{\delta}{2\pi\varepsilon_0}\log_e\frac{r_0}{r} \quad [\mathrm{V}] \tag{8.19}$$

式（8.19）は基準点 r_0 からの電位差となっている。基準点はわかりやすいところに決めるが，その位置の電位はあらかじめ知られていなければならない。

【例 8.4】 図のような内径 a [m]，外径 b [m] の同軸円筒導体について，導体間における電界と，導体間電位差を求めよ。ただし，内側導体の単位長さあたりの電荷を δ [C/m] とする。

導体間に r の円筒形状の仮想閉曲面を描いて，ガウスの法則を適用すれば，前ページと同様の計算により，電界の式を得ることができる。

$$E_n = \frac{\delta}{2\pi\varepsilon_0 r} \quad (a \leq r \leq b) \tag{8.20}$$

ここで，ab 間の電位差（b を基準とした a での電位差）は前節で求めたと同様の方法で

$$
\begin{aligned}
V_{ab} &= -\int_{b}^{a} E_r dr = -\int_{b}^{a} E_n dr \\
&= \frac{-\delta}{2\pi\varepsilon_0}\int_{b}^{a}\frac{1}{r}dr \\
&= \frac{-\delta}{2\pi\varepsilon_0}(\log_e a - \log_e b) \\
&= -\frac{\delta}{2\pi\varepsilon_0}\log\frac{a}{b}
\end{aligned}
$$

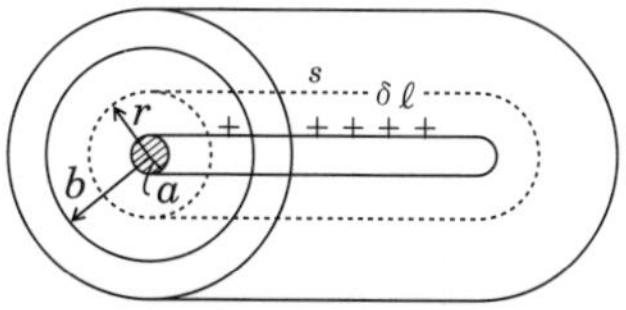

単位長さあたり δ の電荷量

よって

$$V_{ab} = \frac{\delta}{2\pi\varepsilon_0}\log_e\frac{b}{a} \quad [\mathrm{V}]$$

8.5　平行導体板間の電界と電位

平行導体板間の電界と電位差

図8.5 のような間隔 d の無限に広い平行導体板について，右側導体の内側に面電荷 σ [C/m^2] が分布している。このとき，平行導体板間の内側の電界を求め，さらに，両導体板間の電位差を求めることについて考える。図のように一辺 ℓ の四角形と厚さ t を持つ仮想閉曲面 s 上の電界を E_n とすると，ガウスの法則により

$$\oint_s \varepsilon_0 E_n dS \quad = \quad \sigma\ell^2 \tag{8.21}$$

ここで，電気力線が通る面は仮想閉曲面の左側面 s' のみであるから，上式は次のように変形される。

$$\int_{s'} \varepsilon_0 E_n dS = \sigma\ell^2$$

ここで，ε_0，E_n は仮想左側面 s' 上で一様だから積分の外に出て

$$\varepsilon_0 E_n \int_{s'} dS = \sigma\ell^2$$

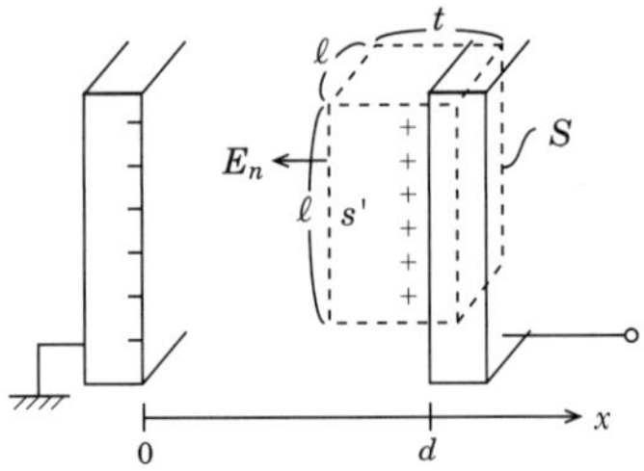

さらに

$$\int_{s'} dS = \ell^2$$

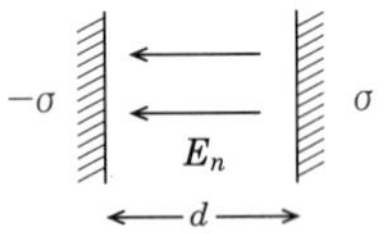

図8.5　平行導体面上電荷分布

であるから

$$E_n \quad = \quad \frac{\sigma}{\varepsilon_0} \quad \text{[V/m]} \tag{8.22}$$

となる。また，両導体板間の電位差は

$$V_d \quad = \quad -\int_0^d E_x dx = -\int_0^d (-E_n)dx = E_n d \tag{8.23}$$

ただし，x 軸は左から右方向とし，左導体の右側面の位置を基準点とした。$(-E_n)$ としたのは E_n が $-x$ 方向を向いて，x 方向成分 E_x が $-E_n$ となるためである。

したがって，式（8.22）と式（8.23）より導体間の電位差は

$$V_d \quad = \quad \frac{\sigma}{\varepsilon_0}d \quad \text{[V]} \tag{8.24}$$

【例 8.5】　図のような正方形導体に面電荷 σ [C/m^2] が分布している。このとき，面の外側の電界を求めよ。ただし，正方形は十分大きいものとする。

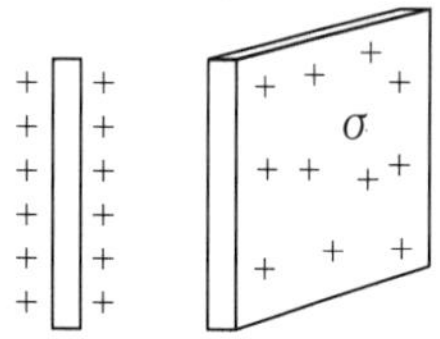

ガウスの法則を適用する仮想閉曲面 s は，導体をはさみ一辺 ℓ^2 の面を持つ薄い平面とすると，導体から出る電気力線は面 s の全体からその面と垂直方向に一様に出ている。また，全体の電荷 Q は面電荷 σ と面積の積で表される。

ガウスの法則により

$$\oint_s \varepsilon_0 E_n dS = Q = \sigma\ell^2 \tag{1}$$

電気力線は仮想閉曲面の左右面のみから出ているので，この左右面を s_1，s_2 とすれば式 (1) は次のようになる。

$$\int_{s_1,s_2} \varepsilon_0 E_n dS = \sigma\ell^2$$

面 s_1，s_2 上で電界 E_n は一様だから E_n は積分の外に出て

$$\varepsilon_0 E_n \int_{s_1,s_2} dS = \sigma\ell^2$$

ここで

$$\int_{s_1,s_2} dS \;=\; \ell^2 + \ell^2 = 2\ell^2$$

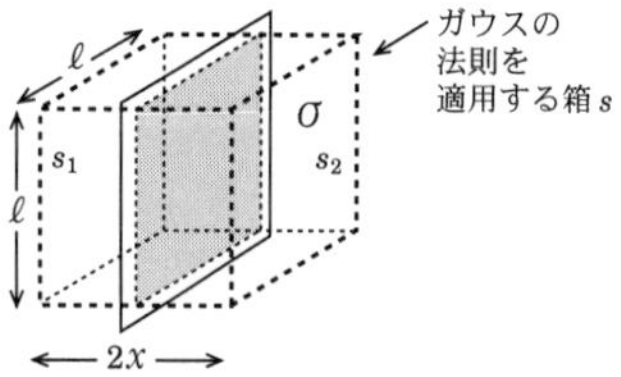

例 8.5 の平面電荷分布の図

であるから

$$E_n \;=\; \frac{\sigma\ell^2}{\varepsilon_0}\cdot\frac{1}{2\ell^2}$$

したがって，面対称の板の外側の電界分布は次式となる。

$$E_n = \frac{\sigma}{2\varepsilon_0} \quad [\mathrm{V/m}] \tag{2}$$

式 (8.22) との結果の差は次のように区別して理解するとよい。

平行導体板では電極の電荷は他の導体電極の電界で引張られ，電極の片面に偏在する。このため，電界は偏在する側からのみ出て，他の面からは電極にシールドされ電界成分がない。一方，例 8.5 では電界は電極の左右の面に分かれて帯電するため，左右面の外側は電界が一様に分布することになる。このとき，1 つの片面においては，帯電量が半分であるため，その面から出る電界はガウスの法則により式 (8.22) の半分，すなわち (2) となる。同様にして他の片面からも (2) と同じ電界が出ている。電界の大きさの和は式 (8.22) と一致する。

演習問題

8.1　無限に長い直線に沿って一様な線電荷密度 δ [C/m] が分布している。直線から垂直に r 離れた任意の点 P の電界と電位を求めよ。

8.2　半径が十分大きい円板に電荷が面電荷密度 σ [C/m^2] で一様に帯電している。このとき，円板の中心から垂直に 10 [cm] 離れた位置の電界を求めよ。

8.3　例 8.3 の同心球状導体の内部導体に電荷 Q が帯電した状態で，さらに外部導体に外部から Q' を与えたとき，電界および電位の分布はどのようになるかを求めよ。

8.4　内部導体の半径が 2 [m]，外部導体の内径が 4 [m]，外径が 5 [m] の同心球状導体において，内部導体に電荷 $Q = 2 \times 10^{-9}$ [C] が帯電しているとき，各部の電界および電位を求めよ。

8.5　問 8.4 で導体間に比誘電率 5 の誘電体が充填されているときの各部の電界および電位を求めよ。

第9章　静電容量

9.1　静電容量

静電容量の定義

導体の電位（あるいは導体間の電位差）V は，一般にその電荷 Q に比例する。このとき，Q と V との比をその導体の静電容量（Capacity）といい，C で表す（図9.1）。

$$Q = CV \quad [\mathrm{C}] \tag{9.1}$$

$$C = \frac{Q}{V} \quad [\mathrm{F}] \tag{9.2}$$

$$= \frac{Q}{V_1 - V_2} \quad [\mathrm{F}] \tag{9.3}$$

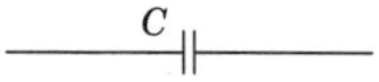

図9.1　静電容量の記号

9.2　静電容量に蓄えられるエネルギーと電極間に働く力

静電容量に貯えられるエネルギー

電位0の位置から電位 V の導体まで微小電荷 ΔQ を運ぶのに必要とする仕事 ΔW は $V \cdot \Delta Q$ である（V は単位正電荷を運ぶのに必要なエネルギー（位置エネルギー）だから）。したがって，電位が V，電荷 Q の帯電導体間に蓄えられる静電エネルギーは

$$W = \int_0^Q V dq \quad [\mathrm{J}] \tag{9.4}$$

式（9.1）を上式に代入すれば

$$W = \int_0^Q \frac{q}{C} dq = \frac{1}{2} \cdot \frac{Q^2}{C} \tag{9.5}$$

再び，式（9.1）を上式に代入すると

$$\boxed{W = \frac{Q^2}{2C} = \frac{1}{2} CV^2 \quad [\mathrm{J}]} \tag{9.6}$$

よく知られている類似の関係式としては次のものがある。

$$(\text{運動エネルギー}) = \frac{1}{2}mv^2 \tag{9.7}$$

$$(\text{電磁エネルギー}) = \frac{1}{2}LI^2 \tag{9.8}$$

電極間に働く力

電極の並んだ方向を x，電極間距離を d と置くと，電極間に働く力は次式により算出することができる。

仮想変位を dx とすれば，蓄積エネルギー dW は

$$dW = -Fdx + dW_e$$

ただし，F はコンデンサーに働く斥力，dW_e は外部から供給されるエネルギーを表す。

電荷の移動がない場合には $dW_e = 0$ であるから

$$F = -\frac{dW}{dx} = -\frac{d}{dx}\left(\frac{Q^2}{2C}\right) = \frac{Q^2}{2C^2}\frac{dC}{dx} = \frac{V^2}{2}\frac{dC}{dx} \tag{9.9}$$

電圧一定の条件では外部との電荷移動があるため

$$dW_e = VdQ = V^2dC$$

である。したがって

$$F = -\frac{dW}{dx} + \frac{dW_e}{dx} \tag{9.10}$$

$$= -\frac{d}{dx}\left(\frac{CV^2}{2}\right) + V^2\frac{dC}{dx} \tag{9.11}$$

$$= \frac{V^2}{2}\frac{dC}{dx} \tag{9.12}$$

となり，電荷の移動がない場合の式（9.9）と一致する。

9.3　容量係数と電位係数

図のように各点に電荷 Q_j が与えられたとき，電荷と各点の電位の関係は次に定義される電位係数および容量係数で表される。

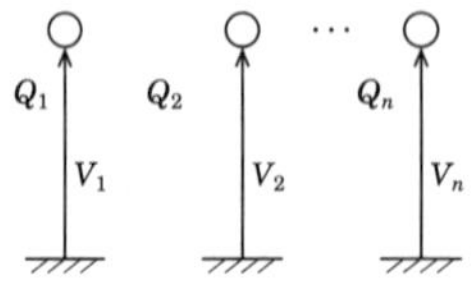

図9.2

電位係数

各電荷によって与えられる各点の電位は電位係数 P_{ij} を使って次のように与えられる。

$$
\begin{array}{ccccccccc}
V_1 & = & P_{11}Q_1 & + & P_{12}Q_2 & + & \cdots & + & P_{1n}Q_n \\
V_2 & = & P_{21}Q_1 & + & P_{22}Q_2 & + & \cdots & + & P_{2n}Q_n \\
\vdots & & \vdots & & \vdots & & & & \vdots \\
V_n & = & P_{n1}Q_1 & + & P_{n2}Q_2 & + & \cdots & + & P_{nn}Q_n
\end{array}
\tag{9.13}
$$

$$
V_i = \sum_{j=1}^{n} p_{ij}Q_j \qquad \left\{ \begin{array}{ccc} p_{ij} & : & \text{電位係数} \\ p_{ij} & = & p_{ji} \end{array} \right.
\tag{9.14}
$$

行列で表すと

$$
\begin{pmatrix} V_1 \\ V_2 \\ \vdots \\ V_n \end{pmatrix} = \begin{pmatrix} p_{11} & p_{12} & \cdots & p_{1n} \\ p_{21} & p_{22} & \cdots & p_{2n} \\ \vdots & \vdots & \ddots & \vdots \\ p_{n1} & p_{n2} & \cdots & p_{nn} \end{pmatrix} \begin{pmatrix} Q_1 \\ Q_2 \\ \vdots \\ Q_n \end{pmatrix}
\tag{9.15}
$$

容量係数

式 (9.15) の V と Q の関係を逆にすると次の関係が得られる。このとき，C_{ij} を容量係数という。

$$
Q_i = \sum_{j=1}^{n} C_{ij}V_j \qquad \left\{ \begin{array}{ccc} C_{ij} & : & \text{容量係数} \\ C_{ij} & = & C_{ji} \end{array} \right.
\tag{9.16}
$$

または

$$
\begin{array}{ccccccccc}
Q_1 & = & C_{11}V_1 & + & C_{12}V_2 & + & \cdots & + & C_{1n}V_n \\
Q_2 & = & C_{21}V_1 & + & C_{22}V_2 & + & \cdots & + & C_{2n}V_n \\
\vdots & & \vdots & & \vdots & & & & \vdots \\
Q_n & = & C_{n1}V_1 & + & C_{n2}V_2 & + & \cdots & + & C_{nn}V_n
\end{array}
\tag{9.17}
$$

行列で表せば

$$
\begin{pmatrix} Q_1 \\ \vdots \\ Q_n \end{pmatrix} = \begin{pmatrix} C_{11} & C_{12} & \cdots & C_{1n} \\ C_{21} & C_{22} & \cdots & C_{2n} \\ \vdots & \vdots & \ddots & \vdots \\ C_{n1} & C_{n2} & \cdots & C_{nn} \end{pmatrix} \begin{pmatrix} V_1 \\ V_2 \\ \vdots \\ V_n \end{pmatrix}
\tag{9.18}
$$

9.4 静電容量の接続

コンデンサの並列接続

図9.3 のように，コンデンサが並列に接続されたとき，両端間の合成静電容量 C は次のように求められる。

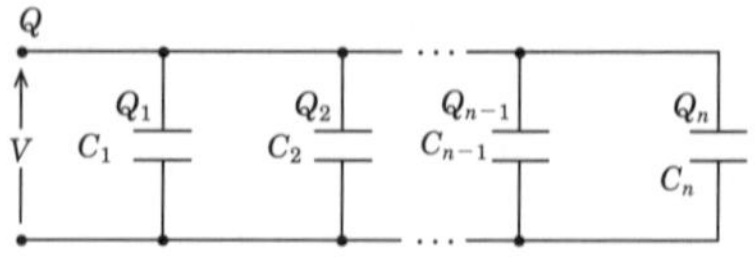

図9.3

各点で電荷を Q_i とすると，合成電荷は

$$Q = Q_1 + Q_2 + \cdots\cdots + Q_n$$

また，電位差はすべて V であるから式 (9.2) より

$$C = \frac{Q}{V} = \frac{\displaystyle\sum_{i=1}^{n} Q_i}{V} = \sum_{i=1}^{n} \frac{Q_i}{V} \tag{9.19}$$

これより

$$C = \sum_{i=1}^{n} C_i \tag{9.20}$$

コンデンサの直列接続

コンデンサが直列接続されたときは，端子の電位差を V_i とし，帯電する電荷はすべて同じで Q とすると，合成静電容量は次のように求められる。

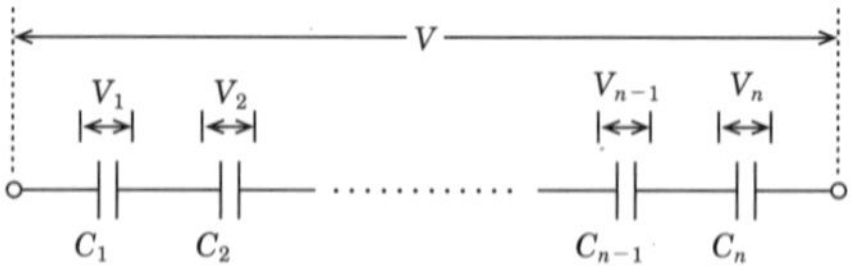

図9.4

$$V = V_1 + V_2 + \cdots + V_n = \sum_{i=1}^{n} V_i \tag{9.21}$$

$$C_i = \frac{Q}{V_i} \qquad (i = 1, 2, \cdots, n) \tag{9.22}$$

(9.21) により

$$C = \frac{Q}{V} = \frac{Q}{\sum_{i=1}^{n} V_i} = \frac{1}{\sum_{i=1}^{n} \frac{V_i}{Q}} \tag{9.23}$$

(9.22) を代入して

$$C = \frac{1}{\sum_{i=1}^{n} \frac{1}{C_i}} \tag{9.24}$$

または

$$\frac{1}{C} = \sum_i \frac{1}{C_i} \tag{9.25}$$

【例 9.1】 図のように点 P_1, P_2 に電位 V_1, V_2 を与えたとき，点 P_3 の電位 V_3 を求めよ。

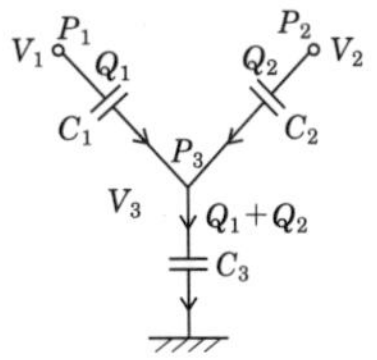

各端子間の電位差と電荷の関係は

$$\begin{cases} (V_1 - V_3)C_1 = Q_1 & \cdots\cdots \quad (1) \\ (V_2 - V_3)C_2 = Q_2 & \cdots\cdots \quad (2) \\ V_3C_3 = Q_1 + Q_2 & \cdots\cdots \quad (3) \end{cases}$$

さて, (1) ＋ (2) より

$$V_1C_1 + V_2C_2 - (C_1 + C_2)V_3 = Q_1 + Q_2 \cdots\cdots (4)$$

(4) − (3) より

$$V_1C_1 + V_2C_2 - (C_1 + C_2 + C_3)V_3 = 0$$

よって，点 P_3 の電位 V_3 は

$$V_3 = \frac{C_1V_1 + C_2V_2}{C_1 + C_2 + C_3}$$

9.5　Δ-Y変換

Δ-Y変換（デルタ・スター変換）

三相交流回路などでよく用いられる図9.5のような Δ 回路（デルタ回路）と図9.6の Y 回路（スター回路）の変換は次のように行う。
図9.5の各部の電位差および電荷の流れを図9.7とすると

$$Q_0 = C_{ab}V_{ab} \tag{9.26}$$
$$Q_2 - Q_0 = C_{bc}V_{cb} \tag{9.27}$$
$$Q_1 - Q_0 = C_{ca}(V_{ab} - V_{cb}) \tag{9.28}$$

式（9.26）を（9.27），(9.28) に代入すると

$$Q_1 = (C_{ab} + C_{ca})V_{ab} - C_{ca}V_{cb} \tag{9.29}$$
$$Q_2 = C_{ab}V_{ab} + C_{bc}V_{cb} \tag{9.30}$$

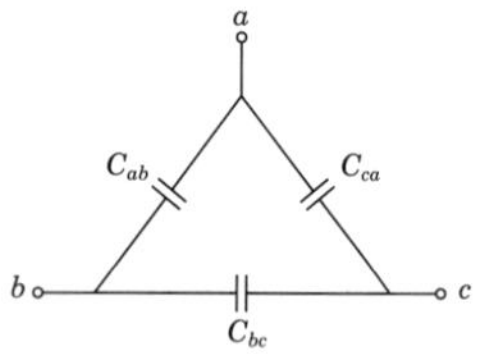

図9.5

式（9.29），(9.30) より，V_{ab}, V_{cb} は

$$V_{ab} = \frac{C_{bc}}{\Delta}Q_1 + \frac{C_{ca}}{\Delta}Q_2 \tag{9.31}$$
$$V_{cb} = -\frac{C_{ab}}{\Delta}Q_1 + \frac{C_{ab} + C_{ca}}{\Delta}Q_2 \tag{9.32}$$

ここに，Δ は

$$\Delta = C_{ab}C_{bc} + C_{bc}C_{ca} + C_{ca}C_{ab} \tag{9.33}$$

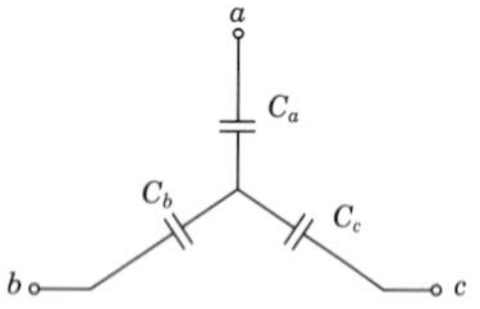

図9.6

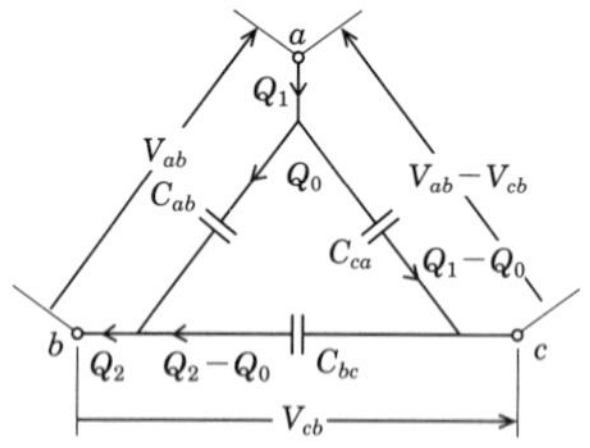

図9.7

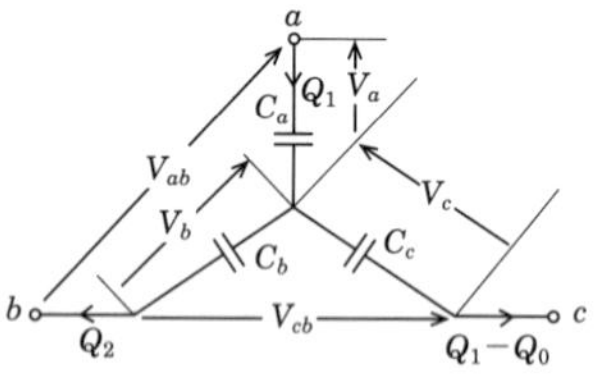

図9.8

次に，図9.6の各部の電位差および電流を図9.8とすると

$$Q_1 = C_aV_a \tag{9.34}$$
$$Q_2 = C_bV_b \tag{9.35}$$
$$Q_1 - Q_2 = C_cV_c \tag{9.36}$$

また，電位差の関係は

$$V_{ab} = V_a + V_b \tag{9.37}$$

$$V_{cb} = V_b - V_c \tag{9.38}$$

であるから，式 (9.34)～(9.38) より V_{ab}，V_{bc} は

$$V_{ab} = \frac{1}{C_a}Q_1 + \frac{1}{C_b}Q_2 \tag{9.39}$$

$$V_{cb} = -\frac{1}{C_c}Q_1 + \left(\frac{1}{C_b} + \frac{1}{C_c}\right)Q_2 \tag{9.40}$$

式 (9.31), (9.32), (9.39), (9.40) により

$$C_a = \frac{\Delta}{C_{bc}} = \frac{C_{ab}C_{bc} + C_{bc}C_{ca} + C_{ca}C_{ab}}{C_{bc}} \tag{9.41}$$

$$C_b = \frac{\Delta}{C_{ca}} = \frac{C_{ab}C_{bc} + C_{bc}C_{ca} + C_{ca}C_{ab}}{C_{ca}} \tag{9.42}$$

$$C_c = \frac{\Delta}{C_{ab}} = \frac{C_{ab}C_{bc} + C_{bc}C_{ca} + C_{ca}C_{ab}}{C_{ab}} \tag{9.43}$$

【例 9.2】 図の回路の合成容量を求めよ。

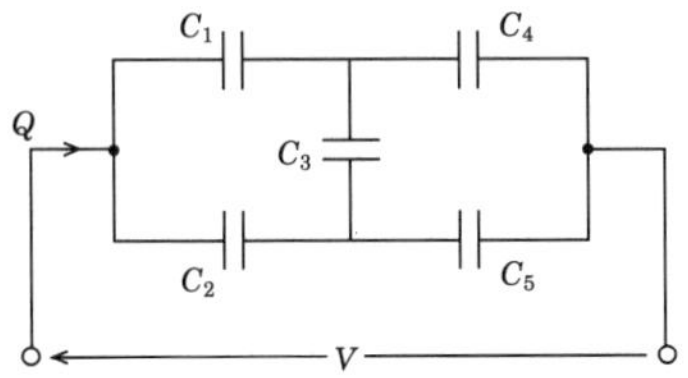

C_1，C_2，C_3 からなる閉回路を Δ 回路とみなし Y 回路に変換した後，コンデンサの並列接続，直列接続の合成式 (9.20), (9.24) を適用する。

$$C = \frac{C_1C_2(C_4 + C_5) + C_4C_5(C_1 + C_2) + C_3(C_1 + C_2)(C_4 + C_5)}{(C_1 + C_4)(C_2 + C_5) + C_3(C_1 + C_2 + C_4 + C_5)}$$

特に，$C_1 = C_2$，$C_4 = C_5$ のときは

$$C = \frac{2C_1C_4}{C_1 + C_4}$$

9.6　帯電導体球の静電容量

半径 a の帯電導体球の静電容量

図9.9 のような半径 a の帯電導体球の静電容量を求める。$r = a$ のときの電位が式（8.13）により

$$V = \frac{1}{4\pi\varepsilon_0}\frac{Q}{a} \quad (r = a) \qquad (8.13)$$

であるので，**静電容量**は式（9.2），(8.13）より

$$C = \frac{Q}{V} = 4\pi\varepsilon_0 a \qquad (9.44)$$

と求められる。

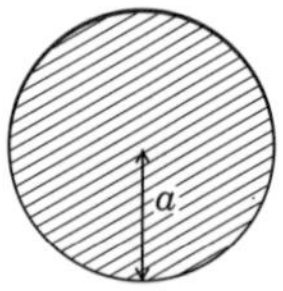

図9.9

【例 9.3】　例 8.4 のような，内径 a [m]，外径 b [m] の同軸円筒導体の単位長さあたりの静電容量を求めよ。

同軸円筒導体の ab 間の電位差は例 8.4 で求めたように

$$V_{ab} = \frac{\delta}{2\pi\varepsilon_0}\log_e\frac{b}{a} \quad [\mathrm{V}] \qquad (1)$$

したがって，同軸導体円筒の単位長さあたりの静電容量は式（9.2）より

$$C = \frac{\delta}{V_{ab}} = \frac{2\pi\varepsilon_0}{\log_e\frac{b}{a}} \quad [\mathrm{F/m}] \qquad (2)$$

【例 9.4】　第 8 章の 5 節で求めた電位差を利用し，間隔 d，面積 S の平行導体板の静電容量を求めよ。

電荷が $Q = \sigma S$ であるから，式（8.24）は次のように書き直される。

$$V = \frac{Q}{\varepsilon_0 S}d \qquad (1)$$

これより，面積 S，間隔 d の平行導体板の静電容量は，式（9.2）と（1）より

$$C = \frac{\varepsilon_0 S}{d} \quad [\mathrm{F}] \qquad (2)$$

【例 9.5】　例 8.3 の結果を用いて同心球状導体間の静電容量を求めよ。ただし，内部導体の半径を a，外部導体の内径を b，外径を c とする。

2 つの導体間の電位差は例 8.3 の式（9）で，$r = a$ とすれば得られる。

$$V_{ab} = -\int_b^a E_r dr = \frac{Q}{4\pi\varepsilon_0}\left(\frac{1}{a} - \frac{1}{b}\right) \qquad (1)$$

したがって，静電容量は式（9.2）と（1）より

$$C = \frac{Q}{V_{ab}} = \frac{4\pi\varepsilon_0}{\frac{1}{a} - \frac{1}{b}} = \frac{4\pi\varepsilon_0 ab}{b-a} \tag{2}$$

演習問題

9.1　コンデンサ C_1，C_2，C_3 が図のように接続されている。点 A の電位を V_A，点 B の電位を V_B とするとき，点 P の電位，AB 間の合成容量および AB 間に蓄えられる静電エネルギーを求めよ。

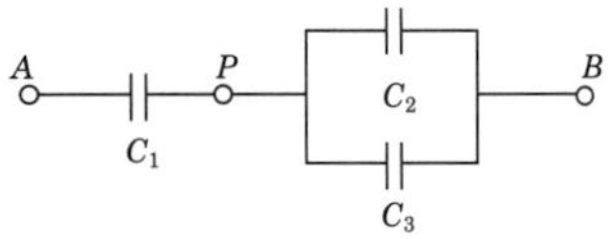

9.2　右図のような回路の電極間の合成容量を求めよ。

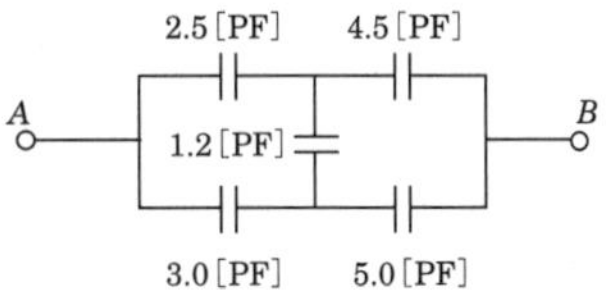

9.3　地球を球状の蓄電器とみなしてその静電容量を求めよ。ただし，地球の半径は $a = 6417$ [km] とする。

9.4　平行平板コンデンサがあり，その板間に平行に板間距離の $\frac{1}{2}$ の厚さを有する比誘電率 $\varepsilon_r = 7$ のガラス板を挿入すると静電容量はもとの静電容量の何倍となるか。また，挿入する誘電体の種類を変えて比誘電率を極端に大きくしていくと，最終的な静電容量の大きさはもとの静電容量の何倍となるか。

9.5　内側の導線の半径が $a = 3$ [mm]，外側の導体の内径が $b = 6$ [mm]，外径が $c = 7$ [mm] の同軸ケーブルの単位長さあたりの静電容量を求めよ。ただし，外側と内側の導体の間には比誘電率 $\varepsilon_r = 6$ の誘電体が充填されているものとする。なお，同軸ケーブルは同軸円筒導体である。

9.6　間隔 d [m]，面積 S [m^2] の平行板コンデンサがある。板間の誘電率が一方の板から離れるにつれて直線的に増加する場合の静電容量を求めよ。ただし，両板における誘電体の誘電率をそれぞれ ε_1，ε_2 とする。

9.7　図のような同軸ケーブルがあり，内外導体をそれぞれ ε_1 および ε_2 の誘電率を持つ誘電体で絶縁する場合，両誘電体中の最大電界を等しくするにはそれぞれの厚さをどのような割合にすればよいか。またその場合の静電容量も求めよ。

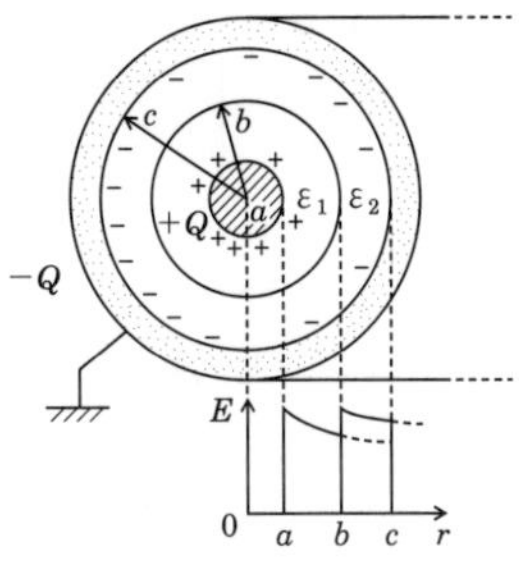

第 10 章　ベクトルの発散と静電界分布（微分形）

10.1　ベクトルの発散

ベクトル $\boldsymbol{A}$ の発散と定義式

電界の様子を表すには，ベクトルの発散という演算子が用いられる。

ベクトル $\boldsymbol{A}$ の発散は図10.1 のように $\boldsymbol{A}$ の線束の様子を表すもので，次の記号で表される。

$$\mathrm{div}\,\boldsymbol{A} \;=\; \nabla\cdot\boldsymbol{A} \qquad (10.1)$$

$\boldsymbol{A}$：ベクトル
∇：微分演算子（ナブラー）

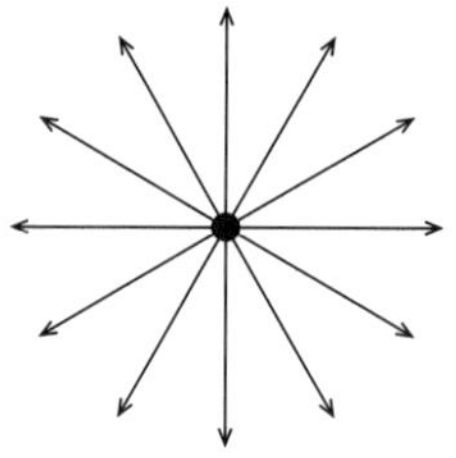

図10.1

これより，発散は ∇ と $\boldsymbol{A}$ のスカラー積で表され，その順序を交換することはできない。なぜなら，∇ が微分演算子であるからである。∇ と $\boldsymbol{A}$ のスカラー積は式（6.17）の ∇ を用いて次のように計算できる。

$$\mathrm{div}\,\boldsymbol{A} = \nabla\cdot\boldsymbol{A} \;=\; \left(\boldsymbol{i}\,\frac{\partial}{\partial x} + \boldsymbol{j}\,\frac{\partial}{\partial y} + \boldsymbol{k}\,\frac{\partial}{\partial z}\right)\cdot(\boldsymbol{i}\,A_x + \boldsymbol{j}\,A_y + \boldsymbol{k}\,A_z)$$

上式のスカラー積を計算すると次式が求められる。

ベクトル $\boldsymbol{A}$ の発散

$$\mathrm{div}\,\boldsymbol{A} \;=\; \nabla\cdot\boldsymbol{A} = \frac{\partial A_x}{\partial x} + \frac{\partial A_y}{\partial y} + \frac{\partial A_z}{\partial z} \qquad (10.2)$$

式（10.2）をベクトル $\boldsymbol{A}$ の発散（divergence）という。

【例 10.1】　ベクトル $\boldsymbol{A}$ が次式で与えられるとき，$\boldsymbol{A}$ の発散 $\nabla\cdot\boldsymbol{A}$ を求めよ。

$$\boldsymbol{A} = x^3\boldsymbol{i} + 6xy^2\boldsymbol{j} + 12y^2z\boldsymbol{k}$$

式（10.2）に与式を代入すると

$$\begin{aligned}\mathrm{div}\,\boldsymbol{A} &= \nabla\cdot\boldsymbol{A} = \frac{\partial}{\partial x}(x^3) + \frac{\partial}{\partial y}(6xy^2) + \frac{\partial}{\partial z}(12y^2z) \\ &= 3x^2 + 12xy + 12y^2 = 3(x+2y)^2\end{aligned}$$

10.2　ラプラスの演算子

Laplaceの演算子の導出

いま，ベクトル $\boldsymbol{A}$ がスカラー ϕ の勾配で

$$\boldsymbol{A} = \nabla\phi \tag{10.3}$$

と表されるとき，$\boldsymbol{A}$ の発散をとると

$$\nabla\cdot\boldsymbol{A} = \nabla\cdot\nabla\phi = \nabla^2\phi \tag{10.4}$$

となる。

これより，スカラー積 $\nabla\cdot\nabla$ をとると，式（6.17）より

$$\begin{aligned}\nabla\cdot\nabla\phi &= \nabla^2\phi = \left(\boldsymbol{i}\frac{\partial}{\partial x} + \boldsymbol{j}\frac{\partial}{\partial y} + \boldsymbol{k}\frac{\partial}{\partial z}\right) \\ &\qquad\cdot\left(\boldsymbol{i}\frac{\partial}{\partial x} + \boldsymbol{j}\frac{\partial}{\partial y} + \boldsymbol{k}\frac{\partial}{\partial z}\right)\phi\end{aligned}$$

上式のスカラー積を先に計算して次式となる。

$\nabla^2\phi$

$$\nabla^2\phi = \left(\frac{\partial^2}{\partial x^2} + \frac{\partial^2}{\partial y^2} + \frac{\partial^2}{\partial z^2}\right)\phi \tag{10.5}$$

また，次のようにも書ける。

$$\nabla^2\phi = \frac{\partial^2\phi}{\partial x^2} + \frac{\partial^2\phi}{\partial y^2} + \frac{\partial^2\phi}{\partial z^2} \tag{10.6}$$

式（10.5）より，∇^2 は次のように定義される。∇^2 をLaplaceの演算子といい，ラプラシアンと呼ぶ。

Laplaceの演算子 $\boldsymbol{\nabla^2}$

$$\boxed{\nabla^2 = \frac{\partial^2}{\partial x^2} + \frac{\partial^2}{\partial y^2} + \frac{\partial^2}{\partial z^2}} \tag{10.7}$$

10.3　ガウスの発散定理

ガウスの発散定理

☆面積分 $\longleftrightarrow$ 体積積分の変換公式

ガウスの発散定理：『閉曲面 s によって包まれた体積を v とし，この体積を微小化し，この微小体積から発散する線束を体積全体について総和したものは閉曲面 s を横切って外部に発散する量に等しい。』

$x = 0$ の面 PRS から六面体の中に入る x 方向の流線の数は

$$A_x \Delta y \Delta z$$

相対する面から流出する流線は

$$(A_x + \frac{\partial A_x}{\partial x} \cdot \Delta x)\Delta y \Delta z$$

である。したがって，差し引き流出する流線は

$$\frac{\partial A_x}{\partial x}\Delta x \Delta y \Delta z$$

となる。

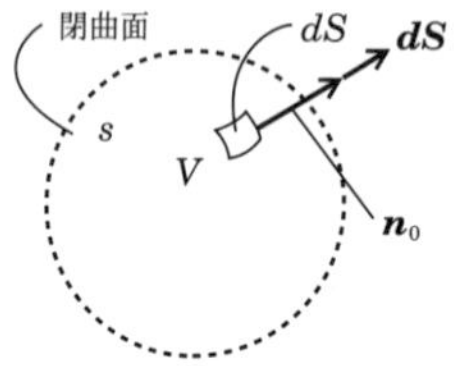

図10.2

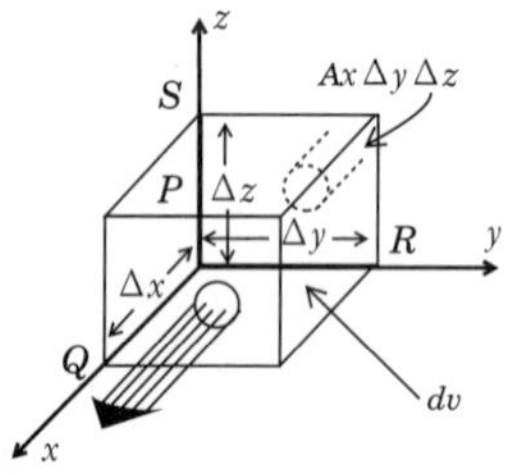

図10.3

y，z 方向についても同様に考え，微小体積について全部加え合わせると，閉曲面 s から発散する流線数 Φ は

$$\Phi \;=\; \sum \lim_{\substack{\Delta x \to 0 \\ \Delta y \to 0 \\ \Delta z \to 0}} \left(\frac{\partial A_x}{\partial x} + \frac{\partial A_y}{\partial y} + \frac{\partial A_z}{\partial z} \right) \Delta x \Delta y \Delta z$$

極限をとると，発散する線束 $\boldsymbol{A} \cdot \boldsymbol{n}_0$ の全体は

$$\Phi \;=\; \oint_s \boldsymbol{A} \cdot \boldsymbol{n}_0 dS = \int_v \left(\frac{\partial A_x}{\partial x} + \frac{\partial A_y}{\partial y} + \frac{\partial A_z}{\partial z} \right) dv \qquad (10.8)$$

右辺の積分の中は $\nabla \cdot \boldsymbol{A}$ となるので，ガウスの発散定理は

$$\oint_s \boldsymbol{A} \cdot \boldsymbol{n}_0 dS = \int_v \nabla \cdot \boldsymbol{A} dv \qquad (10.9)$$

【例 10.2】 ベクトル界 $\boldsymbol{A}$ 中に半径 r の完全球状物体があり，球面上の垂直方向の線密度が一様に 125 [本/m^2] であるとき，$\boldsymbol{A}$ の発散の値を求めよ。

ガウスの発散定理，式（10.9）は

$$\oint_s \boldsymbol{A}\cdot\boldsymbol{n}_0 dS = \oint_s A_n dS = \int_v \nabla\cdot\boldsymbol{A}dv \tag{10.9}$$

であり，また完全球状物体であるから垂直方向の線密度が一様なため，$\nabla\cdot\boldsymbol{A}$，$A_n$ は積分の外へ出て

$$\nabla\cdot\boldsymbol{A}\int_v dv = A_n \oint_s dS \tag{1}$$

上式の 2 つの積分は，半径 r の球の体積および表面積，すなわち

$$\int_v dv = \frac{4}{3}\pi r^3 \quad , \qquad \oint_s dS = 4\pi r^2 \tag{2}$$

式（2）を（1）へ代入し，$A_n = 125$ とすると

$$\nabla\cdot\boldsymbol{A} = \frac{4\pi r^2}{(4/3)\pi r^3}\times 125 = \frac{375}{r}$$

$\boldsymbol{A}$ の発散の値は $\frac{375}{r}$ となる。

【例 10.3】 ガウスの発散定理を用いて $\nabla\cdot\boldsymbol{A}$ の定義式

$$\nabla\cdot\boldsymbol{A} = \lim_{\Delta v\to 0}\frac{\displaystyle\oint_s \boldsymbol{A}\cdot\boldsymbol{n}_0 dS}{\Delta v}$$

を導出せよ。

式（10.9）において，曲面 s の囲む体積が非常に小さいときは，そこで $\nabla\cdot\boldsymbol{A}$ が一定であると考えることができる。したがって，

$$\int_v \nabla\cdot\boldsymbol{A}dv = \nabla\cdot\boldsymbol{A}\int_v dv = \nabla\cdot\boldsymbol{A}\Delta v \tag{1}$$

これと，式（10.9）により

$$\nabla\cdot\boldsymbol{A}\Delta v = \oint_s \boldsymbol{A}\cdot\boldsymbol{n}_0 dS \tag{2}$$

よって

$$\nabla\cdot\boldsymbol{A} = \lim_{\Delta v\to 0}\frac{\displaystyle\oint_s \boldsymbol{A}\cdot\boldsymbol{n}_0 dS}{\Delta v} \tag{3}$$

点 P をその内部に含む微小な閉曲面 s を考え，その体積を Δv とするとき，閉曲面 s が点 P に収束するときの $\nabla\cdot\boldsymbol{A}$ を点 P における $\boldsymbol{A}$ の発散という。

【例 10.4】　電荷保存の法則，式（12.4）を用いて，次の連続の方程式を導け。

$$\nabla \cdot \boldsymbol{J} + \frac{\partial \rho}{\partial t} = 0$$

電荷保存の法則，式（12.4）（この法則は第 12 章で詳細に扱う。ここではこの法則が成立しているものとする）は

$$I + \frac{dQ}{dt} = 0$$

左辺に（8.3）を適用すると

$$\oint_s \boldsymbol{J} \cdot \boldsymbol{n}_0 dS + \frac{d}{dt}\int_v \rho dv = 0 \tag{1}$$

$\boldsymbol{J}$ は面電流密度であり，第 12 章で説明される。ここで第 2 項の微分と積分の順序を入れ替える。ただし，対象とする体積は時間的に変化していないものとする。

$$\oint_s \boldsymbol{J} \cdot \boldsymbol{n}_0 dS + \int_v \frac{\partial \rho}{\partial t} dv = 0 \tag{2}$$

第 1 項に，ガウスの発散定理を適用すると

$$\int_v \nabla \cdot \boldsymbol{J} dv + \int_v \frac{\partial \rho}{\partial t} dv = 0 \tag{3}$$

よって

$$\int_v \left(\nabla \cdot \boldsymbol{J} + \frac{\partial \rho}{\partial t} \right) dv = 0 \tag{4}$$

したがって

$$\nabla \cdot J + \frac{\partial \rho}{\partial t} = 0$$

10.4　ガウスの法則（電界）の微分形

電界におけるガウスの法則の微分方程式の導出

これまでに学んできた電磁界の基本法則は積分形式で表されてきたが，これは現象を把握するのに都合よいが，界を詳細に求めるのには必ずしも向かない。ここでは，界を求めるのに都合よい微分方程式を求める。

電界におけるガウスの法則は式（3.18）より

$$\oint_s \boldsymbol{D} \cdot \boldsymbol{n}_0 dS = Q$$

ここで，閉曲面内の電荷密度を ρ とすると，式（8.3）より電荷は

$$Q = \int_v \rho dv \tag{10.10}$$

ガウスの発散定理適用

上の 2 式より

$$\oint_s \boldsymbol{D} \cdot \boldsymbol{n_0} dS = \int_v \rho dv \qquad (10.11)$$

（10.11）の左辺に式（10.9）のガウスの発散定理を用いると

$$\int_v \nabla \cdot \boldsymbol{D} dv = \int_v \rho dv \qquad (10.12)$$

これより，ガウスの法則の微分方程式は次のように表される。

$\boldsymbol{D}$ に関する微分方程式

$$\boxed{\nabla \cdot \boldsymbol{D} = \rho \qquad (10.13)}$$

また，$\boldsymbol{D}$ と $\boldsymbol{E}$ は真空中で式（3.20）の関係があるので

$$\boldsymbol{D} = \varepsilon_0 \boldsymbol{E} \qquad \text{（真空中）} \qquad (3.20)$$

真空中の $\boldsymbol{E}$ に関する微分方程式

ε_0 は定数であるから，電界に関する微分方程式は，

$$\boxed{\nabla \cdot \boldsymbol{E} = \frac{\rho}{\varepsilon_0} \qquad (10.14)}$$

誘電体中の $\boldsymbol{E}$ に関する微分方程式

誘電体中では，式（7.9），(7.10）より

$$\boldsymbol{D} = \varepsilon_0 \varepsilon_r \boldsymbol{E} \qquad (10.15)$$

となるから，式（10.13）に式（10.15）を代入して

$$\nabla \cdot (\varepsilon_0 \varepsilon_r \boldsymbol{E}) = \varepsilon_0 \nabla \cdot (\varepsilon_r \boldsymbol{E}) = \rho$$

よって

$$\varepsilon_0 \varepsilon_r \nabla \cdot \boldsymbol{E} + \varepsilon_0 \boldsymbol{E} \cdot (\nabla \varepsilon_r) = \rho$$

したがって

$$\boxed{\nabla \cdot \boldsymbol{E} = \frac{\rho}{\varepsilon_0 \varepsilon_r} - \frac{\boldsymbol{E} \cdot (\nabla \varepsilon_r)}{\varepsilon_r} \qquad (10.16)}$$

比誘電率が一様な媒質中では

$$\nabla \cdot \boldsymbol{E} = \frac{\rho}{\varepsilon_0 \varepsilon_r}$$

と表される。

10.5　ポアソンおよびラプラスの方程式

ポアソンの方程式

ここでは，ポアソンの方程式およびラプラスの方程式を求める。真空中の電界に関するガウスの法則は微分形式（10.14）で

$$\nabla \cdot \boldsymbol{E} \;=\; \frac{\rho}{\varepsilon_0}$$

と表される。上式の $\boldsymbol{E}$ に式（6.16）を代入すると

$$\nabla \cdot \boldsymbol{E} \;=\; \nabla \cdot (-\nabla V) = -\nabla^2 V = \frac{\rho}{\varepsilon_0} \tag{10.17}$$

これより，次のようなポアソンの方程式を得る。

$$\nabla^2 V \;=\; -\frac{\rho}{\varepsilon_0} \quad \text{(Poisson's eq.)} \tag{10.18}$$

あるいは，式（10.7）より

$$\nabla^2 V \;=\; \frac{\partial^2 V}{\partial x^2} + \frac{\partial^2 V}{\partial y^2} + \frac{\partial^2 V}{\partial z^2} = -\frac{\rho}{\varepsilon_0} \tag{10.19}$$

ラプラスの方程式

また，電荷のない空間では $\rho = 0$ であるから，次のようなラプラスの方程式を得る。

$$\nabla^2 V \;=\; 0 \quad \text{(Laplace's eq.)} \tag{10.20}$$

【例 10.5】　図のように 2 つの電極が d [m] 離れて置いてある。このとき電極間の電荷分布と電位条件が

$$\rho = \rho_0,\ V(0) = 0,\ V(d) = V_d$$

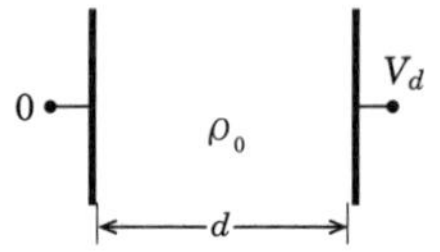

であるときの電界分布，電位分布，両電極に帯電する電荷密度 σ，σ' を（1）ポアソンの方程式を基に求める方法と，(2) ガウスの法則を基に求める方法で求めよ。

（1）ポアソンの方程式を基に求める方法

左導体から右導体への方向に x 軸とし，左導体の右側面を原点（$x = 0$）とする。ここでは，x 方向のみに限定されているので，微分方程式は式（10.18）より

$$\nabla^2 V \;=\; \frac{d^2 V}{dx^2} = -\frac{\rho_0}{\varepsilon_0}$$

上式を x で積分すると

$$\frac{dV}{dx} \;=\; -\int \frac{\rho_0}{\varepsilon_0} dx + C_1 = -\frac{\rho_0}{\varepsilon_0} x + C_1$$

もう一度 x で積分すると

$$
\begin{aligned}
V &= \int \left\{ -\frac{\rho_0}{\varepsilon_0} x + C_1 \right\} dx + C_2 \\
&= -\frac{\rho_0}{2\varepsilon_0} x^2 + C_1 x + C_2
\end{aligned}
$$

条件 $V(0) = 0$ より $C_2 = 0$

また，条件 $V(d) = V_d$ により $V_d = -\frac{\rho_0}{2\varepsilon_0} d^2 + C_1 d$,

すなわち，$C_1 = \frac{V_d}{d} + \frac{\rho_0}{2\varepsilon_0} d$ であるから

$$
V = -\frac{\rho_0}{2\varepsilon_0} x^2 + \left(\frac{V_d}{d} + \frac{\rho_0}{2\varepsilon_0} d \right) x \tag{1}
$$

一方，電界の x 方向成分は

$$
E_x = -\frac{\partial V}{\partial x} = \frac{\rho_0 x}{\varepsilon_0} - \left(\frac{V_d}{d} + \frac{\rho_0 d}{2\varepsilon_0} \right) \tag{2}
$$

左側および右側導体に仮想閉曲面を描き，ガウスの法則を適用すれば

(適用の仕方の詳細を各自試みてください)

$$
\begin{aligned}
\varepsilon_0(-E_d) &= \sigma \\
\varepsilon_0(E_0) &= \sigma'
\end{aligned}
$$

ただし，右側導体の電荷密度を σ，左側導体の電荷密度を σ' とする。

したがって

$$
\sigma = -\frac{\rho_0 d}{2} + \frac{\varepsilon_0 V_d}{d} \tag{3}
$$

$$
\sigma' = -\frac{\varepsilon_0 V_d}{d} - \frac{\rho_0 d}{2} \tag{4}
$$

(2) ガウスの法則を基に求める方法

右側導体側に図に示すように仮想閉曲面 s を描くと，ガウスの法則により

$$
\oint_s \varepsilon E_n dS = \sigma S + \rho_0 (d - x) S
$$

電界が出ている面は閉曲面 s のうち左側面 s' だけであるから左辺は

$$
\int_{s'} \varepsilon_0 E_n dS
$$

と変形できる。

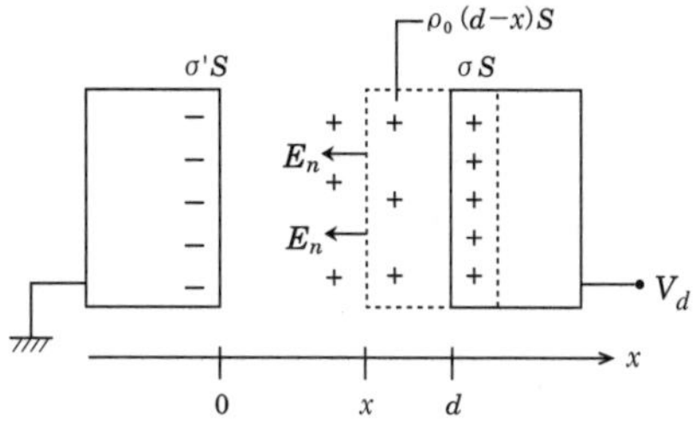

E_n は s' 上で一様であるから積分の外に出て

$$
\varepsilon_0 E_n \int_{s'} dS = \sigma S + \rho_0 (d - x) S
$$

ここで，$\int_{s'} dS = S$ であるから，結局

$$E_n = \frac{\sigma + \rho_0(d - x)}{\varepsilon_0} \tag{5}$$

電位分布は

$$\begin{aligned} V &= -\int_0^x E_x dx = -\int_0^x (-E_n) dx \\ &= \int_0^x \frac{\sigma + \rho_0(d - x)}{\varepsilon_0} dx \end{aligned}$$

これを計算すれば

$$V = -\frac{\rho_0}{2\varepsilon_0}x^2 + \frac{\sigma + \rho_0 d}{\varepsilon_0}x \tag{6}$$

ここで $V(d) = V_d$ の条件により

$$-\frac{\rho_0}{2\varepsilon_0}d^2 + \frac{\sigma + \rho_0 d}{\varepsilon_0}d = V_d$$

よって

$$\sigma = \frac{\varepsilon_0 V_d}{d} - \frac{\rho_0 d}{2} \tag{7}$$

（7）を（5）と（6）に代入すれば

$$E_x = -E_n = \frac{\rho_0 x}{\varepsilon_0} - \left(\frac{V_d}{d} + \frac{\rho_0 d}{2\varepsilon_0}\right) \tag{8}$$

$$V = -\frac{\rho_0}{2\varepsilon_0}x^2 + \left(\frac{V_d}{d} + \frac{\rho_0}{2\varepsilon_0}d\right)x \tag{9}$$

また，仮想面 s' を導体間ではなく左導体内にとれば，ガウスの法則により

$$\int_{s'} \varepsilon E_n dS = (\sigma + \sigma')S + \rho_0 S d$$

左導体内の電界 E_n は 0 であるから，左辺 $= 0$ である。したがって，

$$\sigma S + \sigma' S + \rho_0 S d = 0$$

ゆえに

$$\sigma' = -\sigma - \rho_0 d \tag{10}$$

（7）を代入して

$$\sigma' = -\frac{\varepsilon_0 V_d}{d} - \frac{\rho_0 d}{2} \tag{11}$$

なお，σ' は左導体の右側側面に仮想閉曲面を描いてガウスの法則を適用し，$E_{x=0}$ の結果を考慮して計算しても求められる。

演習問題

10.1　$\boldsymbol{A} = e^{-y}(\cos x\boldsymbol{i} - \sin x\boldsymbol{j})$ の発散を求めよ。

10.2　次のベクトル $\boldsymbol{B}$ の $(1, 2, 3)$ における発散の値を求めよ。

$$\boldsymbol{B} = 3x^2(\sin\frac{\pi x}{2})\boldsymbol{i} + 4yz(\cos\frac{\pi y}{2})\boldsymbol{k}$$

10.3　位置ベクトル $\boldsymbol{r}$ の発散を求めよ。

10.4　真空中で電界が $\boldsymbol{E} = -3y^2\boldsymbol{j}$ であった。電荷密度を求めよ。

10.5　真空中で電荷密度が $\rho = 2x^2 + 3x - 1$ [C/m^2] のとき，電界分布を求めよ。ただし，電界は x 成分のみ有し，$x = 0$ における電界は 0 とする。

10.6　平行平板電極が距離 d 離れて置かれている。電極間の電荷分布が $\delta(x) = \delta_0 e^{-ax}$ であるとき，境界条件を $V(0) = 0$, $V(d) = V_0$ として電位分布を求めよ。

10.7　$V = \dfrac{1}{r}$ はラプラスの方程式を満足することを示せ。

第 11 章　電気映像法

11.1　電気映像法の基本定理

問題提起

図11.1 のように点電荷の前方に導体板が置かれているとき

- 任意の点 P の電界
- 任意の点 P の電位
- 導体と電荷 q との間に働く力

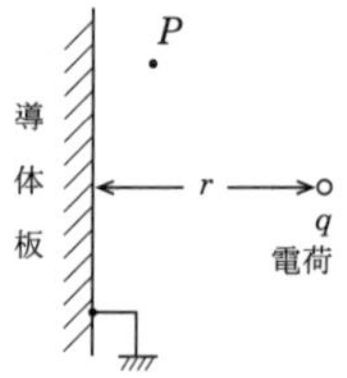

図11.1

を従来の方法で求めるのは難しい。

電気映像法の用い方

電気映像法はこのような場合に用いられる。すなわち，図11.1 のように等電位面を形成する導体板が電荷の近くに置かれているとき電界および電位分布を求める場合に用いる。電気映像法の基本定理は次のように示される。

電気映像法の基本定理

基本定理	：	(1)	1 つの導体表面は等電位である。
		(2)	任意の境界条件を満足する静電界分布は 1 つしか存在しない。

電気映像法の映像点の探し方

図11.3 は 2 個の点電荷 Q と $-Q$ を置いたときの等電位面を表しているが，各等電位面のどこに導体を置いても導体外の電位分布には変化がないはずである。
したがって，図11.2 のように等電位面に導体板が置かれているときは，電気映像法の基本定理 (2) より，この導体板を取り除いて点電荷 $-Q$ を図11.3 の $-Q$ の位置に置いても静電界分布は変化しない。このとき，$-Q$ を**映像電荷**，その位置を**映像点**という。
図11.2，11.3 は同じ静電界分布を表していることになる。
この考え方を用いて本章では電気映像法を適用する例を扱う。

11.2　平板導体における電気映像法

平板導体のときの映像電荷

この問題は，2 個の電荷の間に電位分布を乱さないように導体板が置かれたと考えればよいから，一方の電荷を真電荷とすれば，もう一方の電荷を映像電荷とすればよい。

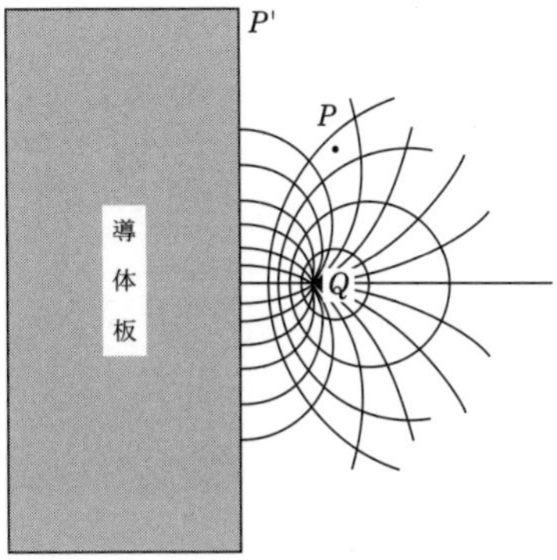

図11.2

平板導体の表面電位

いま，図11.1 のように導体板が接地されている場合について考えよう。

この場合は，図11.2 より，導体板上はすべて同電位である。

導体板上の点 P'（両電荷からの距離 r_1'，r_2'，$r_1' = r_2'$）の電位は

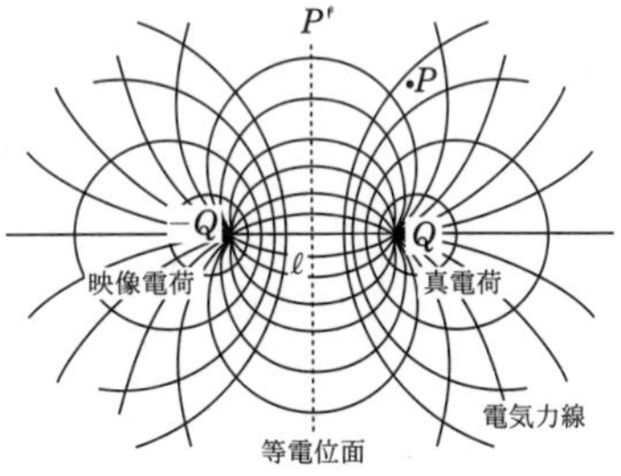

図11.3

$$V_{p'} \quad = \quad \frac{Q}{4\pi\varepsilon_0}\left(\frac{1}{r_1'} - \frac{1}{r_2'}\right) = 0 \tag{11.1}$$

点 P の電位

導体外の任意の位置 P（両電荷からの距離 r_1，r_2）における電位は

$$V_p \quad = \quad \frac{Q}{4\pi\varepsilon_0}\left(\frac{1}{r_1} - \frac{1}{r_2}\right) \tag{11.2}$$

導体と電荷 Q との間に働く力

Q に働く力は，真電荷と映像電荷の間に働くクーロン力であるから，電荷間距離を ℓ として，

$$F = \frac{1}{4\pi\varepsilon_0}\cdot\frac{-Q^2}{\ell^2} \quad (<0 \ \ 引力) \tag{11.3}$$

このように平板導体の場合は，導体を取り除いてその線を対称に元の電荷と反対側に反対符号の電荷を置けばよいことがわかる。

【例 11.1】 図において，点 P の電位を求めよ。また，電荷と導体板とに働く力を求めよ。

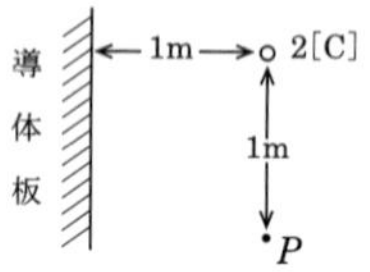

例 **11.1** の図

図 a は電気映像法に基づく仮想の電荷（映像電荷）-2 [C] を置いた状態を示す。これより点 P の電位は

$$\begin{aligned} V_P &= \frac{1}{4\pi\varepsilon_0}\left(\frac{2}{1}-\frac{2}{\sqrt{5}}\right) \\ &= 9\times10^9\times(2-0.8944) \\ &= 9.95\times10^9 \quad [\mathrm{V}] \end{aligned}$$

また，電荷と導体板とに働く力は

$$\begin{aligned} F &= \frac{1}{4\pi\varepsilon_0}\frac{Q_1Q_2}{r^2} = \frac{1}{4\pi\varepsilon_0}\frac{-4}{4} \\ &= \frac{-1}{4\pi\varepsilon_0} = -9\times10^9[\mathrm{N}] \ （引力） \end{aligned}$$

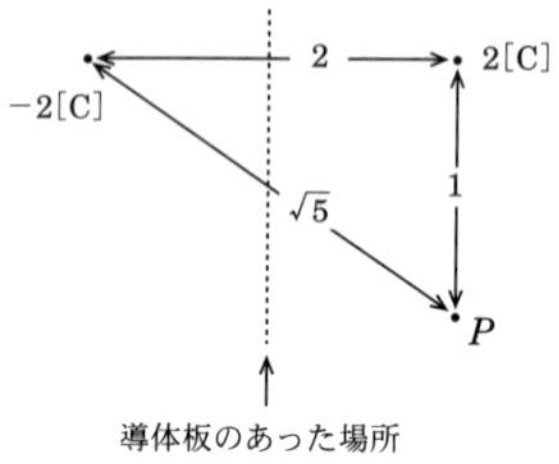

図 a

11.3 導体板上の電荷分布

導体平板の前方にある点電荷による板上の電荷分布

これまで仮に考えた映像電荷は，実際にはどのような形で存在しているのだろうか。導体平板の場合について考えてみよう。

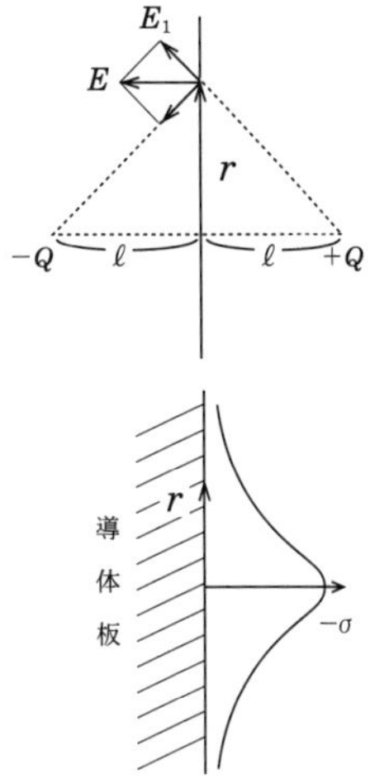

図11.4 映像電荷

導体板上の点 P' の電界の大きさは $\pm Q$ の作る電界ベクトルの和の大きさで与えられる。導体面上の中心からの距離を r とすると，電荷 Q による電界の大きさは

$$E_1 = \frac{1}{4\pi\varepsilon_0}\frac{Q}{r^2+\ell^2} \tag{11.4}$$

上式の横方向（導体面の法線方向）成分は三角形の相似関係より求められて

$$E_2 = E_1 \cdot \frac{\ell}{\sqrt{r^2+\ell^2}} \tag{11.5}$$

板上の垂直方向の電界

したがって，両電荷による電界の大きさは

$$E = 2E_2 = \frac{Q}{2\pi\varepsilon_0}\cdot\frac{\ell}{(r^2+\ell^2)^{\frac{3}{2}}} \tag{11.6}$$

分布電荷

ここで，図11.4 をよく見ると，導体板上で電界が面に垂直な方向になっていることがわかる。このことは重要である。一方ガウスの法則に従い $\sigma = -\varepsilon_0 E$ となる（このことを各自でガウスの法則を実際に適用して確認してください）。よって，σ の分布は図11.4 のように中心で最大値を持つ分布となる。この σ を全部面積分した値は次式で示され，映像電荷量と一致する。

$$\begin{aligned}\int_s \sigma ds &= \int_0^\infty \int_0^{2\pi} (-\varepsilon_0 E) r d\theta dr \\ &= -\varepsilon_0 \frac{Q}{2\pi\varepsilon_0}\int_0^{2\pi} d\theta \int_0^\infty \frac{r\ell}{(r^2+\ell^2)^{\frac{3}{2}}} dr = -Q\end{aligned}$$

このことは，仮に考えた映像電荷が実際には導体表面に分布しているものであることを示す。

11.4　直角導体の電気映像法

平板導体が直角に交わっている場合

平板導体が直角に交わっている場合は，真電荷に対して 2 直線に対称に 2 個の映像電荷を，その映像電荷に対する映像電荷 2 個（ただし，2 個の位置が重なるので実際は 1 個となる）を 2 直線に対称に置けばよい。

映像電荷と映像点

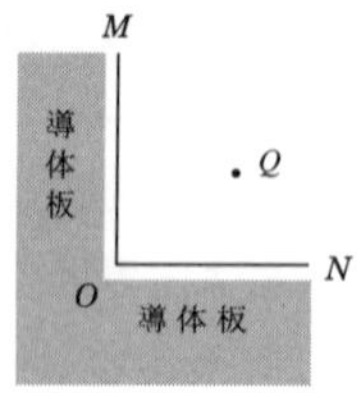

図11.5

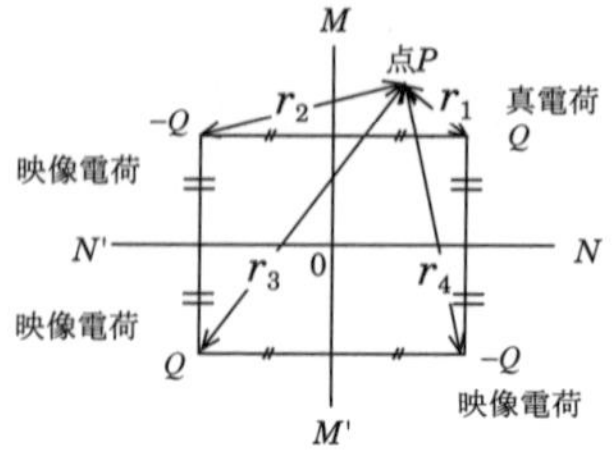

図11.6

映像点の位置と大きさ

映像電荷を置く位置 A_2，A_3，A_4 を，

点 A_2　$\cdots$　MOM'　点 A_1 に対して対称
点 A_4　$\cdots$　NON'　点 A_1 に対して対称
点 A_3　$\cdots$　$\begin{cases} NON' & \text{点 } A_2 \text{ に対して対称} \\ MOM' & \text{点 } A_4 \text{ に対して対称} \end{cases}$

とする。このように映像点をとると

$$\begin{cases} MO \text{ 面上} \quad r_1 = r_2 \quad , \quad r_3 = r_4 \\ NO \text{ 面上} \quad r_1 = r_4 \quad , \quad r_2 = r_3 \end{cases}$$

であるから，電位は MO 面上，NO 面上で零となる。ただし，映像電荷の大きさは A_2，A_4 には $-Q$，A_3 には Q である。

点 P の電位

導体外の任意の点 P の電位は

$$V_P = \frac{Q}{4\pi\varepsilon_0}\left(\frac{1}{r_1} - \frac{1}{r_2} + \frac{1}{r_3} - \frac{1}{r_4}\right) \tag{11.7}$$

で与えられる。

なお，電界分布も映像電荷を考えることにより求めることができる。すなわち，4 つの電荷による電界を，第 2 章の方法，または，電位分布から第 6 章の方法により求めることができる。

11.5　球導体の電気映像法

映像電荷と映像点

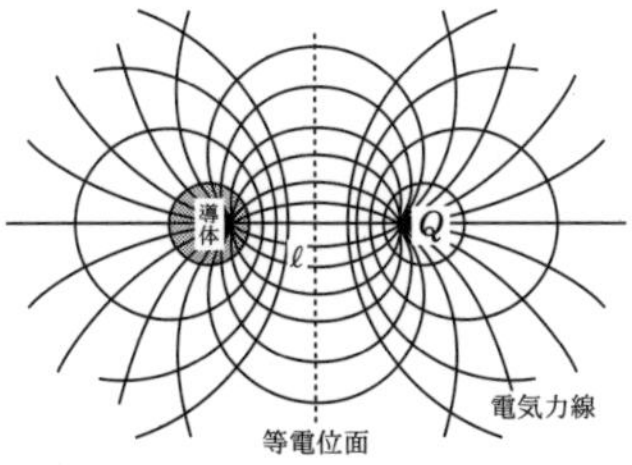

図11.7

図11.8　穴のあいた中に電荷がある場合

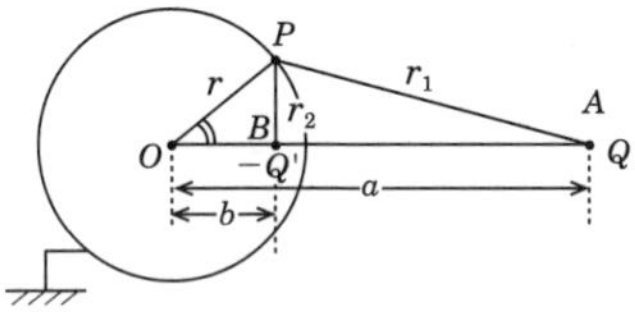

図11.9

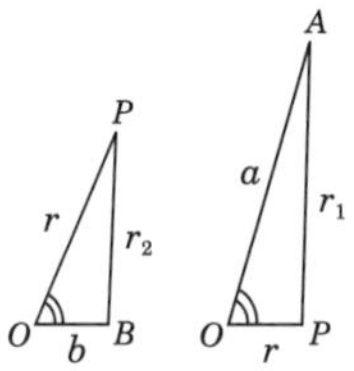

図11.10

映像点

図11.9 と図11.10 のように ΔOAP と ΔOPB を相似とするような相反点 B を選ぶ。

相反条件式

図11.9 において三角形の相似関係を整理したものが図11.10 であり，これにより

$$\frac{a}{r} = \frac{r}{b} \quad , \quad \frac{r_2}{r_1} = \frac{r}{a} = \frac{b}{r} \tag{11.8}$$

$$(ab = r^2)$$

映像電荷

球導体を取り除き，B 点に $-Q'$ を置いたとき，球面上の任意の位置 P の電位は

$$V_P \quad = \quad \frac{1}{4\pi\varepsilon_0}\left(\frac{Q}{r_1} - \frac{Q'}{r_2}\right) \tag{11.9}$$

であり，これを零とするためには

$$\frac{Q}{r_1} \quad = \quad \frac{Q'}{r_2} \tag{11.10}$$

でなければならない。したがって，映像電荷は

$$-Q' \quad = \quad -\frac{r_2}{r_1}Q \tag{11.11}$$

相反条件式（11.8）と映像電荷の式（11.10）をまとめると

$$\underline{\frac{Q'}{Q} = \frac{r_2}{r_1} = \frac{r}{a} = \frac{b}{r} \quad (ab = r^2)} \tag{11.12}$$

映像電荷

式（11.12）から

$$映像電荷 \quad -Q' = -\frac{r}{a}Q = -\frac{b}{r}Q \tag{11.13}$$

このように球導体の場合は，点 A に対する相反点 B（ただし $ab = r^2$）に映像電荷（11.13）を置き，球導体を取り除けばよい。

球導体が接地されていない場合

球導体が接地されていない状態では，球面上至るところで電位は等しいが，必ずしも零にはならない。そこで，接地されていないときも前述の接地しているときと同様の条件にするため実際にはない映像電荷を打ち消すような補正電荷 $+Q'$ を導体の中心 O に置く。

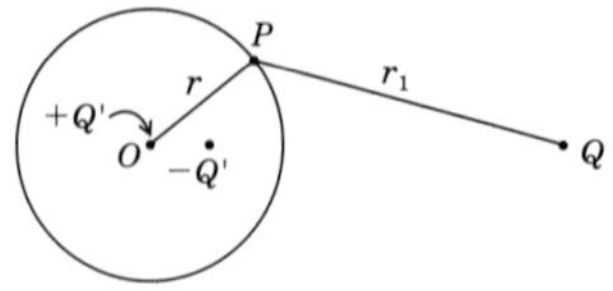

図11.11

これは，ガウスの法則より電気力線の総和が半径 r の球面上で零となることにより理解できる。

補正電荷 $+Q'$ を球導体の中心 O に置くと，球面上の電位は

$$V_P = \frac{1}{4\pi\varepsilon_0}\left(\underbrace{\frac{Q}{r_1} - \frac{Q'}{r_2}}_{ここは零となる} + \frac{Q'}{r}\right) \tag{11.14}$$

よって

$$V_P = \frac{1}{4\pi\varepsilon_0} \cdot \frac{Q'}{r} \tag{11.15}$$

【例 11.2】 右図のように導体で占められた空間中に半径 1 [m] の球の空洞があり，空洞の中心 O より 50 [cm] の点 P に電荷 0.002 [C] が置かれている。周りを囲む導体と電荷の間に働く力を求めよ。

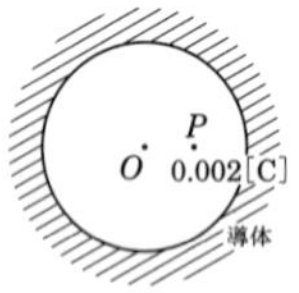

例 11.2 の図

P に Q'，OP の右側延長線上の位置 A に映像電荷 $-Q$ とし，$\overline{OP}$，$\overline{OA}$ をそれぞれ b，a，空洞半径を r とすれば，相反定理 $ab = r^2$ より

$$a = \frac{r^2}{b} = 2$$

また，$Q' = \frac{r}{a}Q$ より

$$Q = \frac{a}{r}Q' = 0.004$$

よって，$a = 2$ の位置 A に映像電荷 $-Q = -0.004$ [C] を置く。したがって，求める力は

$$F = \frac{1}{4\pi\varepsilon_0}\frac{Q'(-Q)}{(a-b)^2} = -3.2 \times 10^4 [\mathrm{N}]\ (引力)$$

11.6　2 本の導線間の静電容量

半径 r の無限長導体円筒の線電荷が作る電位

半径 r [m] の無限に長い導体円筒の中心より a [m] 離れて平行に置かれた無限に長い線電荷 δ [C/m] が作る電位も，電気映像法で求められる。右図のように半径 r [m] の円筒の中心軸 O から b [m] 離れた点 B に映像線電荷 $-\delta$ [C/m] を考えて，円筒面上の電位 V_p をすべての位置で等電位とする b を求める。円筒面上の点 P における電位 V_p は式（8.19）より，

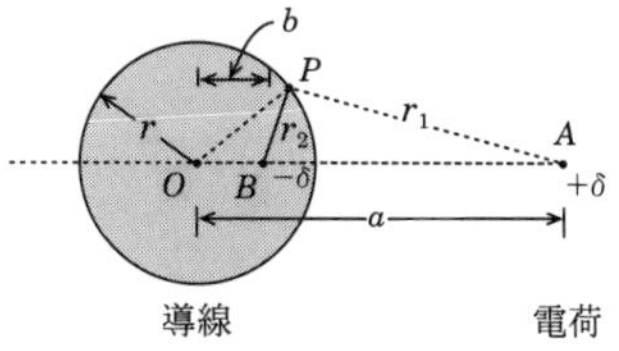

図11.12

円筒面上の点 P における電位 V_p

$$V_p = \frac{\delta}{2\pi\varepsilon_0}\left(\log_e\frac{r_0}{r_1} - \log_e\frac{r_0}{r_2}\right) \quad (ただし，r_0 は電位基準点)$$

$$= \frac{\delta}{2\pi\varepsilon_0}\log_e\frac{r_2}{r_1} \quad [\mathrm{V/m}] \tag{11.16}$$

この V_p が円筒面上のすべての位置で等電位であるための電荷の位置の条件は，球導体のときとまったく同じで式（11.12）を満足すればよい。すなわち，

$$\frac{r_2}{r_1} = \frac{r}{a} = \frac{b}{r}, (ab = r^2) \tag{11.17}$$

となる。なお，映像線電荷の大きさは，球導体の時の条件式（11.12）には従わず，上述したように $-\delta$ である。

したがって，円筒面上の電位 V_p は次式のように求められる。

$$V_p \quad = \quad \frac{\delta}{2\pi\varepsilon_0}\log_e\frac{r}{a} \quad (<0)^{\dagger} \tag{11.18}$$

2 本の導線間について

次に，半径 r の 2 本の導線（円筒導体）が図11.13 のように間隔 d で平行に置かれているとき，両導線間の静電容量を求める。

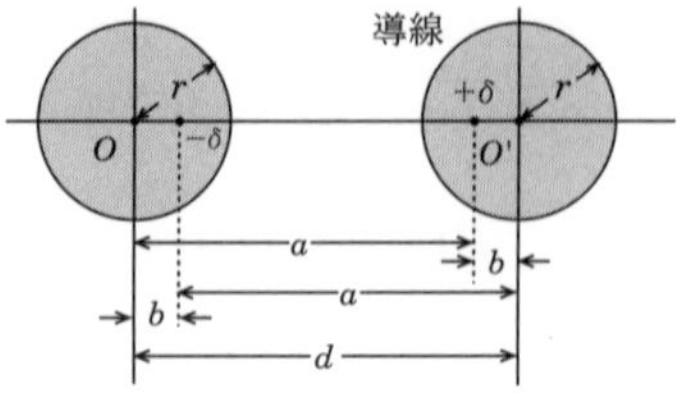

図11.13

映像電荷の大きさを図のように $-\delta$，δ とし，その位置を中心から b とする。

映像電荷の位置

図11.13 より，$b = d - a$ であるから，これを式（11.12）に代入して $a(d-a) = r^2$。よって，

$$a \quad = \quad \frac{1}{2}\left(d \pm \sqrt{d^2 - 4r^2}\right)$$

ここで $\dfrac{d}{2} < a$ であるから + 符号のみが有効となり，導線の中心 O から他の導線の映像電荷の位置までの距離は

$$a \quad = \quad \frac{1}{2}\left(d + \sqrt{d^2 - 4r^2}\right) \qquad [\mathrm{m}] \tag{11.19}$$

2 本の導線間の電位差

また，両円筒間の電位差 V は

$$V \quad = \quad |V_p - (-V_p)| = 2\,|V_p| = \frac{\delta}{\pi\varepsilon_0}\log_e\frac{a}{r}$$

したがって

$$V \quad = \quad \frac{\delta}{\pi\varepsilon_0}\log_e\left(\frac{d}{2r} + \sqrt{\left(\frac{d}{2r}\right)^2 - 1}\right) \tag{11.20}$$

となる。

† $r < a$ であるから，V_p の値は負となる。

2 本の導線間の静電容量

単位長さあたりの静電容量は $C = \dfrac{\delta}{V}$ によって直ちに求められる。間隔 d が円筒の半径 r に比べて十分に大きい場合の 2 本の導線間の単位長さあたりの静電容量は，上式で

$$1 \ll \frac{d}{2r}$$

の近似を用いて

$$C \simeq \frac{\pi\varepsilon_0}{\log_e \frac{d}{r}} \quad [\mathrm{F/m}] \tag{11.21}$$

演習問題

11.1　無限に広い導体板の前方 25 [cm] のところに 50 [μC] の点電荷が置かれている。導体板と点電荷の間に働く力を求めよ。

11.2　図のように点 P_1 に 1 [C] の電荷を導体板より 1 [cm] 離して置いたとき，点 P の電位を 0 にするためには導体板より 2 [cm] の点 P_2 に置く電荷の値を何クーロンにすればよいか。

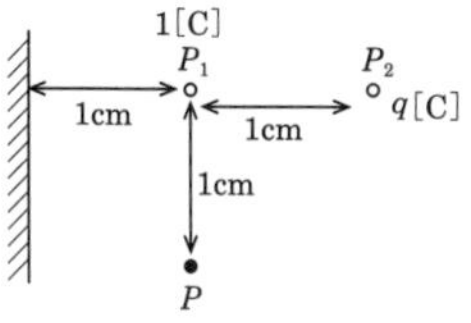

11.2 の図

11.3　図のように $\frac{\pi}{2}$ [rad] の角を持つ広い導体面からそれぞれ a, b [m] 離れて点電荷 Q [C] が置かれている。Q に働く力を求めよ。

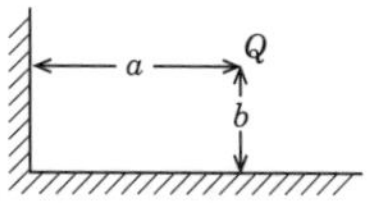

11.3 の図

11.4　点 P に電荷があり，前方 10 [m] のところに半径 1 [m] の導体球の中心 O があり，この球面上の電位は 1.8 [V] であった。$\overline{OP}$ の中点での電位を求めよ。

11.5　前問で球導体と電荷の間に働く力を求めよ。

11.6　x 軸と y 軸を含む xy 平面上（$z = 0$）に平板導体があり，点 $A(0, 0, 3)$ に 2 [μC]，点 $B(2, 0, 2)$ に 5 [μC] の電荷がある。点 $C(3, -1, 1)$ における電界と電位を求めよ。

11.7　半径 1 [m] の薄い円板導体があり，この中心より 30 [cm] のところに半径 10 [cm] の空洞がある。この空洞の中心に 3×10^{-8} [C] の電荷を置いたとき，空洞内の電位分布を求めよ。

第 12 章　電流

12.1　電流

電流の定義

電流：正または負の電荷が一定な方向に運動する現象。

電流の大きさ：電流の運動方向に直角な断面を単位時間 [1 秒] あたりに通過する電荷の量。

$$I = \frac{dQ}{dt} \quad [\mathrm{A}] \tag{12.1}$$

電流の方向：正電荷の運動方向。

【例 12.1】　自由電子 3×10^{20} 個が 4 秒間に面積 6 [mm^2] の断面を通過した。流れた電流を求めよ。

式（12.1）より

$$I = \frac{dQ}{dt} = \frac{\Delta Q}{\Delta t} = \frac{3 \times 10^{20} \times 1.6 \times 10^{-19}}{4} = \frac{48}{4} = 12 \quad [\mathrm{A}]$$

12.2　電荷保存の法則

電荷保存の法則

電荷保存の法則：ある物体系において，これとこの系以外との間に電荷のやりとりがなければ，系内の各物体が持っている電荷の量が変化しても系全体の電荷の総和は変化しない。

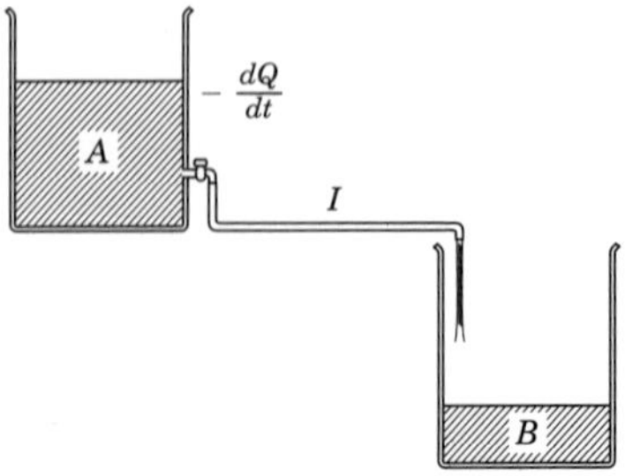

図12.1　電荷保存の法則の説明

A の電荷の減少量 $\dfrac{dQ}{dt}$ は電流となって流れる。しかし，B にはその分の電荷が増えて，全体として電荷の総和は不変である。

電荷保存の法則による電荷と電流の関係

図のように Δt の間に ΔQ の電荷が導線に流れ出すと

$$I \quad = \quad -\lim_{\Delta t \to 0} \frac{\Delta Q}{\Delta t} \qquad (12.2)$$

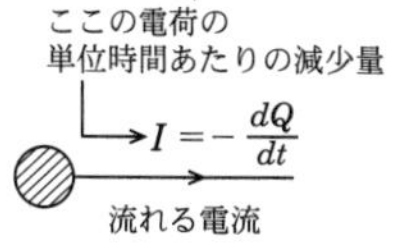

図12.2

または

$$I \quad = \quad -\frac{dQ}{dt} \quad [\mathrm{A}]^{\dagger} \qquad (12.3)$$

電荷保存の法則（エネルギー不滅の法則）

$$I + \frac{dQ}{dt} \quad = \quad 0 \qquad (12.4)$$

12.3　オームの法則

オームの法則

オームの法則は導体に流れる電流 I とその両端の電位差 V とが比例する法則で，実験により見出された。

いま，図のような回路に起電力 V を加えると電流 I は端子間の抵抗に比例して流れるので，V と I との関係は

$$V \quad = \quad IR \quad [\mathrm{V}] \qquad (12.5)$$

と表される。

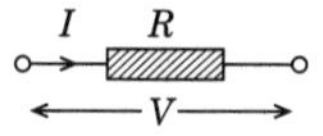

図12.3　オームの法則

図12.4 で示されるようにオームの法則は電圧対電流特性が線形であることを表す。

トランジスタやダイオードをリード線で接続すると，非線形の電流が流れることがある。この電流を非オーム的電流といい，線形的な電流と区別する。

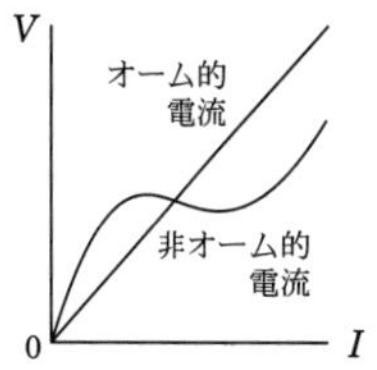

図12.4　電流電圧特性

† [A] = [c/s]　電流の単位：アンペア。
電流の向きを考えると式（12.1）と（12.3）は矛盾しない。

オーム的電流

オーム的電流：オームの法則に従って流れる電流。

非オーム的電流

非オーム的電流：オームの法則に従わない電流。半導体などに流れる。

電流密度と電流の関係

電流 I は，導線のような断面積が一定のときに用いられるが，集積回路などの分布回路には電流密度 J が用いられる。この電流密度の表し方には，単位長さあたりの電流，単位面積あたりの電流，単位体積あたりの電流の 3 通りある。ここでは，単位面積あたりの電流，すなわち面電流密度について述べる。

面電流密度 J：単位面積あたりに流れる電流

$$I = \int_s J_n dS = \int_s \boldsymbol{J} \cdot \boldsymbol{n}_0 dS \quad (12.6)$$

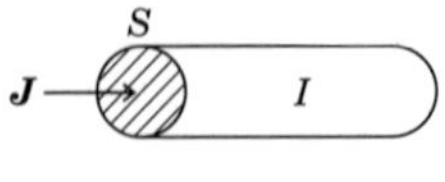

図12.5

ここに，$\boldsymbol{n}_0$ は，図 12.5 の断面 S に垂直な方向の単位ベクトルとする。電流密度ベクトル $\boldsymbol{J}$ の方向は正の電荷が移動する方向とする。

電界と電流密度で表したオームの法則

式（12.5）のオームの法則を集積回路や半導体に適用するために，これを電界と電流密度で表すことにする。

いま，図12.5 のような長さ ℓ，断面積 S の 1 本の導線に適用する。式（12.6）は，面積 S が一定な導線では

$$I = JS \tag{12.7}$$

また，電界と電位差の関係は導線の長さが ℓ であるから，式（5.14）の積分により

$$V = E\ell \tag{12.8}$$

式（12.7），(12.8）を（12.5）に代入して，導線の面電流密度を求める式に変形すると

$$J = \frac{\ell}{RS}E \tag{12.9}$$

ここで，E の比例定数は κ として次のように定義されている。

導電率

$$\kappa = \frac{\ell}{RS} = \frac{1}{\rho} \quad [\text{℧/m}] \tag{12.10}$$

固有抵抗

$$\rho \;=\; \frac{1}{\kappa} = R\frac{S}{\ell} \quad [\Omega\mathrm{m}] \tag{12.11}$$

κ　:　導電率 (電流の通りやすさを表す定数)

ρ　:　固有抵抗 (媒質特有の抵抗値)

また，抵抗 R は式（12.11）より次式で表される。

$$R \;=\; \rho\frac{\ell}{S} \quad [\Omega] \tag{12.12}$$

電界で表したオームの法則

スカラー表示式

ベクトル表示式

式（12.9）と（12.10）より電界と電流密度で表した**オームの法則**は

$$J \;=\; \kappa E \tag{12.13}$$

ベクトル表示式は

$$\boldsymbol{J} \;=\; \kappa \boldsymbol{E} \tag{12.14}$$

【例 12.2】　右図のような導電率 κ の均質な媒体中に置かれた半径 a [m] の球導体電極から電流 I [A] が発散する場合，媒体中の任意の点 P における電流密度 $\boldsymbol{J}$ および電位を求めよ。

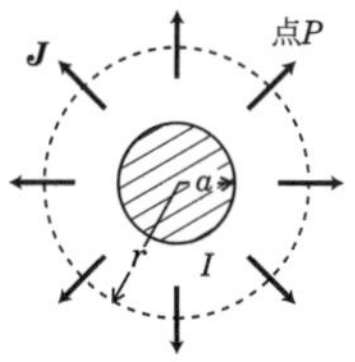

式（12.6）の電流 ← 類似 → ガウスの法則・電界

$$\oint_s \boldsymbol{J}\cdot\boldsymbol{n}_0 dS = I$$

$$\oint_s J_n dS = I$$

ただし，s は半径 r の仮想閉曲面

電流が仮想閉曲面から一様に流れるから

$$J_n = \frac{I}{\oint_s dS} = \frac{I}{4\pi r^2}$$

$$E_n = \frac{J_n}{\kappa} = \frac{I}{4\pi\kappa r^2}$$

$$\oint_s \boldsymbol{D}\cdot\boldsymbol{n}_0 dS = Q$$

$$\oint_s D_n dS = Q$$

ただし，s は半径 r の仮想閉曲面

電気力線が仮想閉曲面から一様に出るから

$$D_n = \frac{Q}{\oint_s dS} = \frac{Q}{4\pi r^2}$$

$$E_n = \frac{D_n}{\varepsilon} = \frac{Q}{4\pi\varepsilon r^2}$$

P 点の電位 V_p は

$$V_p = -\int_{\infty}^{r} E_n d_r = \frac{-I}{4\pi\kappa}\int_{\infty}^{r}\frac{dr}{r^2} = \frac{-I}{4\pi\kappa}\left[-\frac{1}{r}\right]_{\infty}^{r} = \frac{1}{4\pi\kappa}\frac{I}{r} \qquad (1)$$

導体電極の電位は（$r = a$ として）

$$V_o = \frac{I}{4\pi\kappa a} \quad [\mathrm{V}] \qquad (2)$$

また，電極と P 点との間の電位差 V_{op} は

$$V_{op} = \frac{I}{4\pi\kappa}\left(\frac{1}{a} - \frac{1}{r}\right) \quad [\mathrm{V}] \qquad (3)$$

【例 12.3】　半径 a と b の 2 つの半球電極 A，B が，図のように導電率 κ の媒質上に間隔 d で置かれているとき，半球電極間の電気抵抗を求めよ。

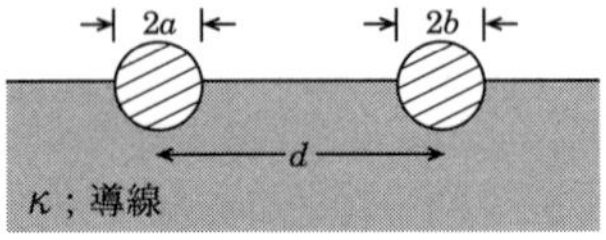

図（a）

図（a）は図（b）のような等価回路と考えられるから，問題の図を図（c）のように置き直して考える。d の長さが球面上で等電位とみなせる大きさとすると，例 12.2 の式（3）より，電極 A の電流 I による球 AB 間の電位差は

$$V_{AB} = -\int_{d-b}^{a}\frac{I}{4\pi\kappa}\frac{dr}{r^2} = \frac{I}{4\pi\kappa}\left(\frac{1}{a} - \frac{1}{d-b}\right)$$

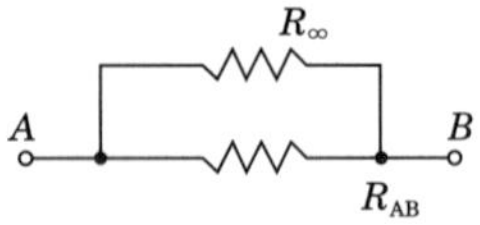

図（b）

同様に，電極 B の電流（$-I$）による電位差は

$$V_{AB} = -\int_{b}^{d-a}\frac{(-I)}{4\pi\kappa}\frac{dr}{r^2} = \frac{I}{4\pi\kappa}\left(-\frac{1}{d-a} + \frac{1}{b}\right)$$

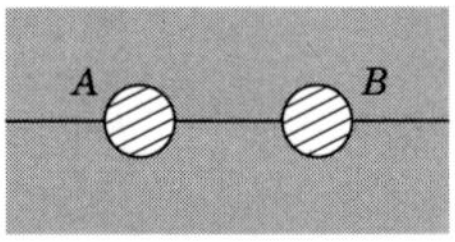

図（c）

同時に電流が存在するので，両式を加えると

$$V_{AB} = \frac{I}{4\pi\kappa}\left(\frac{1}{a} + \frac{1}{b} - \frac{1}{d-a} - \frac{1}{d-b}\right)$$

AB 間の抵抗は V_{AB} を電流 I で割れば得られる。

$$R' = \frac{V_{AB}}{I} = \frac{1}{4\pi\kappa}\left(\frac{1}{a} + \frac{1}{b} - \frac{1}{d-a} - \frac{1}{d-b}\right) \quad [\Omega]$$

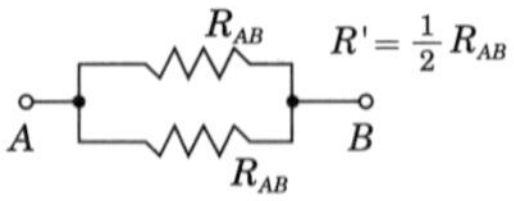

図（d）

図（b）と図（d）の等価回路を比較すれば，求める抵抗 R_{AB} は

$$R_{AB} = 2R' = \frac{1}{2\pi\kappa}\left(\frac{1}{a} + \frac{1}{b} - \frac{1}{d-a} - \frac{1}{d-b}\right) \quad [\Omega] \qquad (1)$$

特に，$a \ll d$，$a = b$ の場合には，

$$R_{AB} = \frac{1}{\pi\kappa a} \qquad (2)$$

12.4　各種の電流

伝導電流
(conduction current)

伝導電流：導体内の自由電子が持つ電荷の移動によるもので，電子の質量の移動を伴わない。

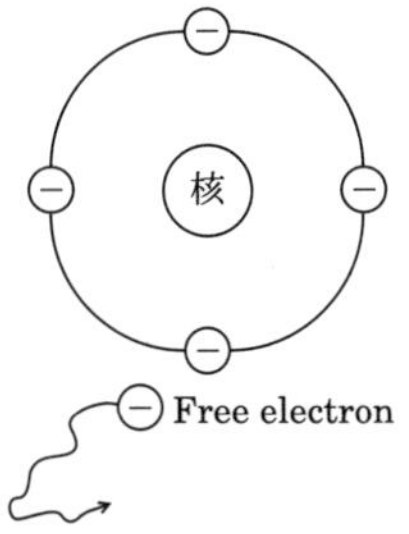

図12.6

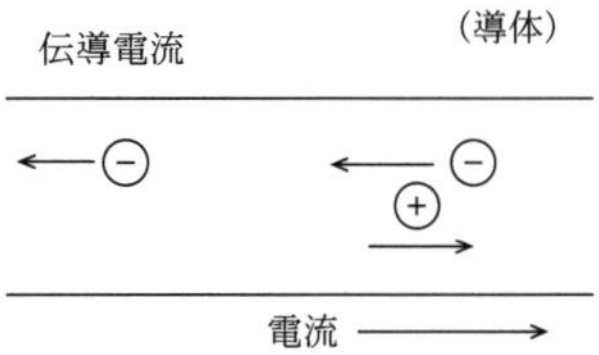

図12.7

変位電流
(displacement current)

変位電流：マックスウェルは電界が時間的に変化するとき，右図のような空間（例えばコンデンサ）中にも電流が流れ，この電流は導体中を流れる伝導電流（真電流，I_t）と同様に磁界を発生することを主張した。この電流を変位電流という。

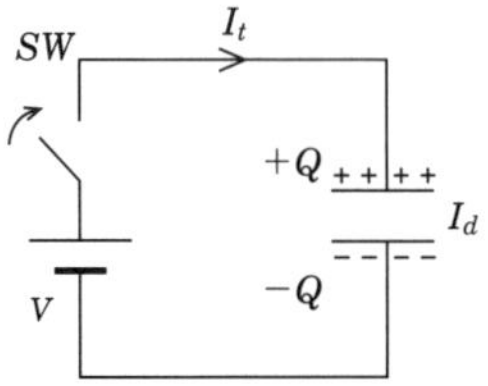

図12.8

この考え方は，空間のある個所に加えられた電気的衝撃が他の場所に直達せず，ある有限速度を持つ波動の形で伝搬していくというヘルツの実験により確認された。電荷保存の法則は図12.8のような回路にも成り立つということである。

さて，伝導電流は式（12.1）より

$$I = \frac{dQ}{dt} \tag{12.1}$$

と表されるから，ガウスの法則

$$Q = \int_s \boldsymbol{D} \cdot \boldsymbol{n}_0 dS$$

を用いて，変位電流 I_d は次式のように表される。

変位電流 I_d の式

$$I_d = \frac{d}{dt}\int_s (\boldsymbol{D}\cdot\boldsymbol{n}_0)dS \tag{12.15}$$

したがって，変位電流は空間における電気変位（電束密度の時間的変化）に基づいて発生する電流であるといえる。

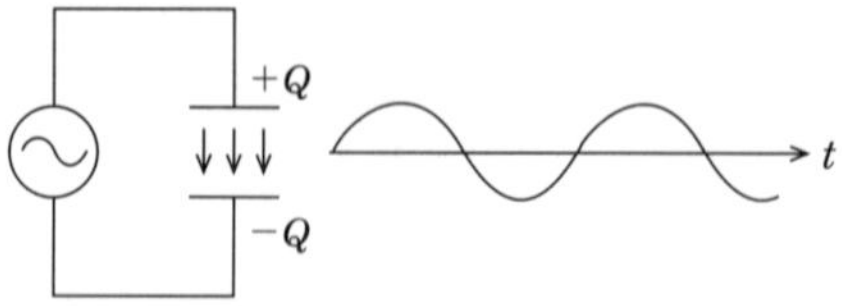

図12.9

拡散電流
(diffustion current)

拡散電流：少数キャリアの密度分布に濃淡があると，濃いところから淡いところへ拡散して電流が流れる。このような電流を拡散電流という。

$$\boldsymbol{j} = -eD\,\mathrm{grad}\,n \tag{12.16}$$

D：拡散定数，n：キャリア密度

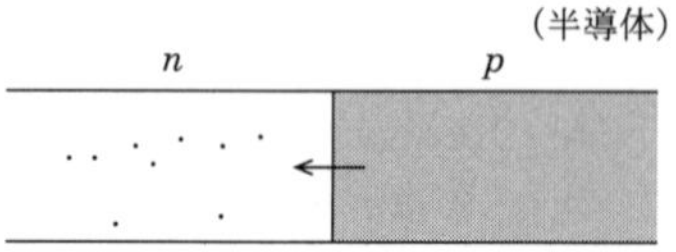

図12.10

対流電流
(convection current)

対流電流：電子やイオンの移動によって電荷が運ばれるような電流。

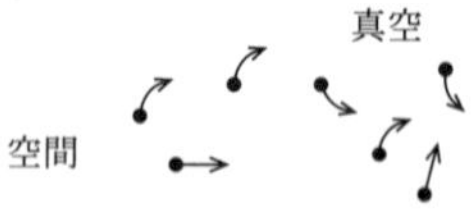

図12.11

誘導電流
(induction current)

誘導電流：導体の近くを電流が流れると導体に静電誘導で電荷が誘導され，これが時間的に変化すると電流となる。これを誘導電流という。

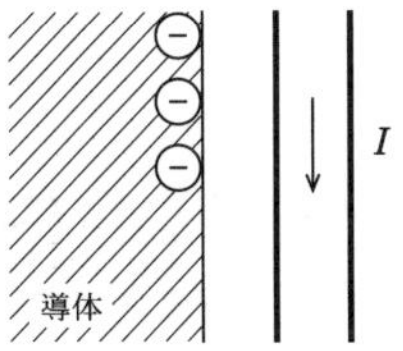

図12.12

超伝導電流
(super conduction current)

超伝導電流：鉛，ニオブやその種の金属合金あるいは酸化物などでは，冷却すると，極低温の臨界温度を境に急に電気抵抗が零になる。このとき流れる電流をいう。

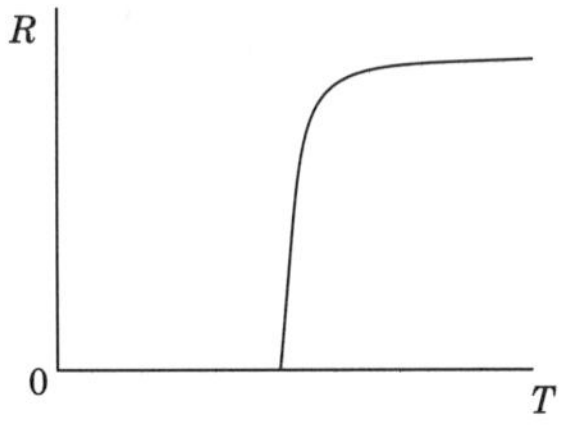

図12.13

演習問題

12.1　図に示すような間隔 4 [cm] の 2 つの半球電極間の抵抗を求めよ。ただし，媒質の導電率 $\kappa = 25$ [℧/m] とする。

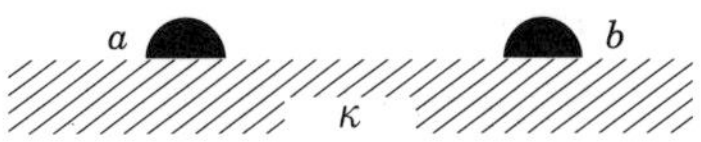

12.2　半径 a の導体球に時間的に変化する電荷 $Q = Q_0 \sin \omega t$ が帯電しているとき，中心より r の位置における変位電流密度を求めよ。

12.3　断面積 2 [mm^2]，長さ 10 [km]，固有抵抗 1.72×10^{-8} [Ωm] の銅線の抵抗値を求めよ。

12.4　平行平板コンデンサが導線で接続された 1 つの閉回路において，コンデンサ内の誘電体に流れる変位電流は導線中の伝導電流に等しいことを示せ。

12.5　低濃度不純物のシリコンについて，室温における電子の拡散定数は $D = 38$ [cm^2/s] である。キャリア濃度分布が $\exp(-x^2)$ であるとき，拡散電流密度を求めよ。

第 13 章　線形電気回路の定理，法則

13.1　各種の定理，法則

キルヒホッフの第一法則
Kirchhoff's First laws

キルヒホッフの第一法則
回路網中の任意の一点に流入する電流の総和は零である。

$$\sum_{i=1}^{n} I_i = 0 \qquad (13.1)$$

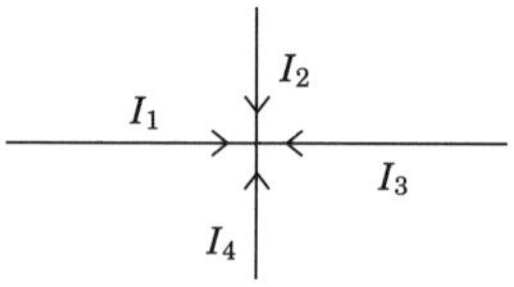

図13.1　キルヒホッフの第 1 法則

キルヒホッフの第二法則
Kirchhoff's Second laws

キルヒホッフの第二法則
回路網中の任意の閉ループについて，起電力の総和は抵抗による電位降下の総和に等しい。

$$\sum_{i=i}^{n} V_i = \sum_{i=1}^{n} R_i I_i \qquad (13.2)$$

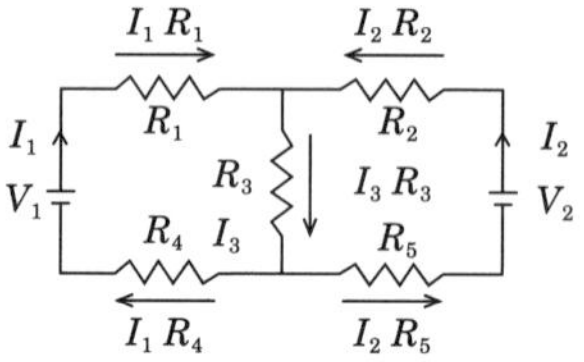

図13.2　キルヒホッフの第 2 法則

重ね合せの定理
Principle of Superposition

重ね合せの定理：線形電気回路が多数の電圧源（電流源）を持つ場合，この回路の任意の枝路の電圧または電流は，電圧源（電流源）が 1 つずつ存在するときにその枝路に生ずる電圧または電流を重ね合せたものに等しい。ただし，1 つの電圧源（電流源）について考えるときは他の電圧源は短絡（電流源は開放）とする（線形性の本質）。重ね合せの定理はキャパシタンスの場合にも成立する。次の回路図は重ね合せの定理を用いて電流 I_1，I_2，I_3 を求める例である。

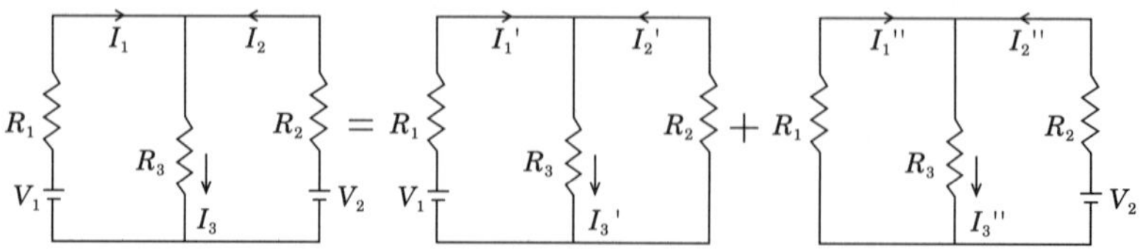

図13.3　重ね合せの定理

重ね合せの定理を用いて電流 I_1，I_2，I_3 を求めるには

$$\begin{cases} I_1 = I_1' + I_1'' \\ I_2 = I_2' + I_2'' \\ I_3 = I_3' + I_3'' \end{cases} \tag{13.3}$$

とすればよい。

双対の理

双対の理：1つの電気回路に関して成立する関係式に対し，下の表のような入れ換えを行った関係式が成立するもう1つの電気回路が存在する。この性質を電気回路の双対性という。

双対的対応の例

電圧源	$\longleftrightarrow$	電流源
電流	$\longleftrightarrow$	電圧
短絡電流	$\longleftrightarrow$	開放電圧
インピーダンス	$\longleftrightarrow$	アドミッタンス
直列接続	$\longleftrightarrow$	並列接続
並列接続	$\longleftrightarrow$	直列接続
静電的	$\longleftrightarrow$	電磁的
$V = IR$	$\longleftrightarrow$	I = VG

補償定理

補償定理：一般に電気回路の1つの岐路の抵抗を変えると，その結果としてその回路の電流分布が変わる。これを新分布という。また，抵抗を入れる前の電流分布を元分布という。しかし，抵抗を変えると同時に，回路の電流分布の変化を補償するような起電力 $\cdots$ これを V' と置く $\cdots$ を外部から加えれば電流分布は変わらない。

実際には V' を置く代わりに，元の回路の起電力をすべて取り去り，その回路に $-V'$ を加えたと仮定し，そのときの電流分布を補償分布とすれば次のようになる。

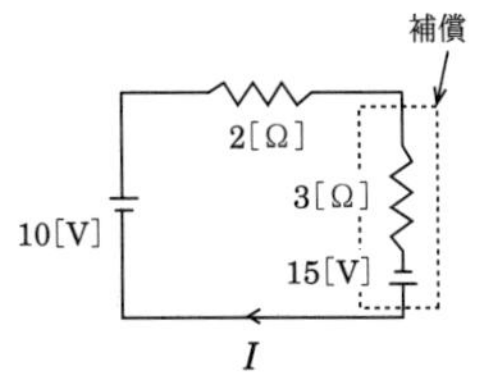

図13.4

新分布 ＝ 元分布 ＋ 補償分布

このことを補償定理という。

次の回路の電流を求める方法は補償定理を用いた例である。

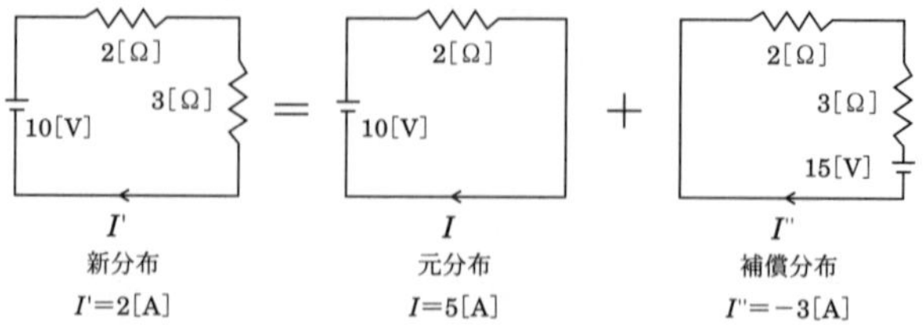

図13.5　補償定理の各回路

この回路の電流は補償定理を用いて次のように求められる。

$$I' = I + I'' \qquad \text{補償起電力} = 15[\mathrm{V}]$$
$$= 5 + (-3) \ = \ 2\ [\mathrm{A}]$$

ホー・テブナンの定理
Ho-Thevenin's Theorem

ホー・テブナンの定理：図のように内部に起電力 V_1，V_2，$\cdots V_n$ を含む回路網 A があり，それに 2 つの端子 a，b がある。ab 間の電圧を V とし，a，b からみた回路網 A のインピーダンスを Z_0 とすれば，端子 a，b に任意のインピーダンス Z を接続したときに Z を流れる電流 I は

$$I \ = \ \frac{V}{Z_0 + Z} \tag{13.4}$$

で与えられる。

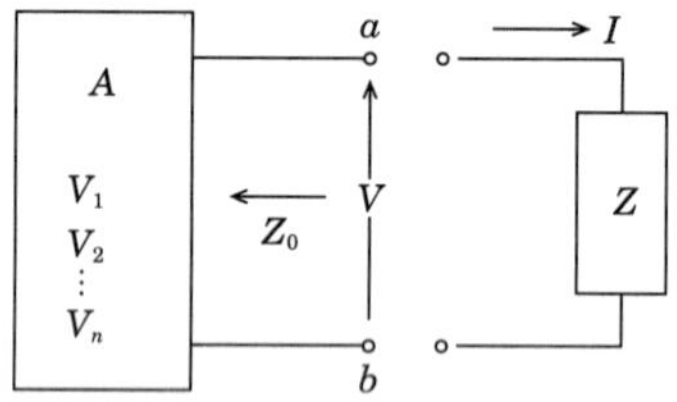

図13.6　ホー・テブナンの定理

ジュール熱

回路中で消費される電力 P は

$$P \ = \ I^2R \quad [\mathrm{W}] \tag{13.5}$$

熱エネルギーに変換されるが，これはジュール熱と呼ばれる。

ジュール熱最小の原理
Minimum heat energy theorem

ジュール熱最小の原理：起電力を含まない回路網内を直流電流が流れ，その電流がキルヒホッフの2つの法則に従っていると，それぞれの回路の電流は発生する熱量が最小になるように流れる。これをジュール熱最小の原理という。

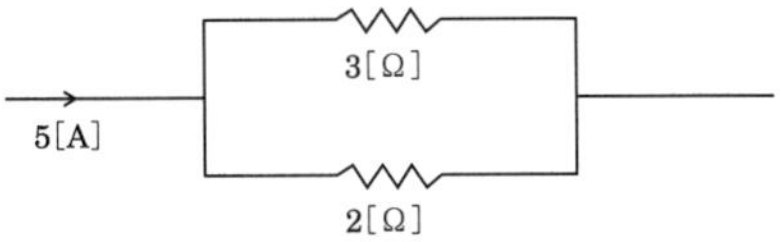

図13.7

【例 13.1】 図13.6のような回路において，ab 間に5 [Ω] の抵抗を外部接続して，これに流れる電流を測定したところ，150 [mA] の電流が流れた。ただし，接続前の ab 間の端子電圧は3 [V] であった。ab 間のインピーダンスを求めよ。

ホー・テブナンの定理より

$$I = \frac{V}{Z_0 + Z}$$

これに

$$Z = 5\ [\Omega],\ V = 3\ [\mathrm{V}],\ I = 150 \times 10^{-3}\ [\mathrm{A}]$$

を代入して

$$Z_0 = 15[\Omega]$$

【例 13.2】 図13.7でジュール熱最小の原理に従って，3 [Ω] の抵抗に流れる電流を求めよ。

5 [A] の電流が流入するとして，抵抗3 [Ω] に流れる電流を I [A] とすると回路全体に発生するジュール熱は

$$P = I^2 \times 3 + (5 - I)^2 \times 2$$

P は I の2次式であるから，I で上式を微分して零となる I が求める値である。

$$\begin{aligned} \frac{dP}{dI} &= 2 \times 3 \times I + 2 \times 2 \times (-1) \times (5 - I) \\ &= 6I - 20 + 4I = 0 \end{aligned}$$

よって

$$I = 2 \quad [\mathrm{A}]$$

13.2　熱電現象

ゼーベック効果

ゼーベック効果：2種の異なった金属を両端で結合し，その両接点を異なった温度に保つとき起電力が発生する現象。

1821年にSeebeckが発見した。

$$V = \alpha(T_1 - T_2) \qquad (13.6)$$

α ：ゼーベック係数

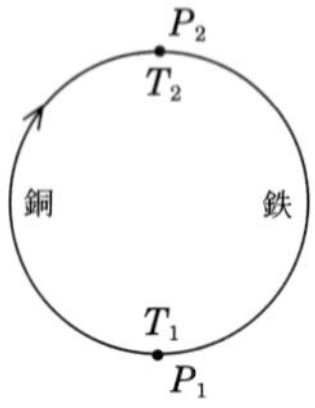

図13.8

熱起電力 V：閉回路に沿って起電力が発生する。

熱電流：このとき流れる電流

熱電対：2種の金属対

銅・コンスタンタンの対など温度範囲，精度に応じた多種類の熱電対がある。

ペルチエ効果

ペルチエ効果：2種の金属を組み合わせたループに電流を流すと，接続点に熱の吸収あるいは発生が生じる。2つの接続点の温度が異なっていて熱電流と同じ方向に外部より電流を流すと高温の接続点で熱の吸収が，低温の接続点で発熱が起きる。これをペルチエ効果という。

1834年にPeltierが発見した。

$$Q = \beta I \qquad (13.7)$$

Q ：熱量，　β：ペルチエ係数

ゼーベック係数とペルチエ係数の間には T を絶対温度として，

$$T = \frac{\beta}{\alpha} \qquad (13.8)$$

の関係がある。電子冷凍，電子冷房などに用いられている。

トムソン効果

トムソン効果：同一金属で閉ループを作るように接合し，一方を温度 T_1，他方を温度 T_2 に保った状態で電流 I を流すと，接合部 A において，$I(T_1 - T_2)$ に比例した熱の発生または吸収がみられる現象で，Thomsonが1854年に理論的に予言し，1956年に実験的に観測された。

$$Q = \mu I(T_1 - T_2) \qquad (13.9)$$

Q ：熱量，　μ：トムソン係数　(13.10)

なお，これらの現象はJoule熱以外のものである。

演習問題

13.1 抵抗 r [Ω] の導線 12 本で図のような格子回路を作った。A，C 間の抵抗と A，D 間の抵抗を求めよ。

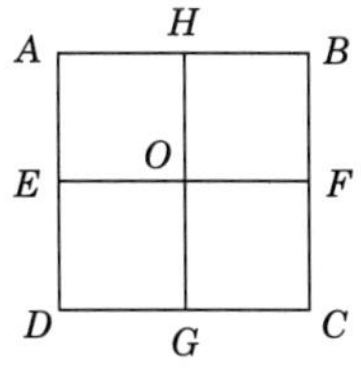

13.2 抵抗 R [Ω] の一様な導線 12 本で図のような立体回路を作り，相対する対角点 A，B 間に電流を流したとき，各導線に流れる電流の方向と大きさを求め，また，A，B 間の合成抵抗も求めよ。

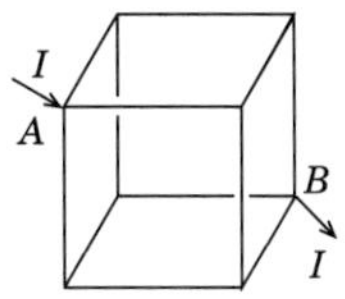

13.3 ジュール熱最小の原理を用いて抵抗 R_1 に流れる電流が次の式で与えられることを示せ。

$$I_1 = \frac{R_2}{R_1 + R_2} I$$

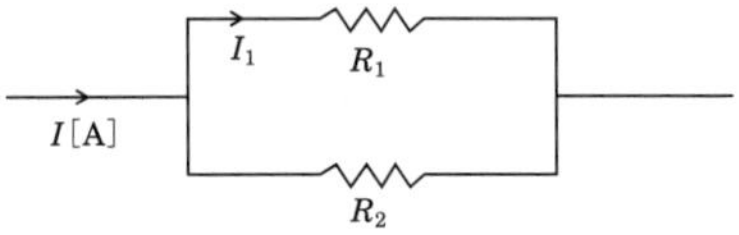

13.4 重ね合せの定理を用いて下図の回路の電流 I を求めよ。

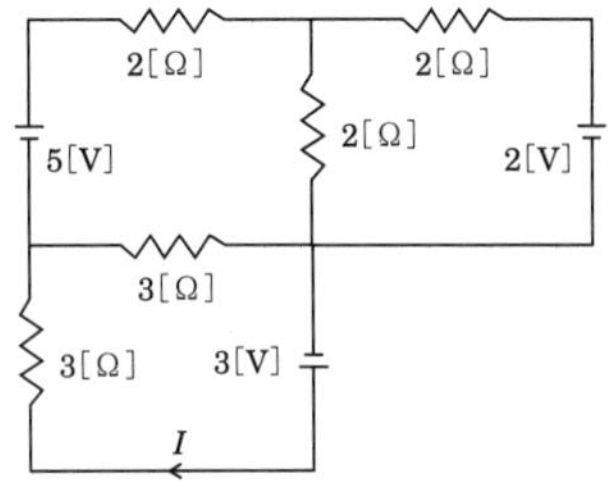

13.5 抵抗 R_1，R_2，R_3，R_4，R_5 をつないだ図のような回路において，スイッチ S が開かれているとき，ab 間の端子電圧は V_1 であった。S が閉じているとき R_1 に流れる電流 I_1 を求めよ。ただし，電池の内部抵抗は無視できるものとする。

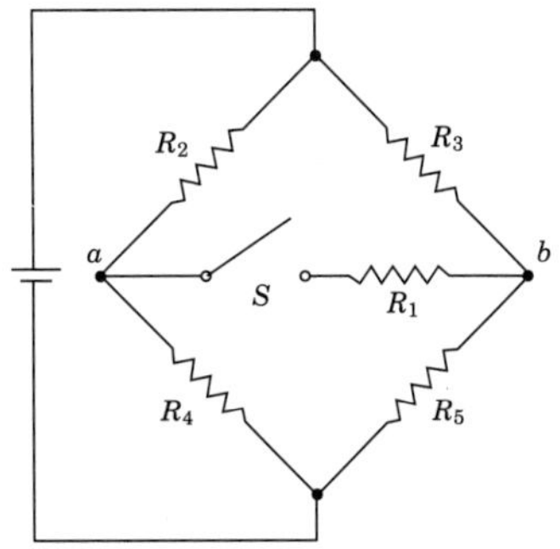

第 14 章　電流により生じる誘磁界（磁束密度）

14.1　ベクトル積（外積）

ベクトル誘磁界

図14.1 のように電流により生じる誘磁界（磁束密度）はベクトル量であり，電流ベクトル $\boldsymbol{I}$ と単位位置ベクトル $\boldsymbol{r}_0$ で表される。

$$\boldsymbol{B} = \frac{\mu_0}{2\pi r}\boldsymbol{I}\times\boldsymbol{r}_0 \quad (14.1)$$

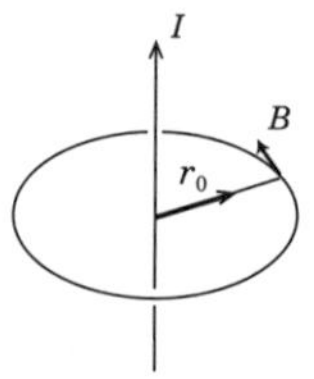

図14.1　電流により生じる誘磁界

上式の $\boldsymbol{I}\times\boldsymbol{r}_0$ はベクトル積といい，$\boldsymbol{I}$ と $\boldsymbol{r}_0$ によって誘磁界の方向が決定される。ベクトル積（外積）は次のように定義されている。

ベクトル積の定義

$$\boldsymbol{A}\times\boldsymbol{B} = \boldsymbol{C} \quad (14.2)$$

$$C = AB\sin\phi \quad (14.3)$$

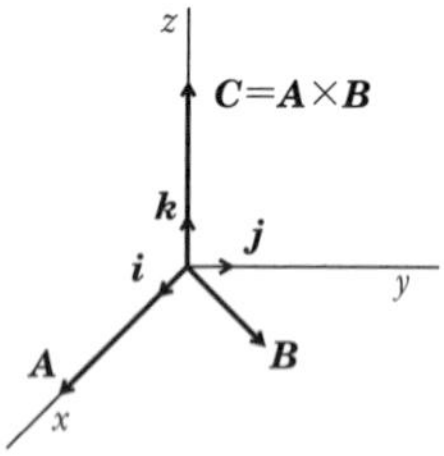

図14.2　ベクトル積

ベクトル $\boldsymbol{A}$ と $\boldsymbol{B}$ のベクトル積の大きさは式（14.3）で表され，また $\boldsymbol{A}$，$\boldsymbol{B}$ が同一平面にあるとき，これに垂直なベクトルが $\boldsymbol{C}$ の方向である。例えば，$\boldsymbol{A}$，$\boldsymbol{B}$ が xy 平面上にあるとき，そのベクトル積 $\boldsymbol{C}$ は z 軸方向に向く（図14.2 参照）。ベクトル積 $\boldsymbol{A}\times\boldsymbol{B}$ の大きさは式（14.3）でわかるようにベクトル $\boldsymbol{A}$，$\boldsymbol{B}$ を 2 辺とした平行四辺形の面積を表す（図14.3）。

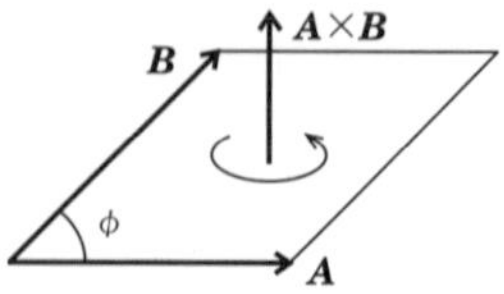

図14.3　ベクトル積の概念

また，$\boldsymbol{A}\times\boldsymbol{B}$ の方向は四辺形に垂直な法線ベクトルの方向と同じとなる。したがって，$\boldsymbol{A}\times\boldsymbol{B}$ は平行四辺形の面積ベクトル となる。

交換の法則は成立しない

$\boldsymbol{A}$，$\boldsymbol{B}$ に対して交換の法則は成立しない。

$$\boldsymbol{A}\times\boldsymbol{B} = -\boldsymbol{B}\times\boldsymbol{A} \tag{14.4}$$

単位ベクトルのベクトル積

単位ベクトルのベクトル積は式 (14.2) を用いて計算すると

$$\begin{aligned} &\boldsymbol{i}\times\boldsymbol{i}=\boldsymbol{j}\times\boldsymbol{j}=\boldsymbol{k}\times\boldsymbol{k}=0 \\ &\boldsymbol{i}\times\boldsymbol{j}=\boldsymbol{k}, \quad \boldsymbol{j}\times\boldsymbol{i}=-\boldsymbol{k} \\ &\boldsymbol{j}\times\boldsymbol{k}=\boldsymbol{i}, \quad \boldsymbol{k}\times\boldsymbol{j}=-\boldsymbol{i} \\ &\boldsymbol{k}\times\boldsymbol{i}=\boldsymbol{j}, \quad \boldsymbol{i}\times\boldsymbol{k}=-\boldsymbol{j} \end{aligned} \tag{14.5}$$

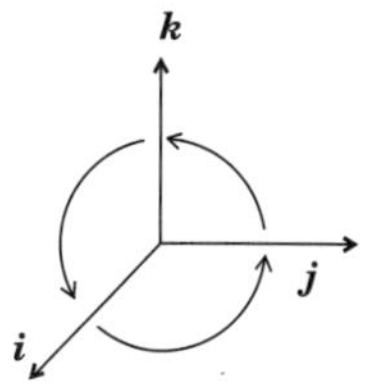

図14.4

図14.4 の矢印の向きの順に掛けた単位ベクトルの積は次の単位ベクトルとなることを示している。

ベクトル $\boldsymbol{A}$ と $\boldsymbol{B}$ のベクトル積を各成分を用いて計算する

ベクトル $\boldsymbol{A}$ と $\boldsymbol{B}$ のベクトル積は単位ベクトルを用いて計算すると

$$\begin{aligned} \boldsymbol{A}\times\boldsymbol{B} &= (\boldsymbol{i}A_x+\boldsymbol{j}A_y+\boldsymbol{k}A_z)\times(\boldsymbol{i}B_x+\boldsymbol{j}B_y+\boldsymbol{k}B_z) \\ &= \underbrace{(\boldsymbol{i}\times\boldsymbol{i})}_{0}A_xB_x + \underbrace{(\boldsymbol{i}\times\boldsymbol{j})}_{\boldsymbol{k}}A_xB_y + \underbrace{(\boldsymbol{i}\times\boldsymbol{k})}_{-\boldsymbol{j}}A_xB_z \\ &+ \underbrace{(\boldsymbol{j}\times\boldsymbol{i})}_{-\boldsymbol{k}}A_yB_x + \underbrace{(\boldsymbol{j}\times\boldsymbol{j})}_{0}A_yB_y + \underbrace{(\boldsymbol{j}\times\boldsymbol{k})}_{\boldsymbol{i}}A_yB_z \\ &+ \underbrace{(\boldsymbol{k}\times\boldsymbol{i})}_{\boldsymbol{j}}A_zB_x + \underbrace{(\boldsymbol{k}\times\boldsymbol{j})}_{-\boldsymbol{i}}A_zB_y + \underbrace{(\boldsymbol{k}\times\boldsymbol{k})}_{0}A_zB_z \end{aligned}$$

式（14.5）の関係より

$$\begin{aligned} \boldsymbol{A}\times\boldsymbol{B} &= \boldsymbol{i}(A_yB_z-A_zB_y) \\ &+ \boldsymbol{j}(A_zB_x-A_xB_z) \\ &+ \boldsymbol{k}(A_xB_y-A_yB_x) \end{aligned} \tag{14.6}$$

ベクトル積の行列式表現

行列式の形で表現すると

$$\boldsymbol{A}\times\boldsymbol{B} = \begin{vmatrix} \boldsymbol{i} & \boldsymbol{j} & \boldsymbol{k} \\ A_x & A_y & A_z \\ B_x & B_y & B_z \end{vmatrix} \tag{14.7}$$

【例 14.1】 ベクトル $\boldsymbol{A} = 4\boldsymbol{i}+8\boldsymbol{j}+5\boldsymbol{k}$，$\boldsymbol{B} = 3\boldsymbol{i}+6\boldsymbol{j}+\boldsymbol{k}$ のベクトル積 $\boldsymbol{A}\times\boldsymbol{B}$ を求めよ。

$$
\begin{aligned}
\boldsymbol{A}\times\boldsymbol{B} &= (4\boldsymbol{i}+8\boldsymbol{j}+5\boldsymbol{k})\times(3\boldsymbol{i}+6\boldsymbol{j}+\boldsymbol{k}) \\
&= 12\underline{\boldsymbol{i}\times\boldsymbol{i}}+24\boldsymbol{i}\times\boldsymbol{j}+4\boldsymbol{i}\times\boldsymbol{k}+24\boldsymbol{j}\times\boldsymbol{i}+48\underline{\boldsymbol{j}\times\boldsymbol{j}} \\
&+ 8\boldsymbol{j}\times\boldsymbol{k}+15\boldsymbol{k}\times\boldsymbol{i}+30\boldsymbol{k}\times\boldsymbol{j}+5\underline{\boldsymbol{k}\times\boldsymbol{k}}
\end{aligned}
$$

アンダーライン部は式（14.5）より零となる。したがって，

$$
\begin{aligned}
\boldsymbol{A}\times\boldsymbol{B} &= (8-30)\boldsymbol{i}+(15-4)\boldsymbol{j}+(24-24)\boldsymbol{k} \\
&= -22\boldsymbol{i}+11\boldsymbol{j}
\end{aligned}
$$

行列表現を用いればより簡単に計算することができる。

$$
\begin{aligned}
\boldsymbol{A}\times\boldsymbol{B} &= \begin{vmatrix} \boldsymbol{i} & \boldsymbol{j} & \boldsymbol{k} \\ 4 & 8 & 5 \\ 3 & 6 & 1 \end{vmatrix} \\
&= (8-30)\boldsymbol{i}-(4-15)\boldsymbol{j}+(24-24)\boldsymbol{k} \\
&= -22\boldsymbol{i}+11\boldsymbol{j}
\end{aligned}
$$

14.2　スカラー 3 重積

スカラー 3 重積
$\boldsymbol{A}\cdot\boldsymbol{B}\times\boldsymbol{C}$

ベクトル $\boldsymbol{A}$，$\boldsymbol{B}$，$\boldsymbol{C}$ が与えられたとき $\boldsymbol{A}\cdot\boldsymbol{B}\times\boldsymbol{C}$ を**スカラー 3 重積**という。これを求めるにはまず，ベクトル積を先に計算しなければならないから

$$
\begin{aligned}
\boldsymbol{B}\times\boldsymbol{C} &= \boldsymbol{i}(B_yC_z-B_zC_y)+\boldsymbol{j}(B_zC_x-B_xC_z) \\
&+ \boldsymbol{k}(B_xC_y-B_yC_x)
\end{aligned} \tag{14.8}
$$

スカラー積の関係式（3.3）と次のベクトル $\boldsymbol{A}$

$$
\boldsymbol{A} = \boldsymbol{i}\,A_x+\boldsymbol{j}\,A_y+\boldsymbol{k}\,A_z
$$

より，積 $\boldsymbol{A}\cdot\boldsymbol{B}\times\boldsymbol{C}$ は

$$
\begin{aligned}
\boldsymbol{A}\cdot\boldsymbol{B}\times\boldsymbol{C} &= A_x(B_yC_z-B_zC_y) \\
&+ A_y(B_zC_x-B_xC_z) \\
&+ A_z(B_xC_y-B_yC_x)
\end{aligned} \tag{14.9}
$$

また，$\boldsymbol{A}\cdot\boldsymbol{B}\times\boldsymbol{C}$ は次のような行列式で表現できる。

スカラー 3 重積の行列式表現

$$\boldsymbol{A}\cdot\boldsymbol{B}\times\boldsymbol{C} = \begin{vmatrix} A_x & A_y & A_z \\ B_x & B_y & B_z \\ C_x & C_y & C_z \end{vmatrix} \tag{14.10}$$

グラスマンの記号

スカラー 3 重積はグラスマンの記号 [ ] を用いて次のように表すことができる。

$$\boldsymbol{A}\cdot\boldsymbol{B}\times\boldsymbol{C} = [\boldsymbol{ABC}] \tag{14.11}$$

[ ] 内の 3 つのベクトルは順に置換を行うことができる。

スカラー 3 重積の置換

$$[\boldsymbol{ABC}] = [\boldsymbol{BCA}] = [\boldsymbol{CAB}] \tag{14.12}$$

$$\boldsymbol{A}\cdot\boldsymbol{B}\times\boldsymbol{C} = \boldsymbol{B}\cdot\boldsymbol{C}\times\boldsymbol{A} = \boldsymbol{C}\cdot\boldsymbol{A}\times\boldsymbol{B} \tag{14.13}$$

上の式（14.12）と（14.13）は同じ意味を表す。

スカラー 3 重積の値

図14.5 のように，スカラー 3 重積は一辺が $\boldsymbol{A}$，$\boldsymbol{B}$，$\boldsymbol{C}$ の平行六面体の体積を表す。

すなわち，底辺の面積を S_0 とすると

$$S_0 = |\boldsymbol{A}\times\boldsymbol{B}| = A\cdot(B\sin\phi) \tag{14.14}$$

体積を V とすると

$$V = \boldsymbol{C}\cdot\boldsymbol{A}\times\boldsymbol{B} \tag{14.15}$$

$$= C\cos\theta\,|\boldsymbol{A}\times\boldsymbol{B}| = ABC\sin\phi\cos\theta \tag{14.16}$$

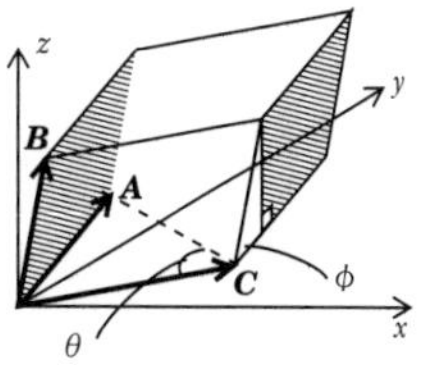

図14.5

【例 14.2】　次の 3 つのベクトルを一辺とする平行六面体の体積を求めよ。

$$\boldsymbol{A} = 4\boldsymbol{i}+8\boldsymbol{j}+5\boldsymbol{k},\ \boldsymbol{B} = 3\boldsymbol{i}+6\boldsymbol{j}+\boldsymbol{k},\ \boldsymbol{C} = \boldsymbol{i}+4\boldsymbol{j}$$

$$V = \boldsymbol{A}\cdot\boldsymbol{B}\times\boldsymbol{C} = \begin{vmatrix} 4 & 8 & 5 \\ 3 & 6 & 1 \\ 1 & 4 & 0 \end{vmatrix} = 60+8-(30+16) = 22$$

14.3　電流により生じる誘磁界（磁束密度）

電流の磁気作用の発見
エルステッドの実験

エルステッドの実験：

エルステッドは 1820 年に電流の周囲に磁界が生じることを発見した。

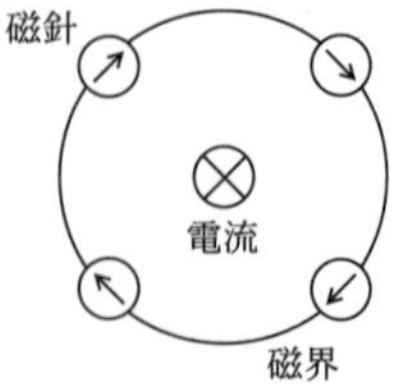

図14.6

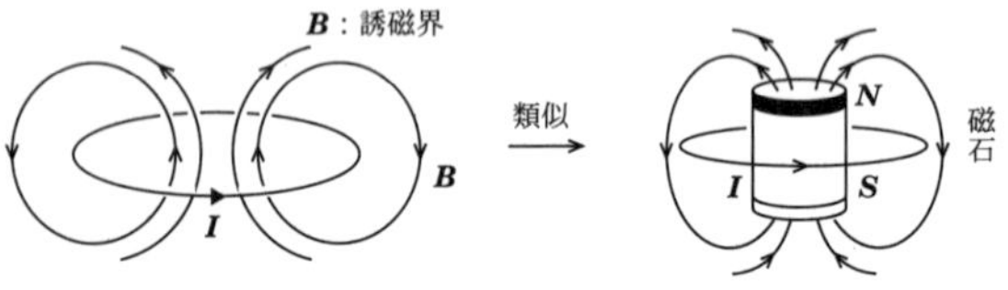

電流をとって磁石を置くことができる

図14.7　電流と磁石の関係

誘磁界（磁束密度）

誘磁界の定義

エルステッドの実験から，次のように誘磁界を考える。
1 つの電流の周りには他の電流に作用するある界ができていると考えられる。この界を誘磁界（磁束密度）という。
実験の結果から，誘磁界は次式で表される。

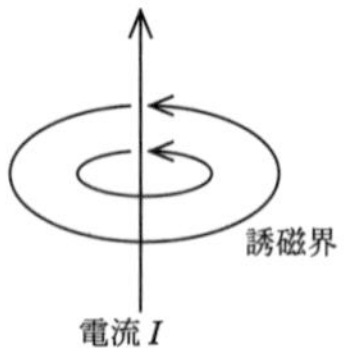

図14.8

誘磁界の式
スカラー表示式

☆誘磁界のスカラー表示式

$$B = \frac{\mu_0}{2\pi} \cdot \frac{I}{r} \quad [\mathrm{Wb/m^2}] \qquad (14.17)$$

真空透磁率の値

μ_0　：　真空透磁率

$$\mu_0 = 4\pi \times 10^{-7} \quad [\mathrm{H/m}] \qquad (14.18)$$

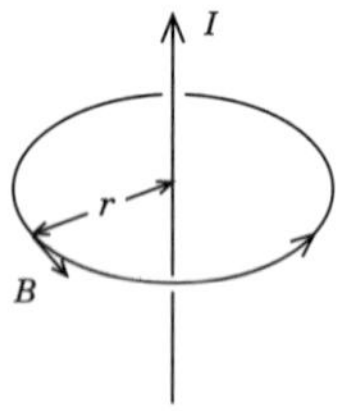

図14.9

誘磁界のベクトル表示式

☆誘磁界のベクトル表示式

$$\boldsymbol{B} = \frac{\mu_0}{2\pi r}\boldsymbol{I} \times \boldsymbol{r}_0 \quad [\mathrm{Wb/m^2}] \qquad (14.19)$$

ここに，$\boldsymbol{I}$ は電流ベクトルで，スカラー電流 I と単位ベクトル $\boldsymbol{n}_0$ で

$$\boldsymbol{I} = I\boldsymbol{n}_0$$

と表せる。$\boldsymbol{n}_0$ は，導体断面に垂直な方向（導線の場合は，その長さ方向，正の電荷の流れる方向）で，大きさ 1 のベクトルである。

【例 14.3】 半径 5 [mm] の無限に長い導線に一様に電流を 4 [A] 流したとき，導線の中心より 2 [cm] の距離にできる誘磁界の強さを求めよ。

式（14.17）より

$$B = \frac{4\pi \times 10^{-7} \times 4}{2\pi \times 2 \times 10^{-2}} = 4 \times 10^{-5} \quad [\mathrm{Wb/m^2}]$$

【例 14.4】 電流 I を中心として半径 r の円周上ではその円周方向に誘磁界 B が発生している。$B = 6.25 \times 10^{-5}$ [Wb/m^2]，$r = 8$ [cm]，$\mu_0 = 4\pi \times 10^{-7}$ [H/m] とするとき，電流 I の大きさを求めよ。

式（14.17）より，$B = \dfrac{\mu_0 I}{2\pi r}$ であるから，これを変形して

$$I = \frac{2\pi r B}{\mu_0} = \frac{2\pi \times 8 \times 10^{-2} \times 6.25 \times 10^{-5}}{4\pi \times 10^{-7}} = 6.25 \times 4 = 25 \quad [\mathrm{A}]$$

【例 14.5】 間隔 a [m] の 2 本の平行導線に，電流 I [A] が同じ方向に流れている。平行導線に垂直な平面上の誘磁界分布を求めよ。

図のような点 P における誘磁界は式（14.19）より，

$$\boldsymbol{B} = \frac{\mu_0}{2\pi r_1}(-I\boldsymbol{i}) \times \frac{\boldsymbol{j}(y-0) + \boldsymbol{k}(z-0)}{r_1} + \frac{\mu_0}{2\pi r_2}(-I\boldsymbol{i}) \times \frac{\boldsymbol{j}(y-a) + \boldsymbol{k}(z-0)}{r_2}$$

上式はベクトル積の公式（14.5）を使って

$$\boldsymbol{B} = \frac{\mu_0}{2\pi} I \left\{ \frac{-y\boldsymbol{k} + z\boldsymbol{j}}{r_1^2} + \frac{(a-y)\boldsymbol{k} + z\boldsymbol{j}}{r_2^2} \right\}$$

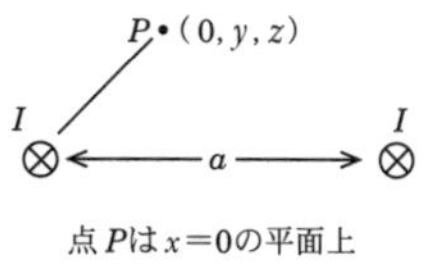

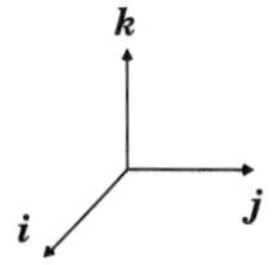

ここに，r_1, r_2 は次式で与えられる。

$$r_1 = \sqrt{y^2 + z^2},\ r_2 = \sqrt{(y-a)^2 + z^2}$$

【例 14.6】 半径 1 [mm] の無限に長い 3 本の導線が図のように一辺が $2\sqrt{3}$ [m] の正三角形の頂点に置かれている。各導線に 2 [A] の電流を紙面に垂直に図の向きに流したとき，三角形の重心 P での誘磁界を求めよ。

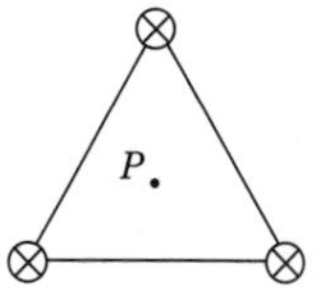

1 本の導線による点 P の誘磁界の大きさ B_1 は，式（14.17）より

$$B_1 = \frac{4\pi \times 10^{-7} \times 2}{2\pi \times 2} = 2 \times 10^{-7}$$

3 本の導線による点 P の合成誘磁界 B は各導線の電流による誘磁界ベクトルの合成によって求められる。合成した横方向のベクトル成分は

$$B \;=\; (1+1-2)\times 10^{-7} = 0$$

縦方向も同様にして $B=0$ となり，結局，合成誘磁界 $\boldsymbol{B}=0$ となる。

14.4　アンペアの右ネジの法則

アンペアの右ネジの法則	電流の周りにできる誘磁界の向きは右ネジを電流の方向に進むように回転させたときのネジの回転方向と一致する。

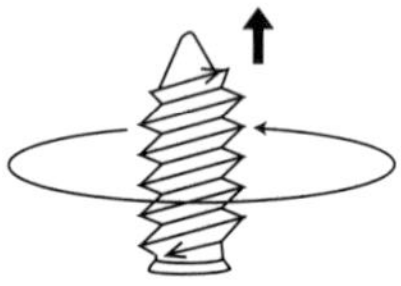

図14.10

演習問題

14.1　ベクトル $\boldsymbol{A}=2\boldsymbol{i}-3\boldsymbol{j}+5\boldsymbol{k}$，$\boldsymbol{B}=-\boldsymbol{i}+2\boldsymbol{j}+\boldsymbol{k}$ のベクトル積 $\boldsymbol{A}\times\boldsymbol{B}$ を求めよ。

14.2　ベクトル $\boldsymbol{A}=-2\boldsymbol{i}-4\boldsymbol{j}+3\boldsymbol{k}$，$\boldsymbol{B}=7\boldsymbol{i}+2\boldsymbol{j}$ のベクトル積 $\boldsymbol{A}\times\boldsymbol{B}$ を求めよ。

14.3　ベクトル $\boldsymbol{A}$ と $\boldsymbol{B}$ に直角な単位ベクトルを求めよ。
$\boldsymbol{A}=5\boldsymbol{i}-2\boldsymbol{j}+3\boldsymbol{k}$，$\boldsymbol{B}=2\boldsymbol{i}+3\boldsymbol{j}+5\boldsymbol{k}$

14.4　前問のベクトル $\boldsymbol{A}$ と $\boldsymbol{B}$ の間の角度を求めよ。

14.5　次の 3 つのベクトルを一辺とする平行六面体の体積を求めよ。
$\boldsymbol{A}=3\boldsymbol{i}+2\boldsymbol{j}+5\boldsymbol{k}$，$\boldsymbol{B}=2\boldsymbol{i}+3\boldsymbol{j}+\boldsymbol{k}$，$\boldsymbol{C}=\boldsymbol{i}+2\boldsymbol{j}+3\boldsymbol{k}$

14.6　半径 2 [mm] の無限に長い導線に電流を 3 [A] 流したとき，導線の中心より 5 [cm] の距離にできる誘磁界の強さを求めよ。

14.7　半径 1 [mm] の無限に長い 3 本の導線が図のように一辺が 2 [m] の直角二等辺三角形の頂点に置かれている。各導線に 2 [A] の電流を紙面に垂直に図の向きに流したとき，三角形の重心 P における誘磁界を求めよ。

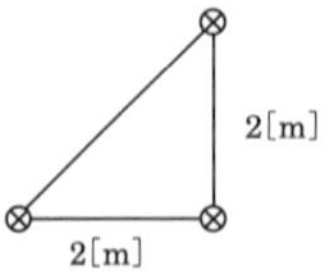

14.8　原点 (0,0,0) を通り $\boldsymbol{n}_0=-\boldsymbol{i}+2\boldsymbol{j}+\boldsymbol{k}$ の方向に流れる 2 [A] の電流がある。点 (2,1,3) における誘磁界を求めよ。

第 15 章　ビオ・サバールの法則

15.1　ビオ・サバールの法則（1820 年）

ビオ・サバールの法則

ビオ・サバールの法則は図15.1 で示されるような微小辺に流れる電流によって生じる微小誘磁界を表し，表現が微分形式となっている。

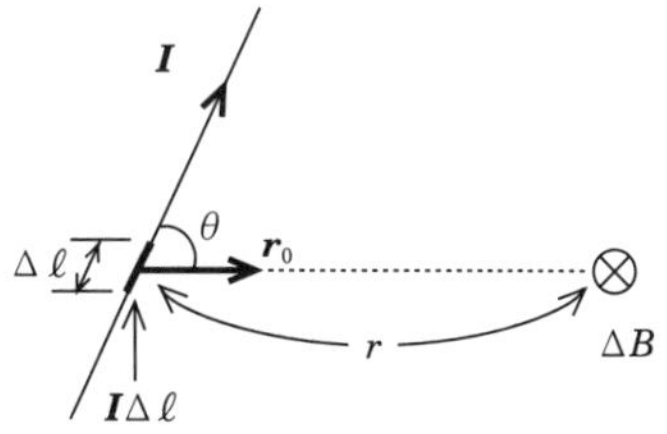

図15.1　ビオ・サバールの法則

微小辺に流れる電流によって生じる微小誘磁界

微小辺に流れる電流によって生じる微小誘磁界は次のように表される。

ベクトル表示

$$\frac{\Delta \boldsymbol{B}}{\mu_0} = \frac{\Delta\, \ell}{4\pi r^2}\boldsymbol{I} \times \boldsymbol{r}_0 \tag{15.1}$$

スカラー表示

スカラーで表すと

$$\frac{\Delta B}{\mu_0} = \frac{I \sin\theta}{4\pi r^2}\Delta\, \ell \tag{15.2}$$

ビオ・サバールの法則の微分形式

式（15.1）を連続的な量で表すと次式で示される。

ベクトル表示

$$\boxed{d\boldsymbol{B} = \frac{\mu_0 \boldsymbol{I} \times \boldsymbol{r}_0}{4\pi r^2}d\ell \qquad (15.3)}$$

スカラー表示

$$\boxed{dB = \frac{\mu_0 I \sin\theta}{4\pi r^2}d\ell \qquad (15.4)}$$

15.2　円形ループ状電流，直線状電流による誘磁界

円形ループ状電流と直線状電流による誘磁界を例題を通して学ぶ。

【例 15.1】　図のような円形ループに電流 I が流れているとき，中心軸上の誘磁界および中心の誘磁界を求めよ。

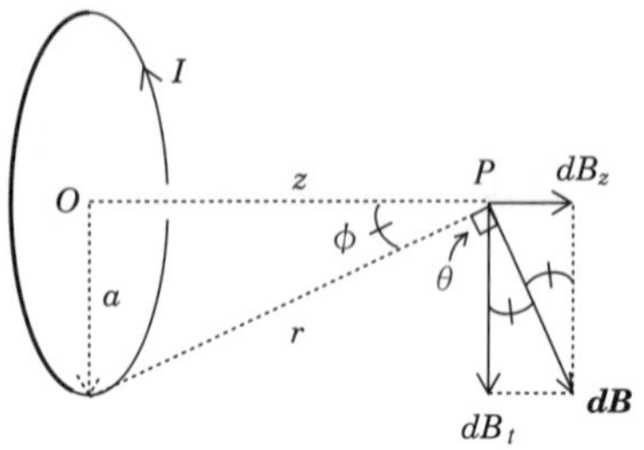

円形ループの半径を a，軸上の点 P と円の中心 O との距離を z とし，また r，ϕ，θ を図のように与え，r の方向と直角なループの微小長 $d\ell$ による誘磁界を dB とする。
ビオサバールの法則の式（15.4）において，題意より $\theta=\frac{\pi}{2}$ であるから

$$dB=\frac{\mu_0 I}{4\pi r^2}d\ell \tag{1}$$

誘磁界の z 方向成分 dB_z は

$$dB_z=dB\sin\phi \tag{2}$$

であり，また，問題の図より

$$\sin\phi=\frac{a}{r},\qquad r=\sqrt{a^2+z^2} \tag{3}$$

であることを考慮すると

$$dB_z=dB\frac{a}{r}=\frac{\mu_0 aI}{4\pi r^3}d\ell=\frac{\mu_0 aI}{4\pi(a^2+z^2)^{\frac{3}{2}}}d\ell \tag{4}$$

ここで，上式を積分して

$$B_z=\oint_c\frac{\mu_0 aI}{4\pi(a^2+z^2)^{\frac{3}{2}}}d\ell=\frac{\mu_0 aI}{4\pi(a^2+z^2)^{\frac{3}{2}}}\int_0^{2\pi a}d\ell \tag{5}$$

上式の右辺の中の積分は $2\pi a$ であるから，中心軸上の誘磁界は次のようになる。

$$B_z=\frac{\mu_0 a^2 I}{2(a^2+z^2)^{\frac{3}{2}}}\qquad[\mathrm{Wb/m^2}] \tag{6}$$

次に，円形ループの中心の誘磁界は上式で $z=0$ とし，次のように表される。

$$B_c=\frac{\mu_0 I}{2a}\qquad[\mathrm{Wb/m^2}] \tag{7}$$

一方，z 軸に垂直な方向 t 方向の誘磁界 dB_t を円形ループ上で一周すると，合成した誘磁界は全体でキャンセルされる。したがって，$B_t=0$ である。

【例 15.2】 図のような有限長の直線状電流から距離 R の位置 P における誘磁界を求めよ。また，無限長の場合の誘磁界を求めよ。

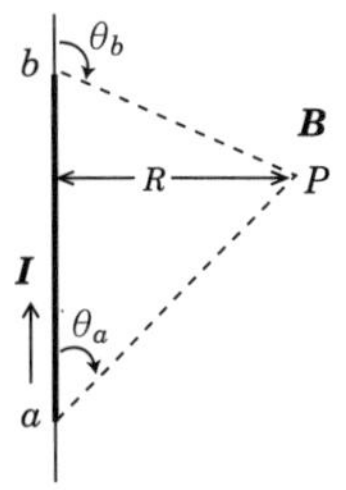

図15.2 において，a から b までの電流部分が作る誘磁界 B_{ab} は式（15.4）を a から b まで積分して

$$B_{ab} = \frac{\mu_0 I}{4\pi}\int_a^b \frac{\sin\theta}{r^2} d\,\ell \qquad (1)$$

ここで，図15.2 より

$$r = \frac{R}{\sin\theta} = R\mathrm{cosec}\theta^{\dagger} \qquad (2)$$

$$\ell = -R\cdot\cot\theta^{\dagger\dagger} \qquad (3)$$

である。

次に，式（3）を θ で微分すると

$$d\,\ell = -R(-\mathrm{cosec}^2\theta)d\theta = \frac{Rd\theta}{\sin^2\theta}{}^{\dagger\dagger\dagger} (4)$$

となる。

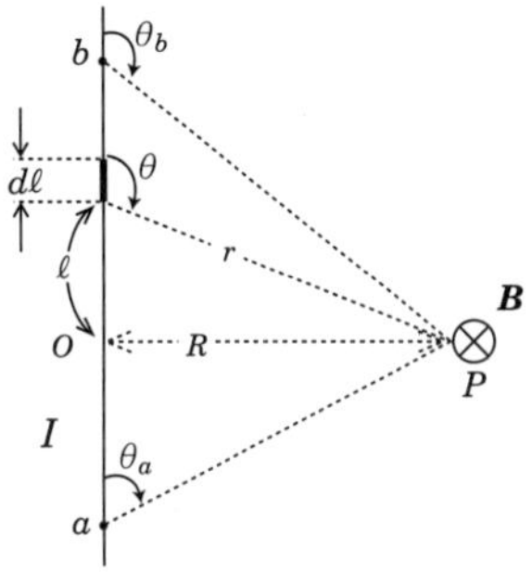

図15.2

† $\sin(\pi-\theta) = \dfrac{R}{r}$ により求められる。

†† $\tan(\pi-\theta) = \dfrac{R}{\ell}$ より $\ell = R\cot(\pi-\theta) = -R\cdot\cot\theta$

††† 式（3）を θ で微分すると

$$\frac{d\,\ell}{d\theta} = -R\left(\frac{\cos\theta}{\sin\theta}\right)' = -R\frac{-1}{\sin^2\theta}$$

$$d\,\ell = R\frac{d\theta}{\sin^2\theta}$$

重要な公式

$$\frac{d}{d\theta}\tan\theta = \sec^2\theta,\quad \frac{d}{d\theta}\cot\theta = -\mathrm{cosec}^2\theta$$

ここで，式（2），(4）を式（1）に代入すると

$$B_{ab} = \frac{\mu_0 I}{4\pi}\int_{\theta_a}^{\theta_b}\frac{\sin\theta}{(R/\sin\theta)^2}\cdot\frac{Rd\theta}{\sin^2\theta}$$

$$= \frac{\mu_0 I}{4\pi R}\int_{\theta_a}^{\theta_b}\sin\theta d\theta \qquad (15.5)$$

したがって

$$B_{ab} = \frac{\mu_0 I}{4\pi R}(\cos\theta_a - \cos\theta_b)^{\dagger} \qquad (15.6)$$

導線が無限に長いときの誘磁界

導線を無限に長くすると，θ_a, θ_b は $\theta_a \to 0$, $\theta_b \to \pi$ となるので，

$$\cos\theta_a - \cos\theta_b \to 2$$

したがって，式（15.6）は無限長導線では次式となる。

$$B = \frac{\mu_0 I}{2\pi R} \qquad (15.7)$$

【例 15.3】　一辺 $2a$ の正方形周回回路に電流 I が流れているとき，回路の中心軸上および中心における誘磁界を求めよ。

中心 O より h の位置 P における誘磁界を導出する。まず，一辺 AB に流れる電流により生じる点 P での誘磁界を B_1 とすれば

$$B_1 = \frac{\mu_0 I}{4\pi R}\cdot 2\cos\theta$$

ただし，$R = \overline{MP} = \sqrt{a^2 + h^2}$，$\theta = \angle PBA$，$M$ は AB の中点。ここで

$$\cos\theta = \frac{\overline{MB}}{\overline{BP}} = \frac{a}{\sqrt{R^2 + a^2}}$$

よって

$$B_1 = \frac{\mu_0 I}{2\pi R}\frac{a}{\sqrt{R^2 + a^2}}$$

B_1 の PO 方向成分 B_1' は

$$B_1' = B_1\frac{a}{R} = \frac{\mu_0 I a^2}{2\pi R^2\sqrt{R^2 + a^2}}$$

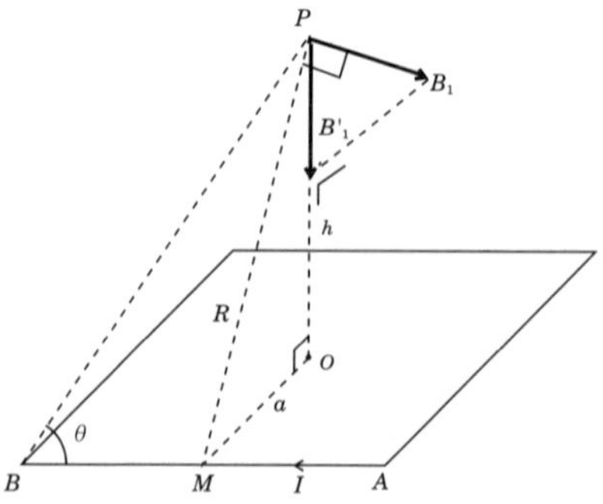

† θ_b を三角形の内角に選べば（ ）内は $\cos\theta_a + \cos\theta_b$ となり，覚えやすい式となる。

4 辺の電流による誘磁界の PO 方向成分は

$$\begin{aligned} B &= 4B_1' = \frac{2\mu_0 I a^2}{\pi R^2\sqrt{R^2+a^2}} \\ &= \frac{2\mu_0 I a^2}{\pi(a^2+h^2)\sqrt{2a^2+h^2}} \end{aligned}$$

PO に垂直な方向の誘磁界成分は，各辺による誘磁界の PO に垂直な成分がお互いに打ち消し合うから 0 である。

回路の中心では $h=0$ とおいて

$$B = \frac{2\mu_0 I}{\pi\sqrt{2}a} = \frac{\sqrt{2}\mu_0 I}{\pi a}$$

【例 15.4】 半径 a，長さ 2ℓ，巻数 N の有限長コイルに電流 I を流したとき，コイルの中心軸上，コイルの中心，および，コイル端における誘磁界を求めよ。

コイル中心を O とし，x 軸をコイルの軸方向とする。O から t 離れた位置の誘磁界を求める。まず，例題 15.1 の結果を利用すれば，dx の部分による誘磁界は

$$dB = \frac{\mu_0 a^2 I n dx}{2(a^2+(t-x)^2)^{\frac{3}{2}}}$$

ただし，$n = N/2\ell$

ここで，$t-x = a\tan\theta$ と置くと

$$dx = -a\sec^2\theta d\theta$$

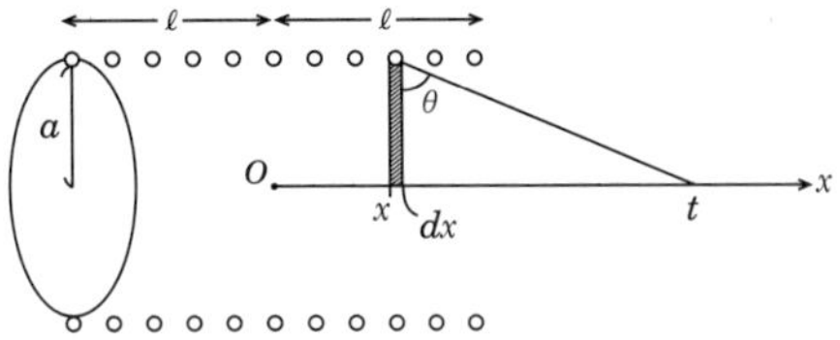

よって

$$dB = \frac{-\mu_0 a^2 I n a \sec^2\theta}{2a^3\sec^3\theta}d\theta$$

ゆえに

$$\begin{aligned} B &= -\int_{\theta_1}^{\theta_2}\frac{\mu_0 I n}{2\sec\theta}d\theta = -\frac{\mu_0 I n}{2}\int_{\theta_1}^{\theta_2}\cos\theta d\theta \\ &= -\frac{\mu_0 I n}{2}\sin\theta\Big|_{\theta_1}^{\theta_2} = \frac{\mu_0 I n}{2}(\sin\theta_1 - \sin\theta_2) \end{aligned}$$

ここで

$$\sin\theta_1 = \frac{\ell+t}{\sqrt{a^2+(\ell+t)^2}}, \quad \sin\theta_2 = \frac{t-\ell}{\sqrt{a^2+(\ell-t)^2}}$$

よって

$$B = \frac{\mu_0 I N}{4\ell}\left(\frac{\ell+t}{\sqrt{a^2+(\ell+t)^2}} - \frac{t-\ell}{\sqrt{a^2+(\ell-t)^2}}\right)$$

中心では $t = 0$ と置いて

$$B = \frac{\mu_0 IN}{2\sqrt{a^2 + \ell^2}}$$

コイル端では，$t = \ell$ と置いて

$$B = \frac{\mu_0 IN}{2\sqrt{a^2 + 4\ell^2}}$$

演習問題

15.1　一辺の長さが $2a$ と $2b$ の長方形ループに電流 I が流れている。このとき，ループの中心における誘磁界を求めよ。

15.2　一辺の長さ $2a$ の正六角形の周回回路に電流 I が流れている。この回路の中心軸上における誘磁界分布を求めよ。

15.3　次の文章が完結するように人名か，適当な述語を記入せよ。
南北に向いた針金の近くに [　　] を置き，針金に電流を流すと磁針が振れる。この実験を行った人は [　　] である。これにより，導線に電流が流れるとその周囲に [　　] ができることがわかった。ここで，電流の方向とそれによってできる磁界の方向の関係を示した人が [　　] である。これを [　　] の法則という。これらを基にして誘磁界を求める式を導出したものを [　　] の法則という。

第 16 章　アンペアの周回積分の法則

16.1　アンペアの周回積分の法則

アンペアの周回積分の法則

第 14 章 3 節で学んだように，電流の周りには誘磁界が**渦状**にできる。このことは，エルステッドの実験によって見出されたものであり，これを定式化したものがアンペアの周回積分の法則である。

アンペアの周回積分の法則：1 つの仮想閉曲線 c で囲まれた面内を通るすべての電流によって生じる誘磁界は電流の周りに**右ネジの方向**に発生し，その大きさは，それを μ_0 で割った値をループに沿って積分した値が電流の総和に等しくなるように与えられる。

ベクトル表示式

$$\oint_c \frac{\boldsymbol{B}}{\mu_0} \cdot \boldsymbol{d\ell} = \sum I \tag{16.1}$$

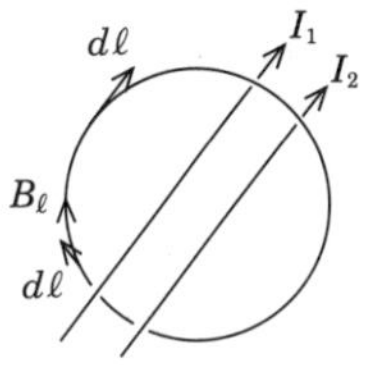

図16.1

真空中では磁界 $\boldsymbol{H}$ は誘磁界を用いて

$$\text{磁界：}\boldsymbol{H} = \frac{\boldsymbol{B}}{\mu_0} \tag{16.2}$$

と表されるので

$$\oint_c \boldsymbol{H} \cdot \boldsymbol{d\ell} = \sum I \tag{16.3}$$

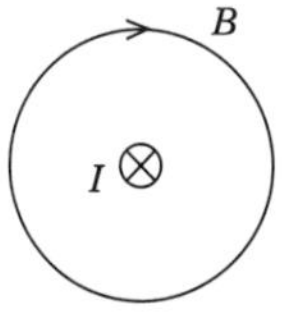

図16.2

アンペアの周回積分の法則のスカラー表示式

スカラー表示式

$$\oint_c \frac{B_\ell}{\mu_0} d\,\ell = \sum I \tag{16.4}$$

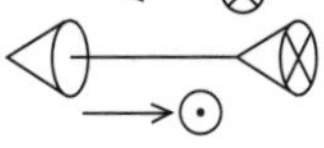

矢印の向きが方向を表す

図16.3

右の図の ⊗ 印は紙面に向かって前面から背後の方向を示す。⊙ 印は紙面背後から前面に向かう方向を示す。

拡張したアンペアの周回積分の法則

電界が時間的に変化するとき，空間中にも変位電流が流れることを第 12 章で学んだ。この電流は導体中を流れる伝導電流と同様に誘磁界を発生する。変位電流は式（12.15）より

$$I_d = \frac{d}{dt}\int_s (\boldsymbol{D}\cdot\boldsymbol{n}_0)dS \qquad (12.15)$$

のように表される。

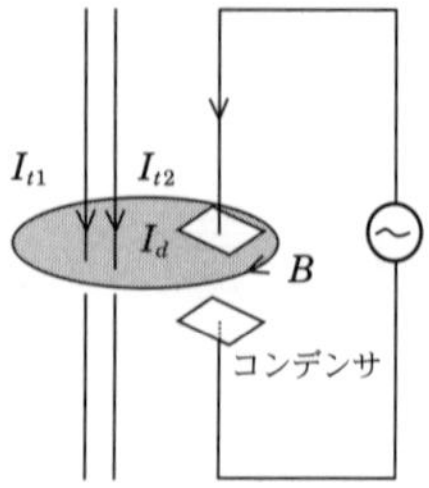

図16.4　閉曲線 C に囲まれた面を通る各種の電流

変位電流 I_d と真電流 I_t が同じ場所に同時に流れるとき，この両方が誘磁界を発生するのでアンペアの周回積分の法則，式（16.1）は

$$\oint_c \frac{\boldsymbol{B}}{\mu_0}\cdot d\boldsymbol{\ell} = I_t + I_d \qquad (16.5)$$

と表される。上式に，式（12.15）を代入すると，**拡張されたアンペアの周回積分の法則**が得られる。

$$\boxed{\oint_c \frac{\boldsymbol{B}}{\mu_0}\cdot d\boldsymbol{\ell} = I_t + \frac{d}{dt}\int_s \boldsymbol{D}\cdot\boldsymbol{n}_0 dS} \qquad (16.6)$$

【例 16.1】　図のような半径 a の無限に長い導線に一様に電流 I を流したとき，導線外にできる誘磁界を求めよ（$a < r$ の場合）。

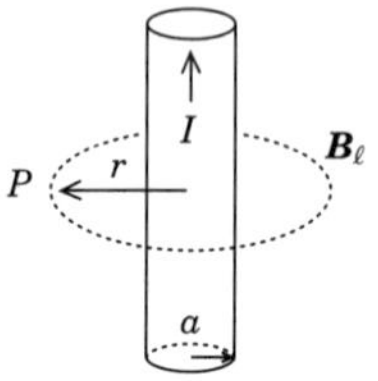

導線を囲む半径 r の仮想閉曲線 ℓ を描くと，アンペアの周回積分の法則により

$$\oint_\ell \frac{B_\ell}{\mu_0}d\ell = I \qquad (1)$$

B_ℓ は閉曲線 ℓ 上で一様であるから積分の外に出て

$$\frac{B_\ell}{\mu_0}\oint_\ell d\ell = I \qquad (2)$$

ここで，閉曲線 ℓ 上の線積分は

$$\oint_\ell d\ell = 2\pi r \qquad (3)$$

であるから，導線の中心から $r(> a)$ 離れた位置にできる誘磁界は次式となる。

$$B = \frac{\mu_0 I}{2\pi r} \qquad [\mathrm{Wb/m^2}] \tag{4}$$

式（4）は式（14.17）と同じである。これより，アンペアの周回積分の法則は電流により生じる誘磁界を求める基礎的な式であることがわかる。

【例 16.2】　前の例題において，半径 a の導線内（$r \leq a$）にできる誘磁界を求めよ。

半径 $r(\leq a)$ の仮想閉曲線 ℓ を描く。
ループ ℓ 内の面積を S_1，導線の断面積を S_2 とすると

$$S_1 = \pi r^2, \quad S_2 = \pi a^2 \tag{1}$$

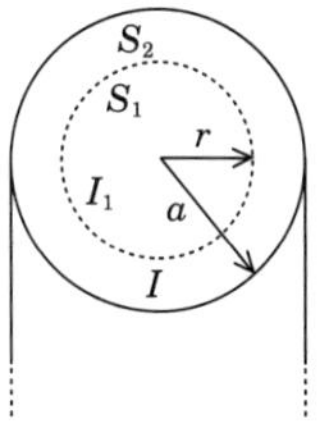

閉曲線内を通る電流 I_1 は

$$I_1 = \frac{S_1}{S_2} I = \frac{r^2}{a^2} I \tag{2}$$

したがって，アンペアの周回積分の法則により

$$\oint_\ell \frac{B_\ell}{\mu_0} d\ell = \frac{r^2}{a^2} I$$

B_ℓ は閉曲線 ℓ 上で一様であるから積分の外に出すことができ，また，閉曲線長 $\oint_\ell d\ell = 2\pi r$ であるから，

$$\frac{B_\ell}{\mu_0} = \frac{1}{2\pi r} \frac{r^2}{a^2} I \tag{3}$$

よって

$$B = \frac{\mu_0 I r}{2\pi a^2} \qquad [\mathrm{Wb/m^2}] \tag{4}$$

【例 16.3】　コイルの直径に比べて十分長いコイルを無限長ソレノイドと呼び，これは一様誘磁界を作るのに用いられている。いま，1 [m] あたり n 回巻かれている無限長ソレノイドが作る誘磁界を求めよ。

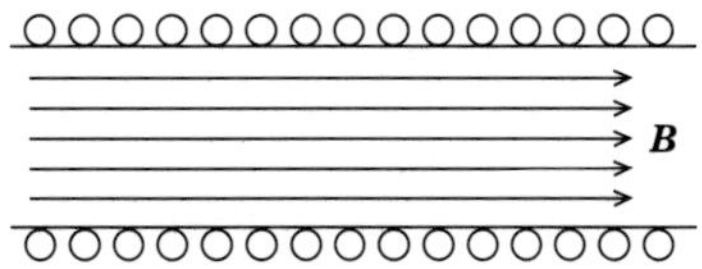

無限長ソレノイド

ループ C_1 の誘磁界：ループ内には電流は流れていないのでアンペアの周回積分の法則（16.4）により

$$\oint_{c_1} B_\ell d\ell = B_{AB}\,\ell + B_{BC}d + B_{CD}\,\ell + B_{DA}d = 0 \tag{1}$$

ここで，B_{BC}，B_{DA} は電流により発生する磁界方向と直交しているから

$$B_{BC} = B_{DA} = 0 \tag{2}$$

このため，式（1）より

$$B_{AB} = -B_{CD} = B_{DC} = B \tag{3}$$

これより，ソレノイド内部の誘磁界は一様であることがわかる。この誘磁界 B はループ C_2 の B より求められる。

ループ C_2 の誘磁界：ℓ [m] あたりに流れる電流は ℓ [m] でのコイルの巻数が $n\,\ell$ であることから

$$\sum I = n\,\ell I \tag{4}$$

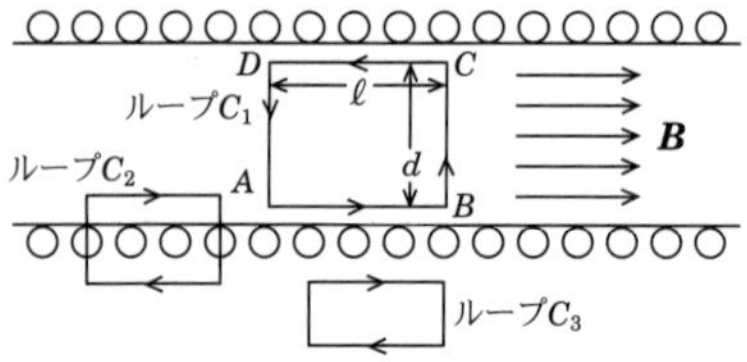

無限長ソレノイド

これより，アンペアの周回積分の法則を適用すると

$$\oint_{c_2} \frac{B}{\mu_0} d\,\ell = \sum I = n\,\ell I \tag{5}$$

C_2 上で B が一様であることを留意して式（5）を線積分すると，

$$\frac{B}{\mu_0}\ell = n\,\ell I \tag{6}$$

したがって

$$B = \mu_0 n I \qquad [\mathrm{Wb/m^2}] \tag{7}$$

ループ C_3 の誘磁界：コイルの外側では電流成分がないので誘磁界は零となる。

上記のことから，**無限長ソレノイド内で作られる誘磁界**は式（7）により与えられ，また，ソレノイド外側では誘磁界は発生していない。

【例 16.4】　半径 a の無限に長い円柱導体が内半径 b，外半径 c の同心の円筒導体で囲まれている。いま，この 2 つの導体に大きさが等しく反対方向の一様な電流 I を流したとき，導体内外の誘磁界と磁界を求めよ。

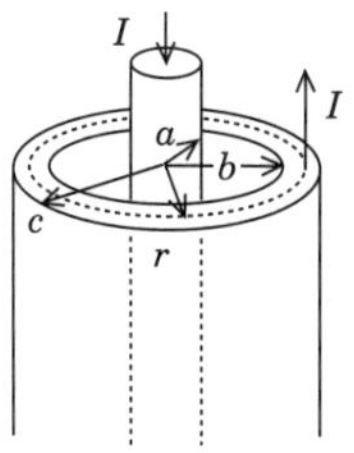

アンペアの周回積分の法則を用いて解く。

(i)　$c<r$ の場合

半径 r の仮想閉曲線 c の面内を通る電流は

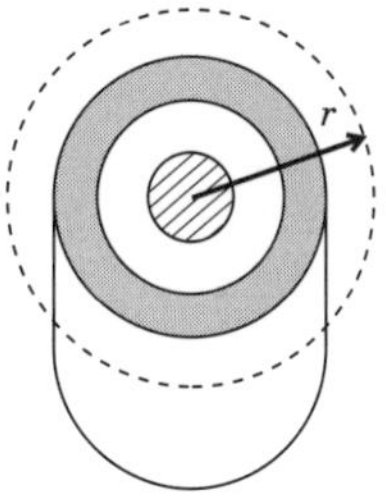

$$I_t = I - I = 0$$

よってアンペアの周回積分の法則により

$$\oint_c \frac{B}{\mu_0} d\ell = 0$$

閉曲線上で B は一様であり，また，$\oint_c d\ell = 2\pi r$ は 0 ではないから，$B=0$，また，$H=\frac{B}{\mu_0}=0$
したがって，誘磁界および磁界は零になる。

(ii)　$b<r\leq c$ の場合

半径 r の仮想閉曲線 c の面内を通る電流を I_t とすると

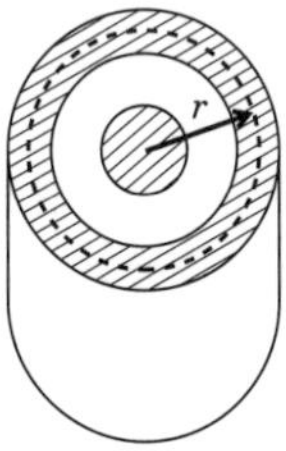

$$I_t = I - \frac{\pi(r^2-b^2)}{\pi(c^2-b^2)}I = \frac{c^2-r^2}{c^2-b^2}I \qquad (1)$$

したがって，アンペアの周回積分の法則により

$$\oint_c \frac{B}{\mu_0} d\ell = I_t = \frac{c^2-r^2}{c^2-b^2}I \qquad (2)$$

閉曲線上で B は一様であること，および，$\oint_c d\ell = 2\pi r$ を考慮すれば，誘磁界および磁界は次のように求められる。

$$B = \frac{\mu_0 I}{2\pi r}\cdot\frac{c^2-r^2}{c^2-b^2} \qquad (3)$$

$$H = \frac{B}{\mu_0} = \frac{I}{2\pi r}\cdot\frac{c^2-r^2}{c^2-b^2} \qquad (4)$$

(iii) $a < r \leq b$ **の場合**

半径 r の仮想閉曲線 c の面内を通る電流は I であり，閉曲線上では一様であるから，

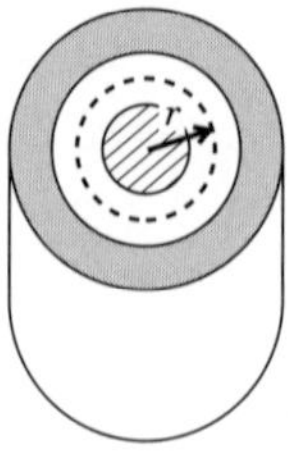

$$\frac{B}{\mu_0}\oint_c dl = I$$

よって，誘磁界および磁界は

$$B = \frac{\mu_0}{2\pi r}I \quad , \quad H = \frac{B}{\mu_0} = \frac{I}{2\pi r} \qquad (5)$$

(iv) $0 \leq r \leq a$ **のとき**

半径 r の仮想閉曲線 c を描くと，この閉曲線の面内を通る電流 I_t は

$$I_t = \frac{\pi r^2}{\pi a^2}I = \frac{r^2}{a^2}I$$

閉曲線上の B は一様であり，また，$\oint_c dl = 2\pi r$ であることを考慮すれば

$$\frac{B}{\mu_0}2\pi r = \frac{r^2}{a^2}I$$

よって

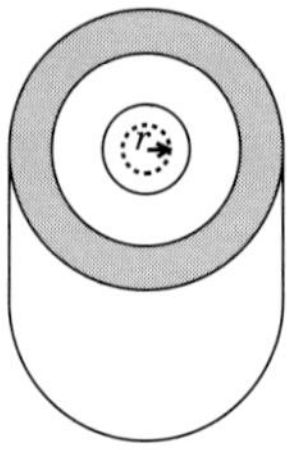

$$B = \frac{\mu_0 I r}{2\pi a^2} \qquad (6)$$

また，$B = \mu_0 H$ であるから

$$H = \frac{r}{2\pi a^2}I \qquad (7)$$

【例 16.5】　間隔 a [m] に置かれた 2 本の平行導線に，それぞれ電流が同じ方向に I [A] 流れている。平行導線が正三角形の 2 つの頂点に位置しているとき，残りの頂点 P における誘磁界の大きさを求めよ。

アンペアの周回積分の法則より，導線 I による P での誘磁界 B_1 は次のようになる。

$$\oint_c \frac{B_1}{\mu_0}d\ell = I$$

ただし，c は半径 a の仮想閉曲線である。この閉曲線上で B_1 は一様であり，また $\oint_c d\ell = 2\pi a$ であることを考慮すれば

$$B_1 = \frac{\mu_0 I}{2\pi a}$$

同様に導線 2 による誘磁界 B_2 は

$$B_2 = B_1 = \frac{\mu_0 I}{2\pi a}$$

合成誘磁界（ベクトル）の大きさ B_t は

$$B_t = B_1 \cos\frac{\pi}{6} + B_2 \cos\frac{\pi}{6} = 2B_1 \cos\frac{\pi}{6} = 2\frac{\mu_0 I}{2\pi a}\cdot\frac{\sqrt{3}}{2}$$

よって

$$B_t = \frac{\sqrt{3}\mu_0}{2\pi a} I$$

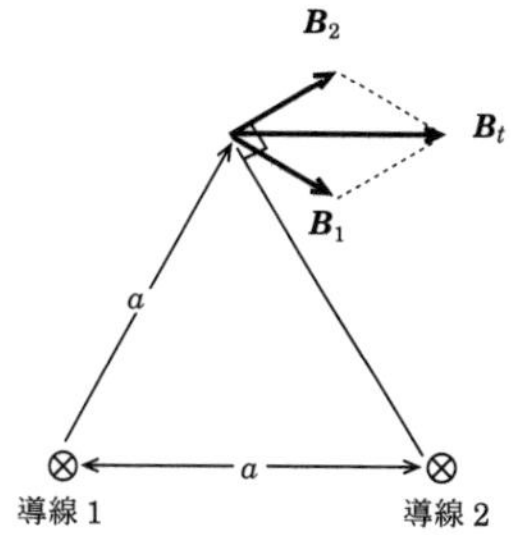

合成誘磁界

演習問題

16.1 電流 I [A] が y 軸に平行（$\boldsymbol{j}$ 方向）に，$x = 0.5$ [m]，$z = -2$ [m] のところを流れている。原点における誘磁界（磁束密度）をアンペアの周回積分の法則に基づいて求めよ。

16.2 下図のように，厚さ t の導体板がある。この板は y 方向と z 方向に無限に広く，x 方向に厚さ t であるとする。いま，この板に z 方向に電流を流し，これは板の xy 面内では一様で i_z [A/m^2] であるとすれば，この電流によってできる誘磁界は xy 面内でどのような分布になるか。ただし，x 座標の原点は板の中央部にとるものとする。

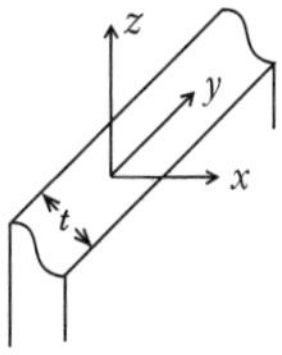

16.3 下図のように，内半径 r_1，外半径 r_2，コイルの直径 $2a$ の環状ソレノイドがある。コイルの電流は I [A]，全巻数が N のとき，ソレノイド内外の誘磁界分布を求めよ。

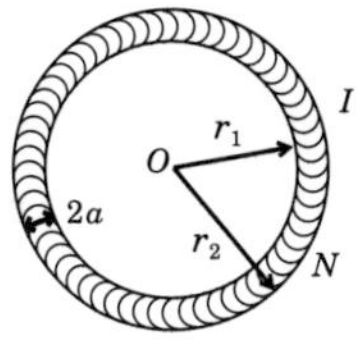

第 17 章　電流に働く力

17.1　平行導線間に働く力

平行導線間に働く力について（アンペアによる実験則）

◯ 2 つの導線が平行で，電流が**同方向なら引力**，互いに**逆方向なら斥力**となる。
◯ 2 つの導線の方向が直交するときは，**その導線を回転させるようなトルク**が働く（2 つの線の電流が同方向になるような方向のトルクとなる）。
◯ これらの**力は互いの電流の大きさの積と導線の長さに比例し，2 線間の距離に反比例**する。
これらの現象は**アンペアの実験により見出された。**

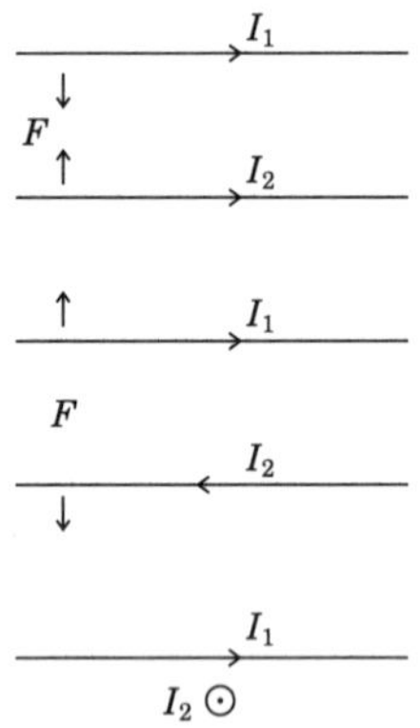

図17.1

円形ループ電流間に働く力の方向は棒磁石間に働く力の方向で考えることができる。

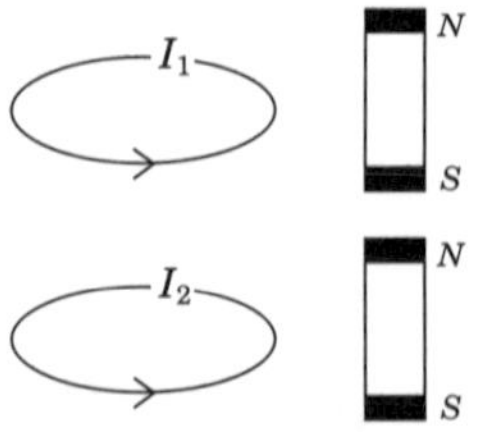

引力
電流の方向が等しいとき
図17.2

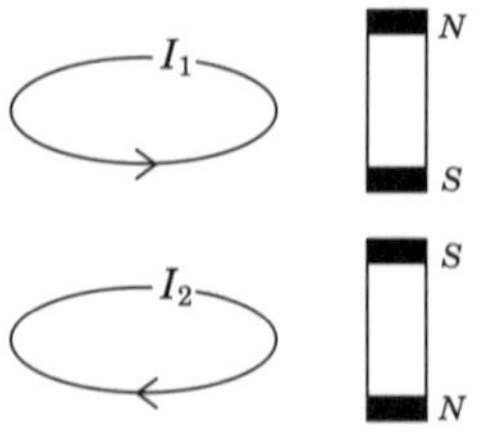

斥力
電流の方向が反対のとき
図17.3

平行導線間に働く力の式

2本の導線に電流を流したとき平行導線間に働く力は次式で表される。

$$F = \frac{\mu_0}{2\pi} \cdot \frac{I_1 I_2}{r} \ell \qquad [N] \qquad (17.1)$$

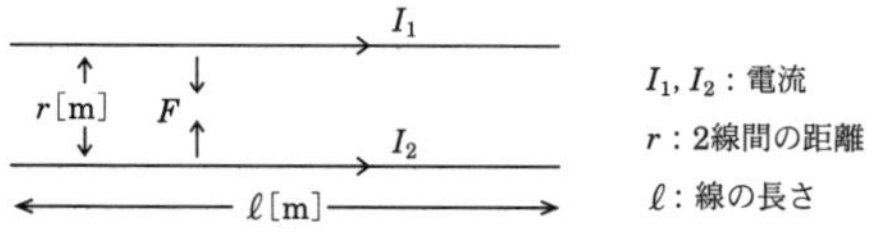

図17.4　平行導線間に働く力

【例 17.1】　長さ3 [m] の導線2本を距離5 [mm] 離して平行に置き，互いに同じ方向に6 [A] の電流を流したとき，導線間に働く力を求めよ。

式（17.1）より

$$F = \frac{4\pi \times 10^{-7}}{2\pi} \cdot \frac{6 \times 6}{5 \times 10^{-3}} \times 3 = 4.32 \times 10^{-3} \quad [N]$$

17.2　2つの電流によって生じる力

アンペアによる平行導線間に働く力のベクトル表示式

アンペアによる平行導線間に働く力の実験式（17.1）は

$$F = \frac{\mu_0}{2\pi r} I_1 I_2 \ell \quad [N] \qquad (17.1)$$

である。

式（17.1）は，一方の導線によって生じる他方の導線の位置に生じる誘磁界により，導線に流れる電流に働く力と考えられる。

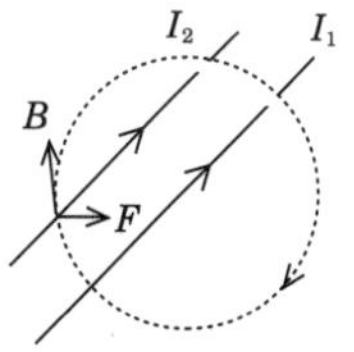

図17.5

ところで，電流 I_1 により生じる r の点（I_2 が流れている位置）での誘磁界は第14章の3節で学んだように式（14.19）のように書かれる。

$$\boldsymbol{B} = \frac{\mu_0}{2\pi r} \boldsymbol{I}_1 \times \boldsymbol{r}_0 \quad [\mathrm{Wb/m^2}] \qquad (14.19)$$

この誘磁界は図17.5 のような向きに生じる。これと電流 I_2 の方向を考慮して電流 I_2 に働く力をベクトルで表すと次式となる。

ベクトル表示式

$$\boldsymbol{F} = \ell\, \boldsymbol{I}_2 \times \boldsymbol{B} \quad [N] \qquad (17.2)$$

電 動 機（Motor）の原理の式

これはアンペアによる平行導線間に働く力の実験式のベクトル表示式で，誘磁界により電流に働く力の大きさと方向を表している。

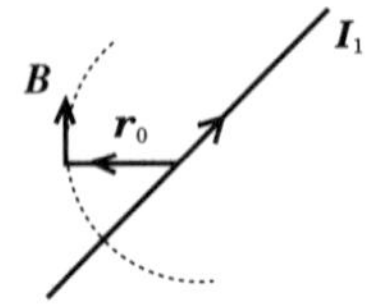

図17.6

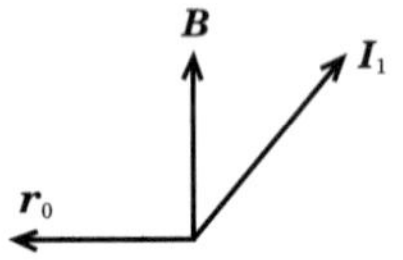

図17.7

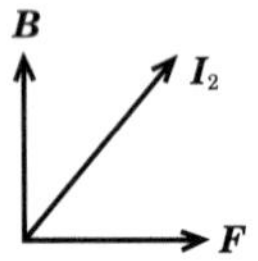

図17.8

アンペアの導線間の力のベクトル表示

式（17.2）に式（14.19）を代入すると，導線間（必ずしも平行でなくてよい）に働く力の式は次のようになる。

$$\boldsymbol{F} = \frac{\mu_0 \ell}{2\pi r} \boldsymbol{I}_2 \times (\boldsymbol{I}_1 \times \boldsymbol{r}_0) \qquad (17.3)$$

または

$$\boldsymbol{F} = \frac{\mu_0 \ell}{2\pi r} \{(\boldsymbol{I}_2 \cdot \boldsymbol{r}_0)\boldsymbol{I}_1 - (\boldsymbol{I}_2 \cdot \boldsymbol{I}_1)\boldsymbol{r}_0\} \qquad (17.4)$$

$\boldsymbol{I_1}, \boldsymbol{I_2}$ が平行の場合の 2 線間の力

式（17.4）で $\boldsymbol{I}_1$，$\boldsymbol{I}_2$ が平行の場合は，$\boldsymbol{r}_0$ と $\boldsymbol{I}_2$ は直角となるから，$\boldsymbol{I}_2 \cdot \boldsymbol{r}_0 = 0$，$\boldsymbol{I}_2 \cdot \boldsymbol{I}_1 = I_2 I_1$ となり，式（17.4）は次式となる。

$$\boldsymbol{F} = \frac{\mu_0 \ell}{2\pi r} I_1 I_2 (-\mathbf{r}_0) \qquad (17.5)$$

上式の大きさは式（17.1）と同じになり，方向は $\boldsymbol{r}_0$ と反対方向，すなわち，図17.8 の $\boldsymbol{F}$ 方向になる。

17.3 フレミングの左手の法則

フレミングの左手の法則 (Fleming's left hand rule)

フレミングの左手の法則

$$\boldsymbol{F} = \ell\, \boldsymbol{I} \times \boldsymbol{B} \tag{17.6}$$

は，誘磁界方向と電流に働く力の方向の関係を左手の指で示したもので，左手の親指，人差指，中指を直角に曲げ，中指を電流の方向，人差指を誘磁界の方向に一致させると，親指は力の方向と一致する。†

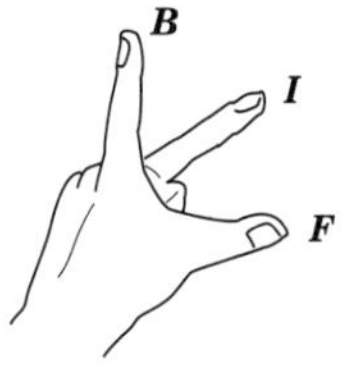

図17.9

17.4 矩形電流回路が受ける回転力

図に示すように，左から右方向に一様な誘磁界 B 中で矩形回路 ($a \times b$) に左回りの電流 I を流す。GE と DH には破線で示した x 軸方向の正または負方向に力が働く。まず， GE に働く力は

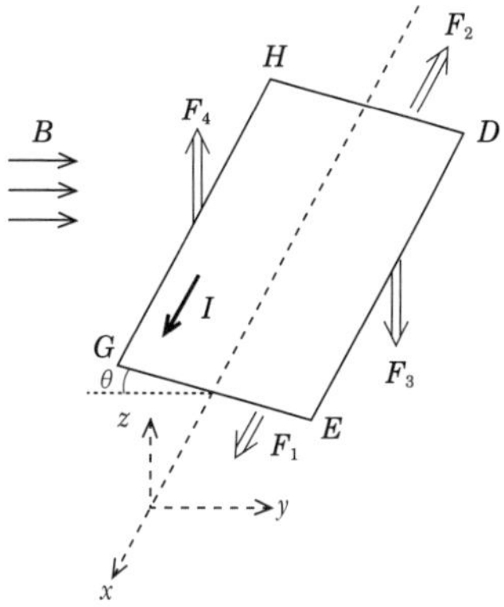

$$\boldsymbol{F}_1 = b\boldsymbol{I} \times \boldsymbol{B} = bIB\sin\theta\ \boldsymbol{i}$$

また DH については

$$\boldsymbol{F}_2 = b\boldsymbol{I} \times \boldsymbol{B} = -bIB\sin\theta\ \boldsymbol{i}$$

両力は回路の回転力には寄与しない。
一方 ED と HG には z 軸方向の正または負方向の力が働く。まず ED に働く力は

矩形回路に働く力

$$\boldsymbol{F}_3 = a\boldsymbol{I} \times \boldsymbol{B} = -aIB\boldsymbol{k} \tag{17.7}$$

また HG に働く力は

$$\boldsymbol{F}_4 = a\boldsymbol{I} \times \boldsymbol{B} = aIB\boldsymbol{k} \tag{17.8}$$

† 式 (17.6) は右手座標系で成立しているので，実用的には左手ではなく右手を使って覚えたほうが混乱がないと思われる。$\boldsymbol{i} \to \boldsymbol{j} \to \boldsymbol{k}$ と同じ順に $I \to B \to F$ の順番だけ覚えれば実用上十分である。

回路の回転トルク

このように $\boldsymbol{F}_3$ と $\boldsymbol{F}_4$ は反対方向である。矩形回路が変形せず，破線を軸として回転できるようにすれば，$\boldsymbol{F}_3$ と $\boldsymbol{F}_4$ により偶力が発生し，回路が回転する。
このときトルク T は

$$T = (|\boldsymbol{F}_3| + |\boldsymbol{F}_4|)\frac{b}{2}\cos\theta = abIB\cos\theta \tag{17.9}$$

直流電動機

このままでは，この回路は縦方向（B 方向に垂直）になって静止してしまう。そこで電流の向きを整流子により切替えて回路が静止せず同方向に回転し続けるようにしたものが直流電動機である。

17.5 ローレンツ力

磁界中の電流には力が働くことをすでに学んだ。電流は電荷が運動したものであることから，電流に働いた力は動く電荷に働いた力とみなすことができる。電流は断面を単位時間に通過する電荷量であるから，断面積 S，電荷 q，速度 v，電荷密度 n とすると

$$I = nqvS$$

この電流が磁束密度 $\boldsymbol{B}$ の中に置かれると，微小長部分 $d\ell$ に働く力は

$$d\boldsymbol{F} = nq\boldsymbol{v}S \times \boldsymbol{B}d\ell \tag{17.10}$$

電荷に働く力

ここで電荷 1 つに対する力で書き改めると

$$\boldsymbol{F} = \frac{d\boldsymbol{F}}{nSd\ell} = q\boldsymbol{v} \times \boldsymbol{B} \tag{17.11}$$

ローレンツ力

電界による力と合わせて，力の式が得られる。

$$\boldsymbol{F} = q(\boldsymbol{E} + \boldsymbol{v} \times \boldsymbol{B}) \tag{17.12}$$

この力は**ローレンツ力**と呼ばれる。†

† 導体が運動するとそれに伴って導体中の電荷が運動することとなり，電荷に力が働く。これにより，導体運動方向と直角の方向に電荷が導体内で移動して電流が発生する。この運動導体の起電力については第 19 章で扱う。

17.6 荷電粒子の運動

運動方程式

磁束密度 $\boldsymbol{B}$ の中で運動する荷電粒子にはローレンツ力が働くため，次の運動方程式が得られる。ただし，m は荷電粒子の質量である。

$$m\dot{\boldsymbol{v}} = q\boldsymbol{v} \times \boldsymbol{B} \tag{17.13}$$

誘磁界の方向を z 軸方向とすれば

$$\begin{aligned} \dot{v}_x &= qv_yB/m \\ \dot{v}_y &= -qv_xB/m \\ \dot{v}_z &= 0 \end{aligned}$$

となる。

速度

xy 平面内の初速度を v_0 と置いて解けば

$$\begin{aligned} v_x &= v_0 \sin \omega t \\ v_y &= v_0 \cos \omega t \\ v_z &= 一定 \end{aligned} \tag{17.14}$$

ただし

$$\omega = \frac{qB}{m} \tag{17.15}$$

角速度

このことから，磁場に垂直な面内では角速度 ω の等速円運動をする。これを，サイクロトロン運動といい，ω をサイクロトロン角周波数という。サイクロトロン角周波数は

$$\frac{qB}{2\pi m} \tag{17.16}$$

で与えられる。

ラーモア半径

また，この運動の半径 r は，

$$\frac{mv_0^2}{r} = qvB$$

の関係から

$$r = \frac{mv_0}{qB}$$

で与えられ，ラーモア半径と呼ばれている。

ラーモア半径が m に比例して大きくなることを利用した例として，質量分析器がある。また，角速度が荷電粒子の速度によらないことを利用した例として，サイクロトロン加速器がある。

荷電粒子のエネルギー	加速電圧 V で q を加速すると，エネルギー保存則により $$\frac{1}{2}mv^2 = qV \quad (17.17)$$ ただし，v は荷電粒子の速度である。 したがって， $$v = \sqrt{\frac{2qV}{m}} \quad (17.18)$$ 電子が $1V$ の加速電圧で得るエネルギーを 1eV とし，eV をエネルギーの単位として用いることができる。原子物理，原子核物理，原子力分野では，エネルギーの単位として eV がよく用いられる。

演習問題

17.1　荷電粒子 q が距離 a の範囲の一様な電場 E に垂直に速度 v で入射した後，その範囲を出て b の距離にある蛍光面上に達する位置を求めよ。

17.2　前問で電場の代わりに誘磁界 B を用いたとき，荷電粒子が蛍光面上に達する位置を求めよ。ただし，磁場中での変位量の 2 乗を 0 に近似し，また，$aqB \ll mv$ とせよ。

第 18 章　ベクトルの回転とストークスの定理

18.1　ベクトルの回転（Curl or Rotation）

ベクトル A の回転とその意味

電流の周りに誘磁界が右ねじの方向に発生する様子は図18.1 のようになる。
ベクトル $\boldsymbol{A}$ の回転はこのような状態を表すのに用いられる。

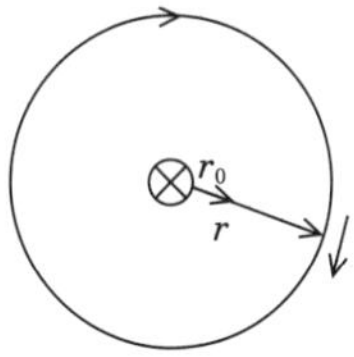

図18.1

$$\mathrm{rot}\,\boldsymbol{A} = \mathrm{curl}\,\boldsymbol{A} = \nabla \times \boldsymbol{A} \qquad (18.1)$$

$\boldsymbol{A}$：ベクトル
∇：微分演算子（ナブラー）

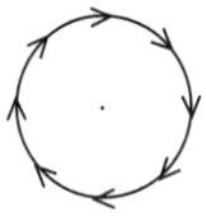

図18.2

$\nabla \times \boldsymbol{A}$ は ∇ と $\boldsymbol{A}$ のベクトル積で，図18.2 のように線束の渦状の様子を表す。
また，$\nabla \times \boldsymbol{A}$ の順序は交換できない。
次にベクトル $\boldsymbol{A}$ の回転の定義を示す。

$$\begin{aligned}
\nabla \times \boldsymbol{A} &= (\boldsymbol{i}\frac{\partial}{\partial x} + \boldsymbol{j}\frac{\partial}{\partial y} + \boldsymbol{k}\frac{\partial}{\partial z}) \times (\boldsymbol{i}A_x + \boldsymbol{j}A_y + \boldsymbol{k}A_z) \qquad (18.2)\\
&= \boldsymbol{i} \times \boldsymbol{i}\frac{\partial}{\partial x}A_x + \boldsymbol{i} \times \boldsymbol{j}\frac{\partial}{\partial x}A_y + \boldsymbol{i} \times \boldsymbol{k}\frac{\partial}{\partial x}A_z\\
&+ \boldsymbol{j} \times \boldsymbol{i}\frac{\partial}{\partial y}A_x + \boldsymbol{j} \times \boldsymbol{j}\frac{\partial}{\partial y}A_y + \boldsymbol{j} \times \boldsymbol{k}\frac{\partial}{\partial y}A_z\\
&+ \boldsymbol{k} \times \boldsymbol{i}\frac{\partial}{\partial z}A_x + \boldsymbol{k} \times \boldsymbol{j}\frac{\partial}{\partial z}A_y + \boldsymbol{k} \times \boldsymbol{k}\frac{\partial}{\partial z}A_z
\end{aligned}$$

よって

$$\begin{aligned}
\nabla \times \boldsymbol{A} &= \boldsymbol{i}(\frac{\partial A_z}{\partial y} - \frac{\partial A_y}{\partial z}) + \boldsymbol{j}(\frac{\partial A_x}{\partial z} - \frac{\partial A_z}{\partial x})\\
&+ \boldsymbol{k}(\frac{\partial A_y}{\partial x} - \frac{\partial A_x}{\partial y}) \qquad (18.3)
\end{aligned}$$

式（18.3）は行列形式で次のように表される。

$$\nabla \times \boldsymbol{A} = \begin{vmatrix} \boldsymbol{i} & \boldsymbol{j} & \boldsymbol{k} \\ \frac{\partial}{\partial x} & \frac{\partial}{\partial y} & \frac{\partial}{\partial z} \\ A_x & A_y & A_z \end{vmatrix} \tag{18.4}$$

18.2　発散・回転に関する公式

ここで，発散，回転に関する重要な公式を示す。

$\nabla \times \nabla\phi$	$\nabla \times \nabla\phi = 0$	(18.5)
$\nabla \cdot \nabla \times \boldsymbol{A}$	$\nabla \cdot \nabla \times \boldsymbol{A} = 0$	(18.6)
$\nabla \times \nabla \times \boldsymbol{A}$	$\nabla \times \nabla \times \boldsymbol{A} = -\nabla^2 \boldsymbol{A} + \nabla(\nabla \cdot \boldsymbol{A})$	(18.7)
$\nabla \times (\boldsymbol{A} \times \boldsymbol{B})$	$\nabla \times (\boldsymbol{A} \times \boldsymbol{B}) = \boldsymbol{A}(\nabla \cdot \boldsymbol{B}) - \boldsymbol{B}(\nabla \cdot \boldsymbol{A}) + (\boldsymbol{B} \cdot \nabla)\boldsymbol{A} - (\boldsymbol{A} \cdot \nabla)\boldsymbol{B}$	(18.8)
$\nabla \cdot \phi\boldsymbol{A}$	$\nabla \cdot \phi\boldsymbol{A} = \phi\nabla \cdot \boldsymbol{A} + \boldsymbol{A} \cdot \nabla\phi$	(18.9)
$\nabla \times \phi\boldsymbol{A}$	$\nabla \times \phi\boldsymbol{A} = \phi\nabla \times \boldsymbol{A} + \nabla\phi \times \boldsymbol{A}$	(18.10)
$\nabla \cdot (\boldsymbol{A} \times \boldsymbol{B})$	$\nabla \cdot (\boldsymbol{A} \times \boldsymbol{B}) = \boldsymbol{B} \cdot \nabla \times \boldsymbol{A} - \boldsymbol{A} \cdot \nabla \times \boldsymbol{B}$	(18.11)
$\nabla(\boldsymbol{A} \cdot \boldsymbol{B})$	$\nabla(\boldsymbol{A} \cdot \boldsymbol{B}) = (\boldsymbol{A} \cdot \nabla)\boldsymbol{B} + (\boldsymbol{B} \cdot \nabla)\boldsymbol{A} + \boldsymbol{A} \times (\nabla \times \boldsymbol{B}) + \boldsymbol{B} \times (\nabla \times \boldsymbol{A})$	(18.12)

【例 18.1】 $\nabla \times \nabla\phi = 0$ を導出せよ。

$\nabla \times \nabla\phi$ を行列式で表してから計算する。

$$\begin{aligned} \nabla \times \nabla\phi &= \begin{vmatrix} \boldsymbol{i} & \boldsymbol{j} & \boldsymbol{k} \\ \frac{\partial}{\partial x} & \frac{\partial}{\partial y} & \frac{\partial}{\partial z} \\ \frac{\partial\phi}{\partial x} & \frac{\partial\phi}{\partial y} & \frac{\partial\phi}{\partial z} \end{vmatrix} = \boldsymbol{i}\begin{vmatrix} \frac{\partial}{\partial y} & \frac{\partial}{\partial z} \\ \frac{\partial\phi}{\partial y} & \frac{\partial\phi}{\partial z} \end{vmatrix} - \boldsymbol{j}\begin{vmatrix} \frac{\partial}{\partial x} & \frac{\partial}{\partial z} \\ \frac{\partial\phi}{\partial x} & \frac{\partial\phi}{\partial z} \end{vmatrix} + \boldsymbol{k}\begin{vmatrix} \frac{\partial}{\partial x} & \frac{\partial}{\partial y} \\ \frac{\partial\phi}{\partial x} & \frac{\partial\phi}{\partial y} \end{vmatrix} \\ &= 0\boldsymbol{i} - 0\boldsymbol{j} + 0\boldsymbol{k} = 0 \end{aligned} \tag{18.5}$$

[別解]

$$\begin{aligned} \nabla \times \nabla\phi &= (\boldsymbol{i}\frac{\partial}{\partial x} + \boldsymbol{j}\frac{\partial}{\partial y} + \boldsymbol{k}\frac{\partial}{\partial z}) \times (\boldsymbol{i}\frac{\partial\phi}{\partial x} + \boldsymbol{j}\frac{\partial\phi}{\partial y} + \boldsymbol{k}\frac{\partial\phi}{\partial z}) \\ &= \underbrace{\boldsymbol{i} \times \boldsymbol{i}}_{0}\frac{\partial^2\phi}{\partial x^2} + \underbrace{\boldsymbol{i} \times \boldsymbol{j}}_{\boldsymbol{k}}\frac{\partial^2\phi}{\partial x\partial y} + \underbrace{\boldsymbol{i} \times \boldsymbol{k}}_{-\boldsymbol{j}}\frac{\partial^2\phi}{\partial x\partial z} \\ &+ \underbrace{\boldsymbol{j} \times \boldsymbol{i}}_{-\boldsymbol{k}}\frac{\partial^2\phi}{\partial y\partial x} + \underbrace{\boldsymbol{j} \times \boldsymbol{j}}_{0}\frac{\partial^2\phi}{\partial y^2} + \underbrace{\boldsymbol{j} \times \boldsymbol{k}}_{\boldsymbol{i}}\frac{\partial^2\phi}{\partial y\partial z} \end{aligned}$$

$$+ \quad \underbrace{\boldsymbol{k} \times \boldsymbol{i}}_{\boldsymbol{j}} \frac{\partial^2 \phi}{\partial z \partial x} + \underbrace{\boldsymbol{k} \times \boldsymbol{j}}_{-\boldsymbol{i}} \frac{\partial^2 \phi}{\partial z \partial y} + \underbrace{\boldsymbol{k} \times \boldsymbol{k}}_{0} \frac{\partial^2 \phi}{\partial z^2}$$

式（6.2）より，微分の順序は変更できるので，上式は次のようになる。

$$\nabla \times \nabla \phi = 0 \tag{18.5}$$

【例 18.2】 $\nabla \cdot \nabla \times \boldsymbol{A}$ を導出せよ。

$$\begin{aligned} \nabla \cdot \nabla \times \boldsymbol{A} &= \nabla \cdot \begin{vmatrix} \boldsymbol{i} & \boldsymbol{j} & \boldsymbol{k} \\ \frac{\partial}{\partial x} & \frac{\partial}{\partial y} & \frac{\partial}{\partial z} \\ A_x & A_y & A_z \end{vmatrix} \\ &= \frac{\partial^2 A_z}{\partial x \partial y} + \frac{\partial^2 A_x}{\partial y \partial z} + \frac{\partial^2 A_y}{\partial x \partial z} - \frac{\partial^2 A_x}{\partial z \partial y} - \frac{\partial^2 A_z}{\partial y \partial x} - \frac{\partial^2 A_y}{\partial x \partial z} = 0 \end{aligned}$$

または

$$\begin{aligned} \nabla \cdot \nabla \times \boldsymbol{A} &= (\boldsymbol{i}\frac{\partial}{\partial x} + \boldsymbol{j}\frac{\partial}{\partial y} + \boldsymbol{k}\frac{\partial}{\partial z}) \\ &\quad \cdot \{\boldsymbol{i}(\frac{\partial A_z}{\partial y} - \frac{\partial A_y}{\partial z}) + \boldsymbol{j}(\frac{\partial A_x}{\partial z} - \frac{\partial A_z}{\partial x}) + \boldsymbol{k}(\frac{\partial A_y}{\partial x} - \frac{\partial A_x}{\partial y})\} \\ &= \frac{\partial^2 A_z}{\partial x \partial y} - \frac{\partial^2 A_y}{\partial x \partial y} + \frac{\partial^2 A_x}{\partial y \partial z} - \frac{\partial^2 A_z}{\partial y \partial x} + \frac{\partial^2 A_y}{\partial z \partial x} - \frac{\partial^2 A_x}{\partial z \partial y} \\ &= \frac{\partial^2 A_x}{\partial y \partial z} - \frac{\partial^2 A_x}{\partial z \partial y} + \frac{\partial^2 A_y}{\partial z \partial x} - \frac{\partial^2 A_y}{\partial x \partial z} + \frac{\partial^2 A_z}{\partial x \partial y} - \frac{\partial^2 A_z}{\partial y \partial x} = 0 \end{aligned}$$

よって

$$\nabla \cdot \nabla \times \boldsymbol{A} = 0 \tag{18.6}$$

【例 18.3】 $\nabla \times \nabla \times \boldsymbol{A} = -\nabla^2 \boldsymbol{A} + \nabla(\nabla \cdot \boldsymbol{A})$ を導出せよ。

式（18.3）に左から $\nabla\times$ を行う。すべての成分について書くと複雑になるので，x 成分についてだけ考えると，

$$\begin{aligned} (\nabla \times \nabla \times \boldsymbol{A})_x &= \frac{\partial}{\partial y}(\frac{\partial A_y}{\partial x} - \frac{\partial A_x}{\partial y}) - \frac{\partial}{\partial z}(\frac{\partial A_x}{\partial z} - \frac{\partial A_z}{\partial x}) \\ &= \frac{\partial^2 A_y}{\partial y \partial x} - \frac{\partial^2 A_x}{\partial y^2} - \frac{\partial^2 A_x}{\partial z^2} + \frac{\partial^2 A_z}{\partial z \partial x} \end{aligned}$$

変形し，微分順序を変え，$\frac{\partial^2 A_x}{\partial x^2} - \frac{\partial^2 A_x}{\partial x^2}$ を加えると

$$(\nabla \times \nabla \times \boldsymbol{A})_x = -\frac{\partial^2 A_x}{\partial x^2} - \frac{\partial^2 A_x}{\partial y^2} - \frac{\partial^2 A_x}{\partial z^2} + \frac{\partial^2 A_x}{\partial x^2} + \frac{\partial^2 A_y}{\partial x \partial y} + \frac{\partial^2 A_z}{\partial x \partial z}$$

$$
\begin{aligned}
&= -(\frac{\partial^2}{\partial x^2}+\frac{\partial^2}{\partial y^2}+\frac{\partial^2}{\partial z^2})A_x+\frac{\partial}{\partial x}(\frac{\partial A_x}{\partial x}+\frac{\partial A_y}{\partial y}+\frac{\partial A_z}{\partial z}) \\
&= -\nabla^2 A_x+\frac{\partial}{\partial x}(\nabla\cdot\boldsymbol{A})
\end{aligned}
$$

y，z 方向についても同様に

$$
\begin{aligned}
(\nabla\times\nabla\times\boldsymbol{A})_y &= -\nabla^2 A_y+\frac{\partial}{\partial y}(\nabla\cdot\boldsymbol{A}) \\
(\nabla\times\nabla\times\boldsymbol{A})_z &= -\nabla^2 A_z+\frac{\partial}{\partial z}(\nabla\cdot\boldsymbol{A})
\end{aligned}
$$

したがって

$$
\begin{aligned}
\nabla\times\nabla\times\boldsymbol{A} &= -\nabla^2(\boldsymbol{i}A_x+\boldsymbol{j}A_y+\boldsymbol{k}A_z) \\
&\quad +(\boldsymbol{i}\frac{\partial}{\partial x}+\boldsymbol{j}\frac{\partial}{\partial y}+\boldsymbol{k}\frac{\partial}{\partial z})(\nabla\cdot\boldsymbol{A}) \\
&= -\nabla^2\boldsymbol{A}+\nabla(\nabla\cdot\boldsymbol{A}) \qquad (18.7)
\end{aligned}
$$

【例 18.4】 $\nabla\times(\boldsymbol{A}\times\boldsymbol{B})=\boldsymbol{A}(\nabla\cdot\boldsymbol{B})-\boldsymbol{B}(\nabla\cdot\boldsymbol{A})+(\boldsymbol{B}\cdot\nabla)\boldsymbol{A}-(\boldsymbol{A}\cdot\nabla)\boldsymbol{B}$ を導出せよ。

$$
\begin{aligned}
\boldsymbol{A}\times\boldsymbol{B} &= \begin{vmatrix} \boldsymbol{i} & \boldsymbol{j} & \boldsymbol{k} \\ A_x & A_y & A_z \\ B_x & B_y & B_z \end{vmatrix} \\
&= \boldsymbol{i}(A_yB_z-A_zB_y)+\boldsymbol{j}(A_zB_x-A_xB_z)+\boldsymbol{k}(A_xB_y-A_yB_x)
\end{aligned}
$$

であるから，求める式の左辺の x 成分について考えてみると

$$
\begin{aligned}
\{\nabla\times(\boldsymbol{A}\times\boldsymbol{B})\}_x &= \begin{vmatrix} \frac{\partial}{\partial y} & \frac{\partial}{\partial z} \\ (A\times B)_y & (A\times B)_z \end{vmatrix} \\
&= \frac{\partial}{\partial y}(A_xB_y-A_yB_x)-\frac{\partial}{\partial z}(A_zB_x-A_xB_z) \\
&= A_x\frac{\partial B_y}{\partial y}+B_y\frac{\partial A_x}{\partial y}-A_y\frac{\partial B_x}{\partial y}-B_x\frac{\partial A_y}{\partial y} \\
&\quad -A_z\frac{\partial B_x}{\partial z}-B_x\frac{\partial A_z}{\partial z}+A_x\frac{\partial B_z}{\partial z}+B_z\frac{\partial A_x}{\partial z} \\
&= A_x(\frac{\partial B_x}{\partial x}+\frac{\partial B_y}{\partial y}+\frac{\partial B_z}{\partial z})-B_x(\frac{\partial A_x}{\partial x}+\frac{\partial A_y}{\partial y}+\frac{\partial A_z}{\partial z}) \\
&\quad -A_x\frac{\partial B_x}{\partial x}-A_y\frac{\partial B_x}{\partial y}-A_z\frac{\partial B_x}{\partial z}+B_x\frac{\partial A_x}{\partial x}
\end{aligned}
$$

$$
\begin{aligned}
& + B_y \frac{\partial A_x}{\partial y} + B_z \frac{\partial A_x}{\partial z} \\
= \ & A_x(\nabla \cdot \boldsymbol{B}) - B_x(\nabla \cdot \boldsymbol{A}) - (\boldsymbol{A} \cdot \nabla)B_x + (\boldsymbol{B} \cdot \nabla)A_x
\end{aligned}
$$

y，z 成分についても同様であるから

$$
\nabla \times (\boldsymbol{A} \times \boldsymbol{B}) = \boldsymbol{A}(\nabla \cdot \boldsymbol{B}) - \boldsymbol{B}(\nabla \cdot \boldsymbol{A}) + (\boldsymbol{B} \cdot \nabla)\boldsymbol{A} - (\boldsymbol{A} \cdot \nabla)\boldsymbol{B} \tag{18.8}
$$

【例 18.5】 $\nabla \cdot \phi \boldsymbol{A} = \phi \nabla \cdot \boldsymbol{A} + \boldsymbol{A} \cdot \nabla \phi$ を導出せよ。

$$
\begin{aligned}
\nabla \cdot \phi \boldsymbol{A} &= (\boldsymbol{i}\frac{\partial}{\partial x} + \boldsymbol{j}\frac{\partial}{\partial y} + \boldsymbol{k}\frac{\partial}{\partial z}) \cdot (\boldsymbol{i}\phi A_x + \boldsymbol{j}\phi A_y + \boldsymbol{k}\phi A_z) \\
&= \frac{\partial}{\partial x}(\phi A_x) + \frac{\partial}{\partial y}(\phi A_y) + \frac{\partial}{\partial z}(\phi A_z) \\
&= \phi\frac{\partial A_x}{\partial x} + A_x\frac{\partial \phi}{\partial x} + \phi\frac{\partial A_y}{\partial y} + A_y\frac{\partial \phi}{\partial y} + \phi\frac{\partial A_z}{\partial z} + A_z\frac{\partial \phi}{\partial z} \\
&= \phi(\frac{\partial A_x}{\partial x} + \frac{\partial A_y}{\partial y} + \frac{\partial A_z}{\partial z}) + (A_x\frac{\partial}{\partial x} + A_y\frac{\partial}{\partial y} + A_z\frac{\partial}{\partial z})\phi \\
&= \phi \nabla \cdot \boldsymbol{A} + \boldsymbol{A} \cdot \nabla \phi
\end{aligned} \tag{18.9}
$$

【例 18.6】 $\nabla \times \phi \boldsymbol{A} = \phi \nabla \times \boldsymbol{A} + \nabla \phi \times \boldsymbol{A}$ を導出せよ。

$$
\begin{aligned}
\nabla \times \phi \boldsymbol{A} &= \begin{vmatrix} \boldsymbol{i} & \boldsymbol{j} & \boldsymbol{k} \\ \frac{\partial}{\partial x} & \frac{\partial}{\partial y} & \frac{\partial}{\partial z} \\ \phi A_x & \phi A_y & \phi A_z \end{vmatrix} \\
&= \boldsymbol{i}(\frac{\partial \phi A_z}{\partial y} - \frac{\partial \phi A_y}{\partial z}) + \boldsymbol{j}(\frac{\partial \phi A_x}{\partial z} - \frac{\partial \phi A_z}{\partial x}) + \boldsymbol{k}(\frac{\partial \phi A_y}{\partial x} - \frac{\partial \phi A_x}{\partial y}) \\
&= \phi\{\boldsymbol{i}(\frac{\partial A_z}{\partial y} - \frac{\partial A_y}{\partial z}) + \boldsymbol{j}(\frac{\partial A_x}{\partial z} - \frac{\partial A_z}{\partial x}) + \boldsymbol{k}(\frac{\partial A_y}{\partial x} - \frac{\partial A_x}{\partial y})\} \\
&\quad + \boldsymbol{i}(\frac{\partial \phi}{\partial y}A_z - \frac{\partial \phi}{\partial z}A_y) + \boldsymbol{j}(\frac{\partial \phi}{\partial z}A_x - \frac{\partial \phi}{\partial x}A_z) + \boldsymbol{k}(\frac{\partial \phi}{\partial x}A_y - \frac{\partial \phi}{\partial y}A_x) \\
&= \phi\begin{vmatrix} \boldsymbol{i} & \boldsymbol{j} & \boldsymbol{k} \\ \frac{\partial}{\partial x} & \frac{\partial}{\partial y} & \frac{\partial}{\partial z} \\ A_x & A_y & A_z \end{vmatrix} + \begin{vmatrix} \boldsymbol{i} & \boldsymbol{j} & \boldsymbol{k} \\ \frac{\partial \phi}{\partial x} & \frac{\partial \phi}{\partial y} & \frac{\partial \phi}{\partial z} \\ A_x & A_y & A_z \end{vmatrix} \\
&= \phi \nabla \times \boldsymbol{A} + \nabla \phi \times \boldsymbol{A}
\end{aligned} \tag{18.10}
$$

18.3　ストークスの定理

ストークスの定理

線積分 ⟷ 面積分の変換公式

$$\int_s \nabla \times \boldsymbol{A} \cdot \boldsymbol{dS} = \oint_c \boldsymbol{A} \cdot \boldsymbol{d\ell} \qquad (18.13)$$

スカラーで表すと

$$\int_s (\nabla \times A)_n dS = \oint_c A_\ell \, d\ell \qquad (18.14)$$

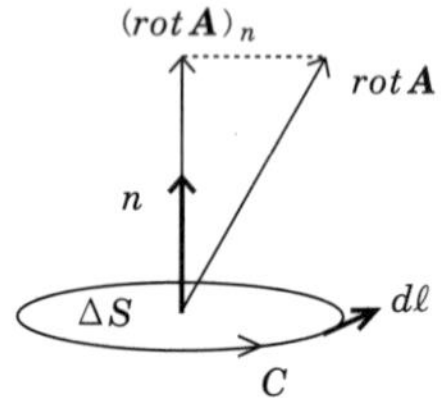

図18.3

これは，次のように説明される。
閉じたループに沿うベクトルの周回積分は，その位置におけるベクトルの回転の大きさを表している（図18.3)。このループが図18.4 の 1 つの網目（mesh）とする。
網目の面積 ΔS が非常に小さいとき $(\nabla \times \boldsymbol{A})_n$ は一様とみなせるから

$$(\nabla \times \boldsymbol{A})_n \Delta S \;=\; \oint_m \boldsymbol{A} \cdot \boldsymbol{d\ell} \qquad (18.15)$$

と表される。ただし m は各メッシュの閉曲線。これを全体の面に適用する。図からわかるように $\oint_c \boldsymbol{A} \cdot \boldsymbol{d\ell} = \sum_m \oint_m \boldsymbol{A} \cdot \boldsymbol{d\ell}$ であるから，$\Delta S \to 0$ として上式を書き換えれば，式（18.13）が得られる。

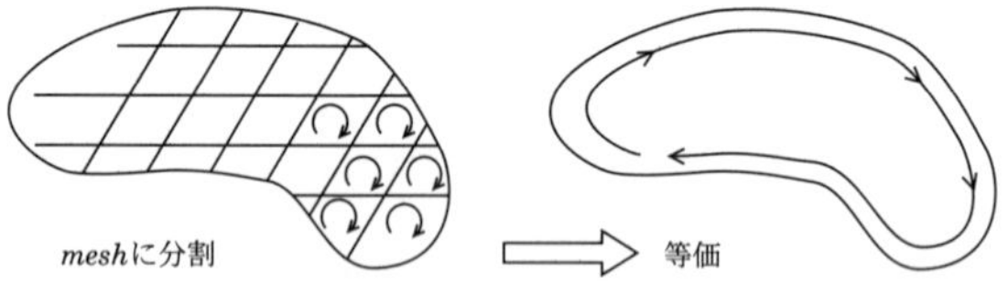

図18.4

18.4　線束の時間的変化の公式

線束の時間的変化の公式

図18.5 のようにベクトル界のある曲面が時間的に速度 $\boldsymbol{v}$ で変動しているとき，ベクトルの面積分と時間的な微分の交換は次のようになる。これを線束の時間的変化の公式という。この公式は，電磁界の基本法則を導出するときに用いられる。

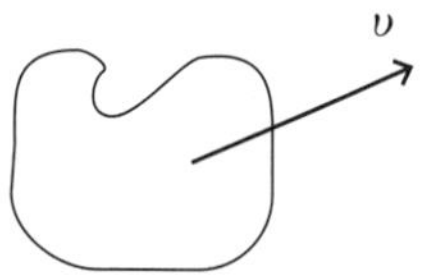

図18.5

$$\frac{d}{dt}\int_s \boldsymbol{A}\cdot\boldsymbol{dS}=\int_s\left(\frac{\partial\boldsymbol{A}}{\partial t}+\nabla\times\boldsymbol{A}\times\boldsymbol{v}+\boldsymbol{v}\nabla\cdot\boldsymbol{A}\right)\cdot\boldsymbol{dS} \tag{18.16}$$

$\boldsymbol{v}$ ：速度ベクトル

18.5　アンペアの周回積分則の微分形

拡張したアンペアの周回積分の法則の微分方程式

拡張したアンペアの周回積分の法則，式（16.6）より

$$\oint_c\left(\frac{\boldsymbol{B}}{\mu_0}\right)\cdot\boldsymbol{d\ell}=I+\frac{d}{dt}\int_s\boldsymbol{D}\cdot\boldsymbol{dS}$$

左辺はストークスの定理，式（18.13）より，

$$\oint_c\left(\frac{\boldsymbol{B}}{\mu_0}\right)\cdot\boldsymbol{d\ell}=\int_s\nabla\times\left(\frac{\boldsymbol{B}}{\mu_0}\right)\cdot\boldsymbol{dS} \tag{18.17}$$

右辺第一項の電流 I を電流密度 $\boldsymbol{J}$ で表すと

$$I=\int_s\boldsymbol{J}\cdot\boldsymbol{dS}\qquad \boldsymbol{J}:\text{電流密度} \tag{18.18}$$

右辺第 2 項は線束時間変化の公式（18.16）より，

$$\frac{d}{dt}\int_s\boldsymbol{D}\cdot\boldsymbol{dS}=\int_s\left(\frac{\partial\boldsymbol{D}}{\partial t}+\nabla\times\boldsymbol{D}\times\boldsymbol{v}+\boldsymbol{v}\nabla\cdot\boldsymbol{D}\right)\cdot\boldsymbol{dS} \tag{18.19}$$

したがって，式（16.6）を（18.17）～（18.19）により書き換えると，拡張したアンペアの周回積分の法則の微分方程式が求まる。

$$\nabla\times\frac{\boldsymbol{B}}{\mu_0}=\boldsymbol{J}+\frac{\partial\boldsymbol{D}}{\partial t}+\nabla\times\boldsymbol{D}\times\boldsymbol{v}+\boldsymbol{v}\underbrace{\nabla\cdot\boldsymbol{D}}_{\rho} \tag{18.20}$$

ここで，真空中の $\boldsymbol{B}$ と $\boldsymbol{H}$ の関係式（16.2）を用いると

アンペアの周回積分の法則の微分方程式	$$\nabla \times \boldsymbol{H} = \underbrace{\boldsymbol{J}}_{\text{伝導電流}} + \underbrace{\frac{\partial \boldsymbol{D}}{\partial t}}_{\text{変位電流}} + \underbrace{\nabla \times \boldsymbol{D} \times \boldsymbol{v}}_{\text{レントゲン電流}} + \underbrace{\rho \boldsymbol{v}}_{\text{対流電流}} \tag{18.21}$$
$\boldsymbol{v} \to \boldsymbol{0}$ のときのアンペアの周回積分の法則の微分方程式	導体が運動していないときは，$\boldsymbol{v} = 0$ を代入して $$\nabla \times \boldsymbol{H} = \boldsymbol{J} + \frac{\partial \boldsymbol{D}}{\partial t} \tag{18.22}$$

演習問題

18.1 原点からの位置ベクトル $\boldsymbol{r}$ の回転 $\nabla \times \boldsymbol{r}$ を求めよ。

18.2 関数ベクトル $\boldsymbol{F}$ の点 $P(1, -1, 2)$ における回転 $\nabla \times \boldsymbol{F}$ を求めよ。

$$\boldsymbol{F}(x, y, z) = 2x^3y\boldsymbol{i} - x^2y^2\boldsymbol{j} + 3yz\boldsymbol{k}$$

18.3 ベクトル $\boldsymbol{A}$ の回転を求めよ。ただし，$\boldsymbol{A} = \boldsymbol{A}_0 + \nabla\phi$,
$\boldsymbol{A}_0 = \boldsymbol{i}x^2y + \boldsymbol{j}xy^3z^2 + \boldsymbol{k}xz^3$，$\phi = xyz^2$ とする。

18.4 ベクトル $\boldsymbol{A} = -(\cos x)(\cos y)\boldsymbol{k}$ の原点における回転を求めよ。

18.5 ベクトル $\boldsymbol{A} = -y(\cos ax)\boldsymbol{i} + (y + e^x)\boldsymbol{k}$ の原点における回転を求めよ。

18.6 ベクトル界 $\boldsymbol{A}$ において，閉ループ ℓ で囲まれた面 s がある。面上で $\boldsymbol{A}$ の回転の垂直方向の成分 $(\nabla \times \boldsymbol{A})_n$ が一様であり，2.18 であった。ベクトル $\boldsymbol{A}$ の線積分を求めよ。ただし，$d\boldsymbol{\ell} = \boldsymbol{i}dx + \boldsymbol{j}dy + \boldsymbol{k}dz$ であり，面の面積 $S = 150$ とする。

18.7 次のような関係式

$$\oint_c \boldsymbol{E} \cdot d\boldsymbol{\ell} = -\frac{d}{dt}\int_s \boldsymbol{B} \cdot d\boldsymbol{S}$$

が成立し，ベクトル $\boldsymbol{B}$ が閉曲線 c で周囲を取り囲まれている面 s を通り，$B = b\cos\omega t$ で時間的に変化している。$\boldsymbol{E}$ の面 s に垂直な回転成分を求めよ。

第 19 章　ファラデーの電磁誘導の法則

19.1　電磁誘導の法則の発見

現象の発見：ファラデー（Faraday）1831 年
符号（逆起電力）：レンツ（Lentz）
定式化：ノイマン（またはニューマン）(Neumann)

$$V = -\frac{d\Phi}{dt}$$

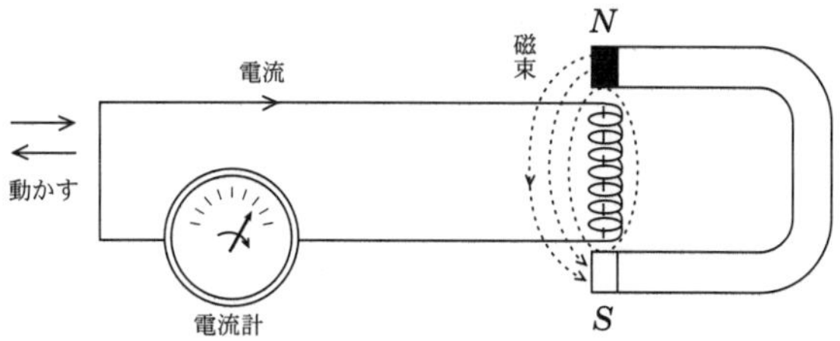

磁石の間でコイルを動かすと電流が流れる。

図19.1

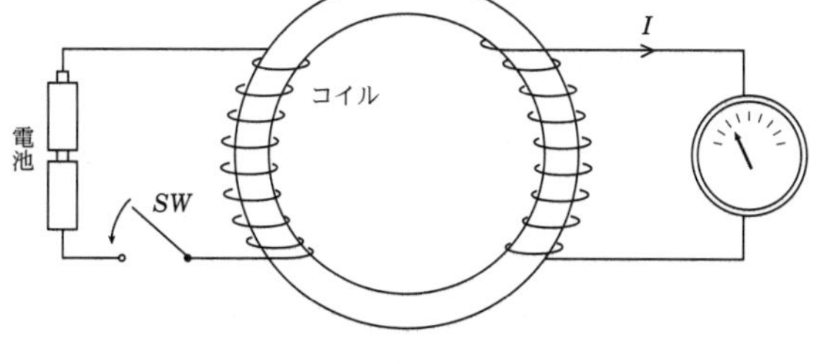

スイッチを入切した瞬間だけ電流が流れ，2 次側に起電力が誘起される。

図19.2

19.2　ファラデーの電磁誘導の法則

電磁誘導

電磁誘導：鎖交する磁束（Φ）の時間的変化によって起電力が誘起される現象。

ファラデーの電磁誘導の法則

ファラデーの電磁誘導の法則：1 つのループに電磁誘導によって発生する起電力は，その回路と鎖交する磁束の時間的変化の減少する割合に比例する。

微分形式の表現

$$V = -\frac{d\Phi}{dt} \quad [\mathrm{V}] \qquad (19.1)$$

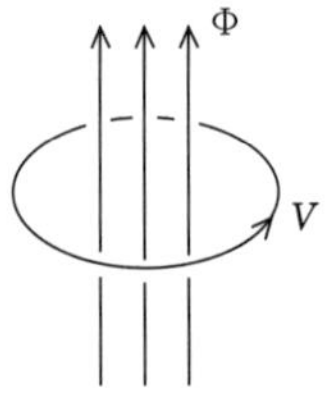

図19.3

V ：起電力
Φ ：鎖交磁束 $n\phi$
ϕ ：磁束
n ：ループ数（巻数）

電界と起電力の関係

電界と起電力の関係

$$V = \int_c \boldsymbol{E} \cdot \boldsymbol{d\ell} = \int_c E_\ell d\ell \qquad (19.2)$$

ℓ 方向の電界を周 c に沿って積分した値が**起電力**となる。

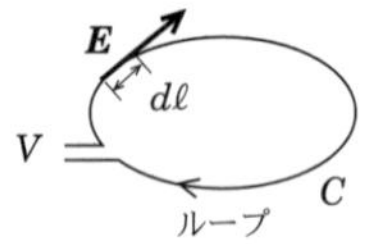

図19.4

磁束と誘磁界の関係

磁束と誘磁界（磁束密度）の関係

$$\phi = \int_s \boldsymbol{B} \cdot \boldsymbol{n}_0 dS = \int_s B_n dS \quad (19.3)$$

誘磁界，すなわち磁束密度は単位面積あたりの磁束の数であるから，ある面を通る磁束を求めるには，面を垂直に通る誘磁界（磁束密度）成分を面積分すればよい。

ファラデーの電磁誘導の法則の積分表示式
☆ベクトル表示

ファラデーの電磁誘導の法則は上の 3 つの関係式より次のような積分表示式で表される。ただし，巻数 $n = 1$ の場合を示す。

$$\oint_c \boldsymbol{E} \cdot \boldsymbol{d\ell} = -\frac{d}{dt}\int_s \boldsymbol{B} \cdot \boldsymbol{n}_0 dS \qquad (19.4)$$

ここに，上式左辺は式（19.2）が閉ループの場合であるから，閉路積分で表される。

☆スカラー表示

$$\oint_c E_\ell d\ell = -\frac{d}{dt}\int_s B_n dS \qquad (19.5)$$

【例 19.1】 右図のように 12 [cm] × 10 [cm] の閉ループがあり，これが角速度 $\omega = 350$ [rad/sec] で回転している。誘磁界 B が 80 [Wb/m^2] のとき，端子 a，b 間の起電力の振幅を求めよ。

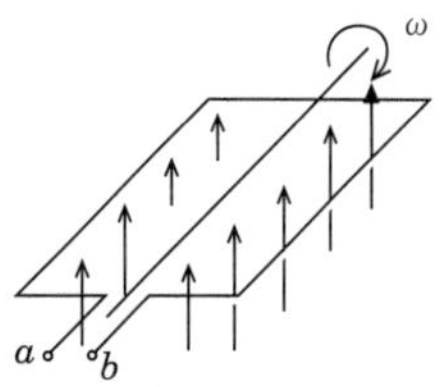

回路の巻数は 1 であるから鎖交磁束 Φ は磁束に等しく，磁束は

$$\phi = BS\cos\omega t$$

となるから式（19.1）より，

$$V = -\frac{d\Phi}{dt} = \omega BS\sin\omega t = 350\times 80\times 12\times 10\times 10^{-4}\times\sin\omega t$$

したがって，起電力の振幅は

$$V_p = 350\times 80\times 12\times 10\times 10^{-4} = 336 \quad \text{[V]}$$

☆この例に見られるように，閉ループを構成している平面回路の面が誘磁界中で回転することにより回転周波数に等しい周波数を有する交流電圧が発生する。なお，回路が静止している場合であっても誘磁界が変化すると，鎖交磁束が変化するため，その変化に応じた起電力が発生する。

【例 19.2】 例 19.1 において，ループを n 回巻とし，また，誘磁界 $\boldsymbol{B}$ が振幅 B_0，角速度 ω で変化しているとき，端子間の起電力を求めよ。ただし，ループ回転の位相を φ，誘磁界の位相はループ回転より $\frac{\pi}{2}$ 遅れているものとする。

誘磁界の位相は $\varphi - \frac{\pi}{2}$ であるから，ループ内を貫く磁束 ϕ は次式で与えられる。

$$\begin{aligned}\phi &= S\cos(\omega t+\varphi)B_0\cos(\omega t+\varphi-\frac{\pi}{2})\\ &= B_0 S\cos(\omega t+\varphi)\sin(\omega t+\varphi)\\ &= \frac{1}{2}B_0 S\sin(2\omega t+2\varphi)\end{aligned}$$

ファラデーの電磁誘導の法則により

$$\begin{aligned}V &= -\frac{d\Phi}{dt} = -n\frac{d\phi}{dt}\\ &= -nB_0 S\omega\cos(2\omega t+2\varphi)\end{aligned}$$

19.3　電磁誘導の法則の微分形

ファラデーの電磁誘導の法則の微分方程式

ファラデーの電磁誘導の法則の積分表示式は式（19.4）より

$$\int_c \boldsymbol{E}\cdot d\boldsymbol{\ell} = -\frac{d}{dt}\int_s \boldsymbol{B}\cdot d\boldsymbol{S} \tag{19.4}$$

線束の時間的変化の公式（18.16）を用いると，式（19.4）の右辺は

$$-\frac{d}{dt}\int_s \boldsymbol{B}\cdot d\boldsymbol{S} = -\int_s \left(\frac{\partial \boldsymbol{B}}{\partial t} + \nabla\times\boldsymbol{B}\times\boldsymbol{v} + \boldsymbol{v}\underbrace{\nabla\cdot\boldsymbol{B}}_{0}\right)\cdot d\boldsymbol{S}$$

となる。ここで，上式の右辺の $\nabla\cdot\boldsymbol{B}$ は式（20.5）より零である（$\nabla\cdot\boldsymbol{B}=0$，第 20 章で学ぶがここでは結果だけ示す）。また，左辺はストークスの定理，式（18.13）より

$$\int_c \boldsymbol{E}\cdot d\boldsymbol{\ell} = \int_s \nabla\times\boldsymbol{E}\cdot d\boldsymbol{S}$$

したがって，式（19.4）は次式に変形される。

$$\int_s \nabla\times\boldsymbol{E}\cdot d\boldsymbol{S} = -\int_s \left(\frac{\partial \boldsymbol{B}}{\partial t} + \nabla\times\boldsymbol{B}\times\boldsymbol{v}\right)\cdot d\boldsymbol{S} \tag{19.6}$$

面積分の中は互いに等しいはずであるから，ファラデーの電磁誘導の法則の微分方程式は

ファラデーの電磁誘導の法則の微分方程式

$$\nabla\times\boldsymbol{E} = -\frac{\partial \boldsymbol{B}}{\partial t} - \nabla\times\boldsymbol{B}\times\boldsymbol{v} \tag{19.7}$$

面 s が時間的に変化しないときの微分方程式

☆面 s が時間的に変化あるいは移動しないときは $\boldsymbol{v}=0$ と置いて

$$\nabla\times\boldsymbol{E} = -\frac{\partial \boldsymbol{B}}{\partial t} \tag{19.8}$$

磁束が時間的に変化しないときの（フレミングの右手の法則）微分方程式

☆磁束が時間的に変化しないときは

$$\nabla\times\boldsymbol{E} = \nabla\times\boldsymbol{v}\times\boldsymbol{B}$$

上式より

$$\boldsymbol{E} = \boldsymbol{v}\times\boldsymbol{B} \tag{19.9}$$

（フレミングの右手の法則）

19.4　運動導体の起電力

運動導体の誘起起電力

磁界中で導線が運動して磁束を切っているとき，導線には式（19.9）で与えられる電界が生じ，導線中の電荷 q は $F = q\boldsymbol{v} \times \boldsymbol{B}$ のローレンツ力を受ける。誘起起電力は式（19.9）を導線 c に沿って線積分して得られる。

$$V = \int_c \boldsymbol{E} \cdot d\boldsymbol{\ell} = \int_c \boldsymbol{v} \times \boldsymbol{B} \cdot d\boldsymbol{\ell} \tag{19.10}$$

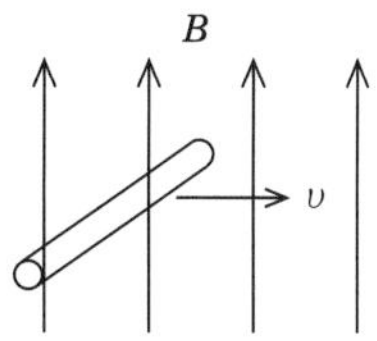

図19.5　運動導体の起電力

長さ ℓ の直線状導線が誘磁界 $\boldsymbol{B}$ 中を速度 $\boldsymbol{v}$ で運動しているときの誘起起電力は

$$V = |\boldsymbol{v} \times \boldsymbol{B}| \cdot \ell \tag{19.11}$$

スカラー表示

磁界方向と運動方向のなす角度を θ として上式をスカラーで表すと

$$V = B\,\ell v \sin\theta \tag{19.12}$$

【例 19.3】　図のように 2 本の平行導線（間隔 ℓ）の左端に抵抗 R が接続され，また，金属棒が導線に接しながら右方向に速度 v で移動している。この回路には誘磁界 B が上向きに印加されている。このとき，金属棒に流れる電流および働く力を求めよ。

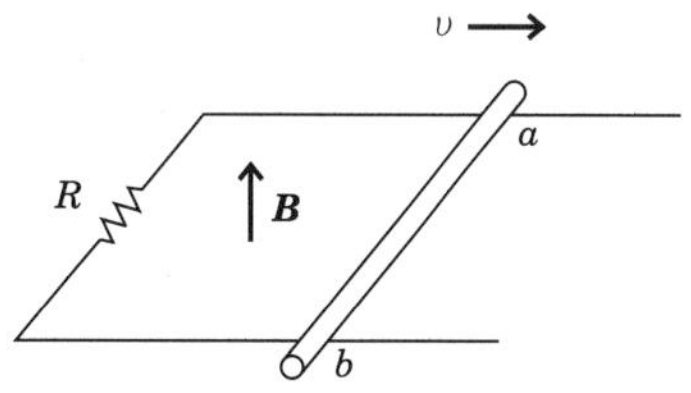

誘磁界は一定であるからフレミングの右手の法則

$$\boldsymbol{E} = \boldsymbol{v} \times \boldsymbol{B} \tag{1}$$

により，電界の大きさは vB，方向は $\boldsymbol{v}$ と $\boldsymbol{B}$ のベクトル積の方向，a から b である。a に対する b での電位差 V_{ba} は

$$V_{ba} = \int_a^b E dx = vB\ell \tag{2}$$

電流は

$$I = \frac{V_{ba}}{R} = \frac{vB\ell}{R} \tag{3}$$

電流の方向はクーロン力による正電荷の移動方向，すなわち a から b である。この方向は，閉ループ内の外部磁場による磁束の増大を妨げる電流方向となっている。
金属棒に働く力は

$$\boldsymbol{F} = (\boldsymbol{I} \times \boldsymbol{B})\ell \tag{4}$$

この力の強さは

$$F = IB\ell = \frac{B^2\ell^2 v}{R} \tag{5}$$

方向は $\boldsymbol{I}$ と $\boldsymbol{B}$ のベクトル積の方向，すなわち左方向であり，金属棒の運動を妨げる方向である。この方向はループ内の磁束が増大するのを妨げる移動方向となっている。

[補足 1]

(2) はファラデーの電磁誘導の式からも求められる。

$$V = -\frac{d\Phi}{dt} = -B\frac{dS}{dt} = -Bv\ell$$

これより a と b 間の電位差の絶対値は $vB\ell$ である。また，これにより電流の大きさ (3) が求まる。ただし，電位差の方向，電流の方向はこのままでは不明である。この場合はループ内磁束が増大するのを妨げるように，すなわち電流により下向きの誘磁界が発生するように，a から b の方向に電流が流れるはずであると判断することができる。この点では (1) を出発点として考えた方がスムーズであろう。
なお，誘磁界が変動する場合はフレミングの右手の法則をそのまま適用できないので，その法則の基である式 (19.7) を用いるか，ファラデーの電磁誘導の法則式を用いて計算する。

[補足 2]

抵抗 R や導線がなく，誘磁界中で金属棒が移動した場合であっても (1), (2) で与えられる電界，起電力が発生し，電荷の移動が起き，ローレンツ力により金属棒に力が発生する。しかし，a から b に正孔が流れて a に負，b に正の電荷がたまるとやがてその電荷による電界（ホール電界）により金属棒の電界がキャンセルされてしまい，電荷の移動が止まる。一方，外部負荷をつけると，b に移動した正電荷は外部回路を通って a にある負電荷と中和されるためホール電界が生じず，a から b への正電荷移動，b から a への負電荷移動，すなわち a から b へ (3) により与えられる電流が流れ続けることとなる。また，それに伴い (5) で与えられる力がローレンツ力により働き続けることとなる。

演習問題

19.1 次の文章が完結するように人名か，適当な述語を記入せよ。

[ ]の発見は，電流が磁気的現象を示すというものであった。[ ]は逆に磁気的現象に基づいて電流を発生できるはずであると考え，ついに電磁誘導現象を発見した。これによると，コイルを切る磁束が一定のときは電流は[ ]が，磁束が時間的に変化すると電流がコイルに[ ]ことがわかった。このとき，コイル内に発生する電流の方向は磁束の変化を妨げるような方向となる。これを[ ]の法則という。

これらの事実を数式で表現したのは[ ]である。これらをまとめると，「1 つのループに電磁誘導によって発生する起電力は，その回路と鎖交する[ ]の減少する割合に比例する」となる。

19.2 ループ c で囲まれた面 s 内に $B = 25\cos\omega t$ の誘磁界が一様に分布するときに，ループに発生する起電力の最大値は何 [V] か。ただし，$\omega = 100\pi$ [rad/s]，$S = 200$ [cm^2] とする。

19.3 一様な誘磁界 $\boldsymbol{B}$ 中で面積 S の閉回路が $\boldsymbol{B}$ に直角な軸の周りに一定角速度 ω で回転しているとき，回路に誘起される起電力を求めよ。

19.4 半径 a，巻数 N の 2 個のコイル L_1，L_2 を間隔 $2d$ で平行に置き，両方のコイルに同じ方向の電流 I を流して誘磁界を発生させる。両コイルの中央に a よりも十分小さい半径 b を持つ巻数 n のコイル L_3 を置き，角速度 ω で回転させたとき，コイル L_3 に発生する起電力を求めよ。

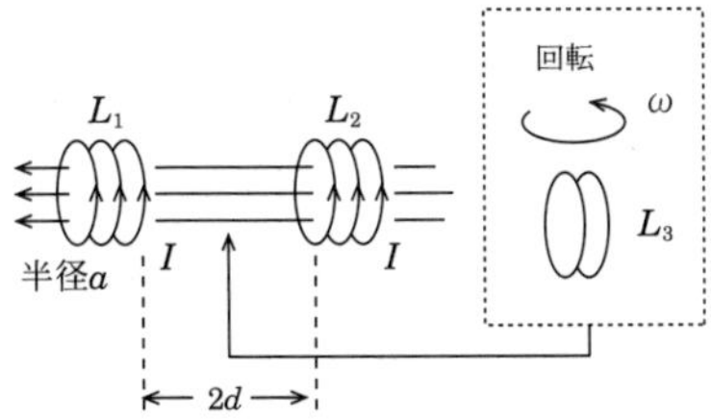

19.5 長さ 1 [cm] の導体が z 軸に平行に置かれ，25 [cm] の半径で z 軸の周りを角速度 150 [rad/s] で回転している。誘磁界 $B = 1.2$ [Wb/m^2] を z 軸と垂直な方向にかけたとき，発生する起電力を求めよ。

第 20 章　磁界に関するガウスの法則

20.1　磁荷に関するクーロンの法則

磁荷に関するクーロンの法則

真空中において距離 r [m] だけ隔てた 2 つの単独磁荷 † m_1，m_2 の間には次の力が働く。

$$F = \frac{m_1 m_2}{4\pi\mu_0 r^2} \quad [\mathrm{N}] \qquad (20.1)$$

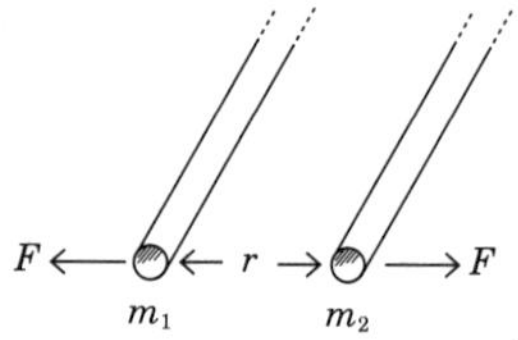

図20.1

m_1，m_2：磁荷　[Wb]

磁荷と電荷に関するクーロンの法則の比較

式（20.1）は第 1 章で学んだ電荷に関するクーロンの法則と同じ形をしている。

$$F = \frac{Q_1 Q_2}{4\pi\varepsilon_0 r^2} \quad [\mathrm{N}] \qquad (1.1)$$

置換 $\varepsilon_0 \overset{Q \to m}{\longrightarrow} \mu_0$

【例 20.1】　磁荷 m_1，m_2 が距離 15 [cm] 離れて置かれている。このとき，互いの磁荷に働く力を求めよ。ただし，$m_1 = 2 \times 10^{-6}$ [Wb]，$m_2 = 3 \times 10^{-6}$ [Wb] とする。

式（20.1）により

$$F = \frac{m_1 m_2}{4\pi\mu_0 r^2} = \frac{2 \times 10^{-6} \times 3 \times 10^{-6}}{4\pi \times 4\pi \times 10^{-7} \times (15 \times 10^{-2})^2} = 1.69 \times 10^{-5} \quad [\mathrm{N}]$$

20.2　磁界に関するガウスの法則

磁界に関するガウスの法則

☆誘磁界のある空間に任意の閉曲面をとると，磁力線は必ずその閉曲面に入り込んだ量だけ流出する。
☆誘磁界 B の閉曲面からの発散はない。

† 単独磁荷は存在しないといわれているが，磁極間の距離を長くして見かけ上単独であると考える。なお，理論的には単独磁荷が存在しても不合理でないとの報告もある。

ベクトル表示式

$$\oint_s \boldsymbol{B} \cdot \boldsymbol{n}_0 dS = 0 \tag{20.2}$$

スカラー表示式

$$\oint_s B_n dS = 0 \tag{20.3}$$

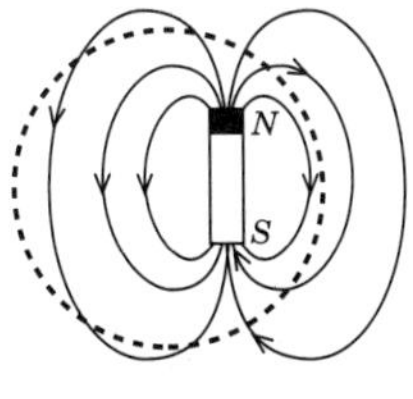

図20.2

磁力線

磁力線：電界に対する電気力線と同様に誘磁界（or 磁界）に対して考えた仮想の線。

磁界と電界に関するガウスの法則の相違

磁界に関するガウスの法則も電界に関するガウスの法則と同じ形をしている。これらの間には次のような相違がある。

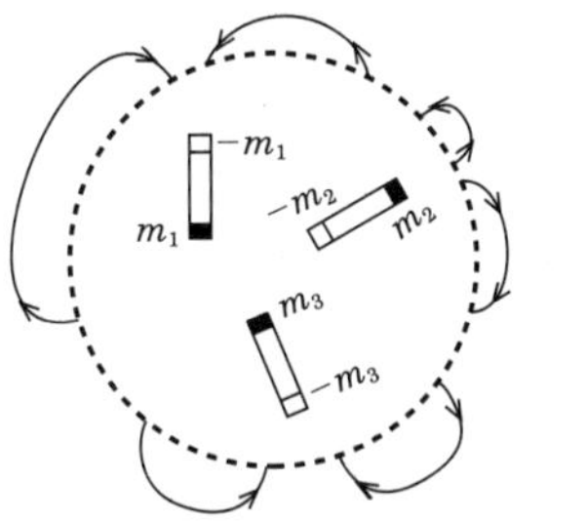

$\sum m = m_1 - m_1 + m_2 - m_2 = 0$

図20.3

単独に磁荷が存在しないので出た磁力線は必ず入る。

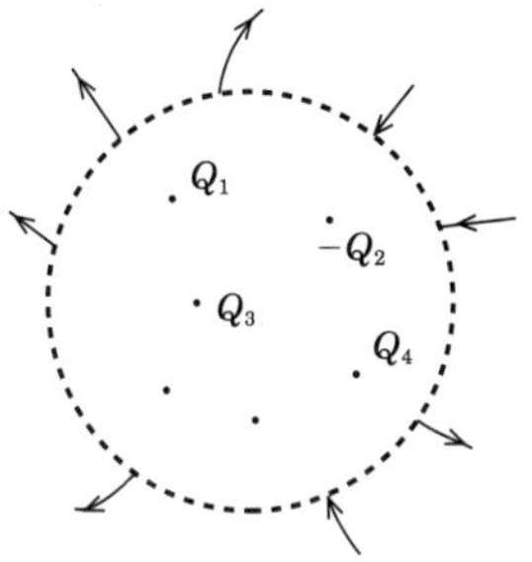

$\sum Q = Q_1 - Q_2 + Q_3 + Q_4 \neq 0$

図20.4

閉曲面から出る電気力線の本数は内部の総電荷量に依存する。

20.3　ガウスの法則（磁界）の微分形

磁界に関するガウスの法則，式（20.2）に（10.9）のガウスの発散定理

$$\int_s \boldsymbol{B} \cdot \boldsymbol{n}_0 dS = \int_v \nabla \cdot \boldsymbol{B} dv$$

を用いると

$$\int_v \nabla \cdot \boldsymbol{B} dv = 0 \tag{20.4}$$

誘磁界に関する微分方程式　これより，誘磁界に関する微分方程式は

$$\nabla \cdot \boldsymbol{B} = 0 \qquad (20.5)$$

磁界に関する微分方程式　磁界に関する微分方程式は，上式と式（16.2）より

$$\nabla \cdot \boldsymbol{H} = 0 \qquad (20.6)$$

20.4　スカラー・ポテンシャルとベクトル・ポテンシャル

スカラー・ポテンシャル　**発散界（保存界）**：ベクトル $\boldsymbol{C}_c$ がスカラー V で

$$\boldsymbol{C}_c = -\nabla V \qquad (20.7)$$

と表されるとき，$\boldsymbol{C}_c$ を発散界（保存界：渦がない）という。このとき，V を**スカラー・ポテンシャル**という。

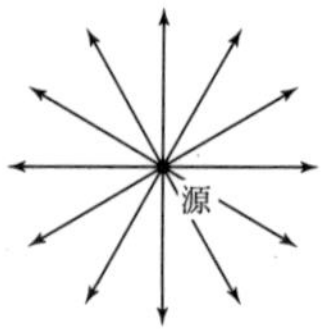

図20.5

$\boldsymbol{C}_c$ が式（20.7）のようにスカラーの勾配で表されるとき，左辺の $\boldsymbol{C}_c$ に $\nabla\times$ を行うと，公式（18.5）

$$\nabla \times \nabla\phi = 0 \qquad (18.5)$$

より

$$\nabla \times \boldsymbol{C}_c = \nabla \times (-\nabla V) = 0 \qquad (20.8)$$

$\boldsymbol{C}_c$ の rot は必ず零となるので渦（rot）がないという。

電磁気学での例　ファラデーの電磁誘導の法則の微分方程式，式（19.8）（面 s 固定）において，誘磁界 $\boldsymbol{B}$ が時間的に変化しないとき（静磁界），すなわち $\frac{\partial \boldsymbol{B}}{\partial t} = 0$ のとき，

$$\nabla \times \boldsymbol{E} = 0 \qquad (20.9)$$

となるので，電界 $\boldsymbol{E}$ は発散界（保存界）である。

$$\boldsymbol{E} = -\nabla V \qquad (20.10)$$

であるから，V（電位）は数学的にはスカラー・ポテンシャルである。

一様な電位が加わった場合

なお，スカラー・ポテンシャルは任意の定数 V_0 だけ大きさが変化してもよい。例えば，$V = V' + V_0$ としても，V_0 が空間的に一様な場合

$$\frac{\partial V_0}{\partial x} = \frac{\partial V_0}{\partial y} = \frac{\partial V_0}{\partial z} = 0 \qquad (20.11)$$

すなわち $\nabla V_0 = 0$ であるから

$$\begin{aligned} \boldsymbol{C}_c &= -\nabla V = -\nabla(V' + V_0) = -\nabla V' - \nabla V_0 \\ &= -\nabla V' \end{aligned} \qquad (20.12)$$

ベクトル・ポテンシャル

渦界：ベクトル $\boldsymbol{C}_s$ がベクトル $\boldsymbol{A}$ で

$$\boldsymbol{C}_s = \nabla \times \boldsymbol{A} \qquad (20.13)$$

と表されるとき，$\boldsymbol{C}_s$ を渦界という。このとき，$\boldsymbol{A}$ をベクトル・ポテンシャルという。

図20.6

$\boldsymbol{C}_s$ が式（20.13）のようにベクトルの回転で表されるとき，$\boldsymbol{C}_s$ に $\nabla\cdot$ を行うと，公式（18.6）

$$\nabla \cdot \nabla \times \boldsymbol{A} = 0 \qquad (18.6)$$

より

$$\nabla \cdot \boldsymbol{C}_s = \nabla \cdot \nabla \times \boldsymbol{A} = 0 \qquad (20.14)$$

$\boldsymbol{C}_s$ の div は必ず零となるので発散（div）がないという。

電磁気学での例

磁界に関するガウスの法則，式（20.5）

$$\nabla \cdot \boldsymbol{B} = 0 \qquad (20.5)$$

により，誘磁界 $\boldsymbol{B}$ は発散がない。このため $\boldsymbol{B}$ は必ずベクトルポテンシャル $\boldsymbol{A}$ を持つ。すなわち，

$$\boldsymbol{B} = \nabla \times \boldsymbol{A} \qquad (20.15)$$

なお，ベクトル・ポテンシャル $\boldsymbol{A}$ は任意の関数 U の勾配 ∇U だけ変化しても変わらない。例えば，$\boldsymbol{A} = \boldsymbol{A}' + \nabla U$ としても

$$\boldsymbol{C}_s = \nabla \times \boldsymbol{A} = \nabla \times (\boldsymbol{A}' + \nabla U) = \nabla \times \boldsymbol{A}' + \nabla \times \nabla U$$

上式の右辺第 2 項はベクトル公式（18.5）

$$\nabla \times \nabla\phi = 0 \qquad (18.5)$$

より $\nabla \times \nabla U = 0$ であるから，

$$\boldsymbol{C}_s = \nabla \times \boldsymbol{A}'$$

ベクトル界を保存界と渦界で表す

任意のベクトル界 $\boldsymbol{C}$ は保存界 $\boldsymbol{C}_c$ と渦界 $\boldsymbol{C}_s$ の和で表すことができる。

$$\boldsymbol{C} = \boldsymbol{C}_c + \boldsymbol{C}_s = -\,\mathrm{grad}\ V + \mathrm{rot}\ \boldsymbol{A} \qquad (20.16)$$

演習問題

20.1　2 つの磁荷 1.5×10^{-6} [Wb]，2.4×10^{-6} [Wb] が距離 20 [cm] 離れて置かれている。このとき，互いの磁荷に働く力を求めよ。

20.2　磁荷 $m_1 = 2 \times 10^{-6}$ [Wb] に 2×10^{-5} [N] の力が働いている。m_1 から距離 10 [cm] 離れて置かれている磁荷 m_2 の値を求めよ。

20.3　ベクトル界 $\boldsymbol{A} = z\boldsymbol{i} + x\boldsymbol{j} + y\boldsymbol{k}$ のベクトルポテンシャルを求めよ。

20.4　スカラー関数 ϕ，ψ の勾配のベクトル積

$$\boldsymbol{A} = \nabla\phi \times \nabla\psi$$

のベクトルポテンシャルを求めよ。

第 21 章　磁性体と磁化

21.1　磁性体

磁化作用の要因

磁化作用の要因：物質は原子核と電子で構成されていて，電子は核の周りに軌道運動している。また，電子は回転運動をして見かけ上一種の微小な電流ループを形成しているものと考えられ，電子のスピンを微小な磁石と見なしてもよい。

外部からの磁界がないと，スピンによる微小な電流ループは原子の熱振動によってそれぞれランダムな方向に振動し，そのため全体としては，磁化作用を示さない。しかし，外部から磁界を加えると，電流ループに働くトルク作用のために，熱運動に逆らってループが磁界の方向に向く。これが磁化作用の現れである。

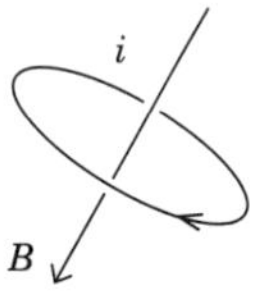

図21.1　電子のスピン

電子のスピンは図のように電流が流れると解釈すればアンペアの積分則により磁界ができ磁性を持つことが理解できる。

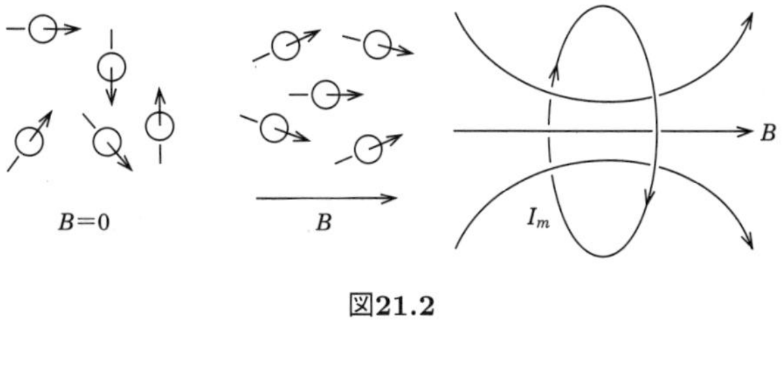

図21.2

磁気誘導	**磁気誘導**：磁界中に置かれた物体に磁極が現れる現象。
磁性体	**磁性体**：磁気誘導が現れる物質。
常磁性体	**常磁性体**：磁界と同じ方向に磁化され，その大きさが磁界に比例する物質。物質が磁性を発する主たる要因は電子の自転運動による双極子作用によるものと考えられている。このような双極子は通常，乱雑に配列しているため磁性を現さないが，外部磁界が作用すると一方向に配向して磁気を現す。このような物質を常磁性体という。
強磁性体	**強磁性体**：双極子の相互作用により磁極が一方向に配向し，強い磁気を現す物質。普通磁性体というとこれを指す。 （例）鉄，ニッケル，コバルト，これらの金属間化合物
反磁性体	**反磁性体**：導体では，自由電子の軌道が外部磁場で曲げられ，それは内部磁束を打ち消す方向に働くため反磁性を示す。超伝導体は内部磁束を完全に打ち消す完全反磁性体であり，この性質（マイスナー効果）により強力な超伝導磁気浮上が可能となる。
反強磁性体	**反強磁性体**：内部の磁化が互いに向き合って並び，見かけは常磁性体に近い。

21.2　磁化ベクトル

磁化ベクトル

磁化ベクトル：上述したように，磁性体中では磁気的な分極が生じ，物質内部の磁界が変化する。このような磁化作用を表すベクトルを磁化ベクトル $\boldsymbol{M}$ という。このとき，磁化ループ電流を I_m として，磁化ベクトルとの関係は次式で表される（図21.3）。

磁化電流 $\boldsymbol{I_m}$

$$I_m = \oint_c \boldsymbol{M} \cdot \boldsymbol{d\ell} \qquad (21.1)$$

さて，磁性体におけるアンペアの周回積分の法則は実電流の他に磁化電流も加えて次のように表される。

$$\oint_c \frac{\boldsymbol{B}}{\mu_0} \cdot \boldsymbol{d\ell} = \underbrace{I}_{\text{実電流}} + \underbrace{I_m}_{\text{磁化電流}} \qquad (21.2)$$

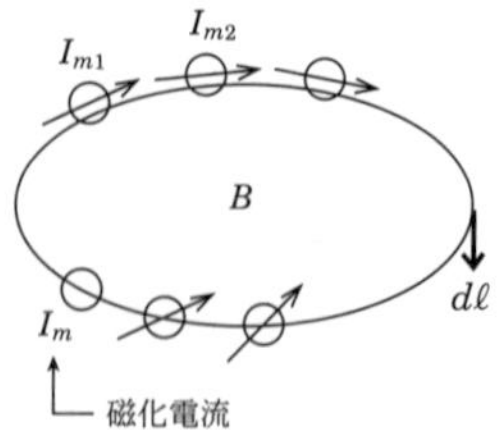

図21.3

磁性体におけるアンペアの周回積分の法則

式（21.1）を（21.2）に代入して

$$\oint_c \frac{\boldsymbol{B}}{\mu_0} \cdot d\boldsymbol{\ell} = I + \oint_c \boldsymbol{M} \cdot d\boldsymbol{\ell} \tag{21.3}$$

と表される。これを変形すると磁性体を考慮したアンペアの周回積分の法則が求まる。

$$\oint_c (\frac{\boldsymbol{B}}{\mu_0} - \boldsymbol{M}) \cdot d\boldsymbol{\ell} = I \tag{21.4}$$

磁界で表したアンペアの周回積分の法則

ところで，アンペアの周回積分の法則は

$$\oint_c \boldsymbol{H} \cdot d\boldsymbol{\ell} = I \tag{21.5}$$

スカラーで表すと

$$\oint_c H_\ell d\ell = I \tag{21.6}$$

と表されるから，式（21.4）と（21.5）を比較して

$\boldsymbol{H}$ と $\boldsymbol{B}$ と $\boldsymbol{M}$ の関係

$$\boldsymbol{H} = \frac{1}{\mu_0}\boldsymbol{B} - \boldsymbol{M} \tag{21.7}$$

これより，誘磁界と磁界の関係は次のように表される。

『磁界』		『電界』
$\boldsymbol{B} = \mu_0 \boldsymbol{H} + \mu_0 \boldsymbol{M}$	(21.8)	$\boldsymbol{D} = \varepsilon_0 \boldsymbol{E} + \boldsymbol{P}$

$\boldsymbol{M}$：磁化ベクトル，　$\boldsymbol{H}$：磁界

μ_0：真空透磁率 ($4\pi \times 10^{-7}$　[H/m])

誘磁界 $\boldsymbol{B}$ と磁界 $\boldsymbol{H}$ の関係

線形等方媒質中では誘磁界 $\boldsymbol{B}$ と磁界 $\boldsymbol{H}$ の関係は次のように表される。

$$\boldsymbol{B} = \mu_0(1 + \chi_m)\boldsymbol{H} = \mu \boldsymbol{H} \tag{21.9}$$

ただし

$$\boldsymbol{M} = \chi_m \boldsymbol{H} \tag{21.10}$$

$$\mu = \mu_0 \mu_r \tag{21.11}$$

磁化率

比透磁率

χ_m：磁化率

μ_r：比透磁率

21.3　強磁性体とその応用

棒磁石の磁化

棒磁石が図21.4（a）のように磁化しているとき，磁石内の磁束密度は磁化と同方向，磁石外では図21.4（b）に示す分布となっている。一方，磁石外の磁界は，磁石外の磁化が 0 であることから，磁束密度の方向と一致する。磁石内では $\boldsymbol{H} = \boldsymbol{B}/\mu_0 - \boldsymbol{M}$ により，図21.4（c）に示すように磁化と反対方向の分布となり，見かけ上，正負の分極磁荷が磁石の両端に存在して N 極と S 極を構成している。

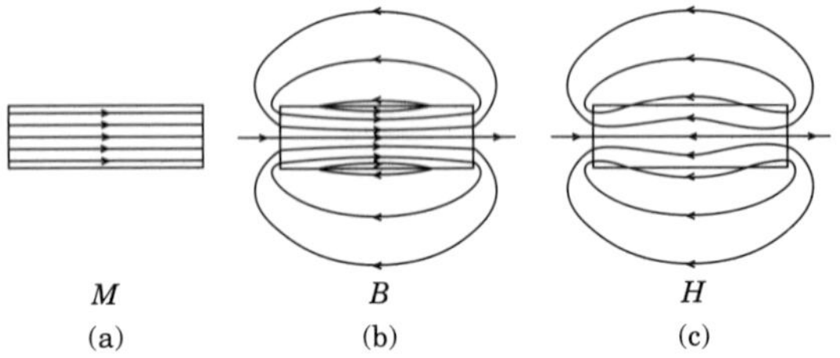

図21.4　棒磁石における磁化 $\boldsymbol{M}$，磁束密度 $\boldsymbol{B}$，磁界 $\boldsymbol{H}$ の分布

磁気ヒステリシス

常磁性体では磁化 M は外部磁界 H により生じ，$H = 0$ で消失する。しかし，磁気モーメントの大きい Fe，Co，Ni，Mn，Gd，Cr の化合物の強磁性体などでは，磁気的分極のために外部磁界を取り去っても磁化 M は 0 にはならず，残留磁化を有する。

このため見かけ上，磁化率，透磁率は外部磁界の履歴に依存し，H と M の関係は図21.5 のようになる。この曲線は磁化曲線または M-H 曲線と呼ばれ，B-H の関係で表した場合は B-H 曲線と呼ばれる。外部磁界の履歴に依存する磁気ヒステリシスを有することが特徴である。† 磁化極性を反転させるのに必要な外部磁界は保持力 Hc と呼ばれる。磁気記録などに用いられる磁性材料としては保持力が強く，飽和磁化，残留磁化が大きいものが適している。

---

† ヒステリシス現象は強磁性体に限らず多くの材料・素子で見られる。強磁性体と類似した特性曲線を示す例として，圧電素子の電圧—変位特性などがある。

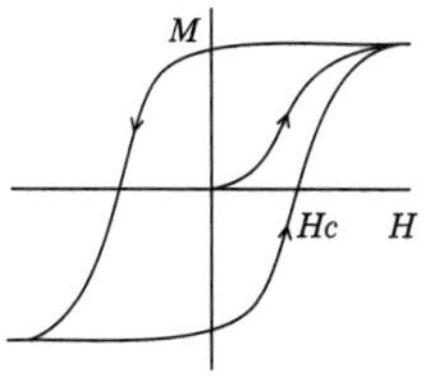

図21.5　磁化曲線

磁区

強磁性体内では正負方向の磁区が配列されており，マクロに見れば，磁化は正負の磁区面積の差により現れる。一般には，磁区の境界である磁壁が外部磁界により移動して同磁化方向の磁区が拡大し，磁性体全体の磁化が変化する。外部磁界を取り去ると，静磁エネルギーが最小になるように各磁区の大きさがほぼ元に戻るが，粒界などでは磁壁が移動しにくいため容易に元に戻れず，ヒステリシス現象が生じる。

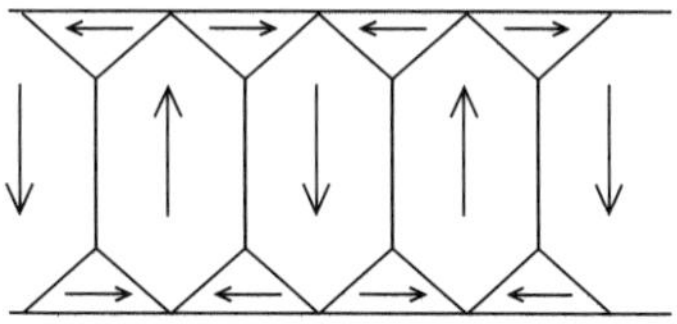

図21.6　磁区

強磁性薄膜と光磁気記録

強磁性体は熱すると保持力が低下し，ある温度（キュリー点）で磁性を消失する。そして冷却すると再び磁性を現すが，その極性は外部磁界の方向となる。この性質を利用し，昇温手段にレーザースポット光を用いたものがMDやMOなどで使われている書き換え可能型光磁気記録（キュリー点書き込み）である。材料としてはじめは，強い垂直磁気異方性を有するMnBi薄膜が有力視されたが，現在ではTbFeCo化合物薄膜が多く使われている。

磁気光学効果	偏光した光が磁区を透過すると磁化方向に応じて偏光面が回転する（ファラデー効果）。また，反射光についてもその偏光面が回転する（カー効果）。これらの効果を磁気光学効果という。この効果を利用すれば，磁性体の磁区配列を容易・鮮明に観察できる。光磁気記録における読み出しは主にこの効果を使っている。
参考：相変態書き込み[†]	強磁性体に限らず金属材料にはむやみに昇温するとやがて相変態により結晶構造が急に変化し，高温相に相変態（相転移）するものが多い。この高温相は冷却すると逆過程をたどって元の低温相に戻るが，急冷すると元の結晶への再構成が間に合わず，低温でも高温相が保たれるクエンチング現象が現れる。 この高温相はエージングにより元の低温相に戻ることができる。このため書き換え可能な光記録媒体として利用することができる。材料として必ずしも磁性体である必要がなく，現在では高温相がアモルファスである GeSbTe 化合物薄膜が多く使われている。この場合の読み出しは低温相と高温相の反射率の差を利用している。

† 光磁気記録の読み出し書き込みの原理は，磁性体の性質をそのまま応用したものである。一方，相変態書き込みは MnBi の書き換え実験中に見出されたものではあるが，磁性体の特性を使っているわけではない。ここでは方式の比較のため，参考として載せている。

第 22 章　磁気回路

22.1　磁気回路

磁気回路

図22.1 のような磁心の磁束や磁界を求めることを考える。

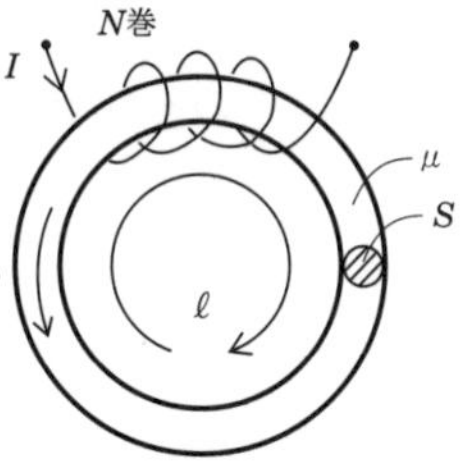

図22.1

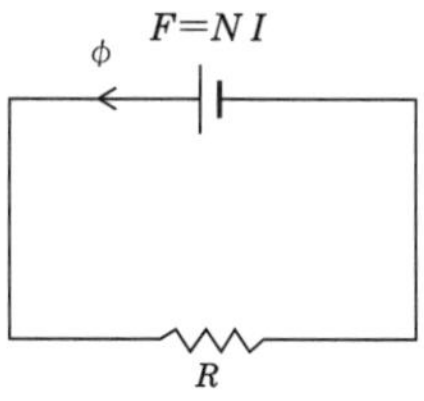

図22.2

磁心中心を通る仮想閉曲線 c を描く。この仮想閉曲線 c 内を通るすべての電流（総電流量）は $\Sigma I = NI$ であるから，アンペアの周回積分の法則式（16.4）より

$$\oint_c \frac{B}{\mu} d\ell = NI \tag{22.1}$$

ループ c 上では B は一様であり，またループ長は ℓ であるから

$$\frac{B}{\mu}\ell = NI$$

一方，断面の磁束が一様であるとすれば，断面積を S として，

$$\phi = BS \tag{22.2}$$

したがって

$$\frac{\phi}{\mu S}\ell = NI$$

左辺と右辺を交換すれば

$$NI = \frac{\ell}{\mu S}\phi$$

磁気回路におけるオームの法則

これから，**磁気回路におけるオームの法則**は次のように表される。

$$\mathcal{F} = \phi \mathcal{R} \tag{22.3}$$

起磁力

磁気抵抗

起磁力 : $\mathcal{F} = NI$ [AT] (22.4)

磁束 : ϕ [Wb]

磁気抵抗 : $\mathcal{R} = \dfrac{\ell}{\mu S}$ [AT/Wb] (22.5)

起磁力は電源，磁束は電流，磁気抵抗は電気抵抗に対応する。ちなみに電気抵抗は次式で与えられることをすでに学んだ。

$$R = \frac{\ell}{\kappa S} = \rho \frac{\ell}{S} \tag{12.11}$$

図22.1 の磁気回路の等価回路は図22.2 で表すことができる。

コイルの磁束と磁界を求める

いま，図22.3 のような磁気回路の磁束や誘磁界を求めてみよう。磁心の磁気抵抗を $\mathcal{R}_1$，空隙中のそれを $\mathcal{R}_2$ とすると，式（22.5）より

$$\mathcal{R}_1 = \frac{\ell_1}{\mu_1 \mu_0 S} \quad , \quad \mathcal{R}_2 = \frac{\ell_2}{\mu_0 S} \tag{22.6}$$

ただし，μ_1 は磁心の比透磁率を示す。
合成磁気抵抗は

$$\mathcal{R} = \mathcal{R}_1 + \mathcal{R}_2 \tag{22.7}$$

磁気回路の磁束

式（22.6）（22.7）を（22.3）に代入すれば，式（22.4）を考慮して回路の磁束は

$$\phi = \frac{\mathcal{F}}{\mathcal{R}} = \frac{NI}{\frac{\ell_1}{\mu_1 \mu_0 S} + \frac{\ell_2}{\mu_0 S}} \tag{22.8}$$

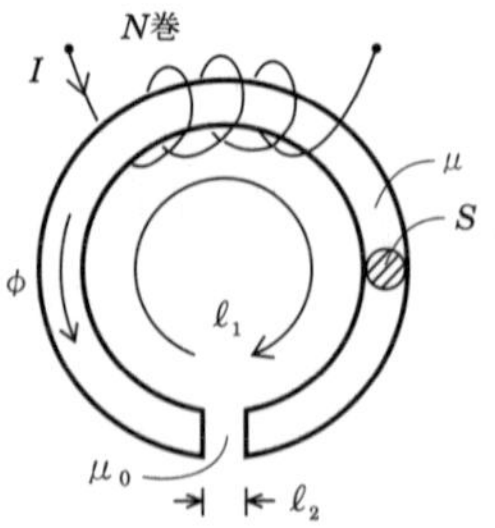

図22.3

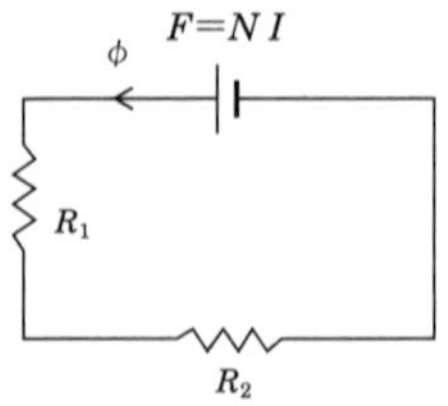

図22.4

磁心中の誘磁界と空隙中の磁界

誘磁界は

$$B = \frac{\phi}{S} = \frac{NI}{\frac{\ell_1}{\mu_1\mu_0} + \frac{\ell_2}{\mu_0}} \tag{22.9}$$

磁心中と空隙中では磁束，誘磁界は同じであるが，磁界は異なる。磁心中と空隙での磁界 H_1，H_2 は

$$H_1 = \frac{B}{\mu_1\mu_0} = \frac{NI}{\ell_1 + \mu_1\ell_2} \tag{22.10}$$

$$H_2 = \frac{B}{\mu_0} = \frac{NI}{\frac{\ell_1}{\mu_1} + \ell_2} \tag{22.11}$$

なお，空隙間隔が断面積に比べ十分大きくなると空隙で磁力線が広がり誘磁界は小さくなる（本書では空隙での磁力線の広がりを無視して扱うものとする）。

【例 22.1】 鉄心の長さ $\ell_1 = 50$ [cm]，空隙の長さ $\ell_2 = 1$ [mm] の磁気回路の磁束および誘磁界を求めよ。ただし，鉄心の断面積 $S = 4$ [cm^2]，コイルの巻数 $N = 1000$ [回]，電流 $I = 10$ [A]，鉄の比透磁率 $\mu_1 = 1000$ とする。また，鉄心中および空隙での磁界を求めよ。

磁気回路におけるオームの法則により，磁束は

$$\phi = \frac{NI}{\frac{\ell_1}{\mu_0\mu_1 S} + \frac{\ell_2}{\mu_0 S}} = \frac{NI}{\frac{\ell_1}{\mu_1} + \ell_2}\mu_0 S = \frac{32\pi}{3} \times 10^{-4} = 3.4 \times 10^{-3} \quad [\mathrm{Wb}]$$

誘磁界は

$$B = \frac{\phi}{S} = \frac{8}{3}\pi = 8.4 \quad [\mathrm{Wb/m^2}]$$

磁界は

$$\text{鉄心中} \ : \ H_1 = \frac{B}{\mu_1\mu_0} = \frac{2}{3} \times 10^4 \quad [\mathrm{AT/m}]$$

$$\text{空隙} \ : \ H_2 = \frac{B}{\mu_0} = \frac{2}{3} \times 10^7 \quad [\mathrm{AT/m}]$$

【例 22.2】 前問で，$\ell_2/\ell_1 = 10^{-3}$ としたとき，空隙を作る場合と，空隙を作らない場合（$\ell_2 = 0$）とで磁気抵抗はどのように異なるか。

空隙がある場合の磁気抵抗 $\mathcal{R}$ は

$$\mathcal{R} = \frac{\ell_1}{\mu_0\mu_1 S} + \frac{\ell_2}{\mu_0 S} = \frac{\ell_1}{\mu_0 S}\left(\frac{1}{\mu_1} + \frac{\ell_2}{\ell_1}\right)$$

空隙がない場合の磁気抵抗 $\mathcal{R}'$ は

$$\mathcal{R}' = \frac{\ell_1}{\mu_0\mu_1 S}$$

よって

$$\frac{\mathcal{R}}{\mathcal{R}'} = \frac{\frac{1}{\mu_1} + \frac{\ell_2}{\ell_1}}{\frac{1}{\mu_1}} = 1 + \frac{\ell_2}{\ell_1}\mu_1 = 2$$

【例 22.3】　図に示すような磁気回路において磁心の断面積 S，比透磁率 μ_r，コイルの巻数 n，電流 I とする。磁心内の磁束 ϕ_1，ϕ_2，ϕ_3 を求めよ。

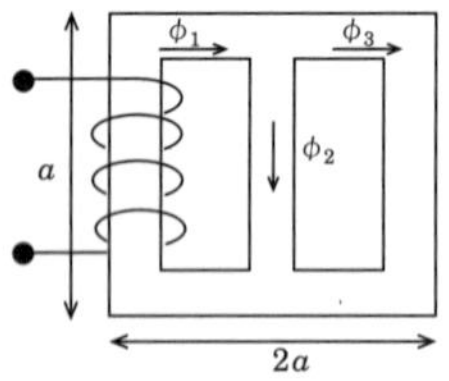

等価回路は右図のようになる。

磁気抵抗は

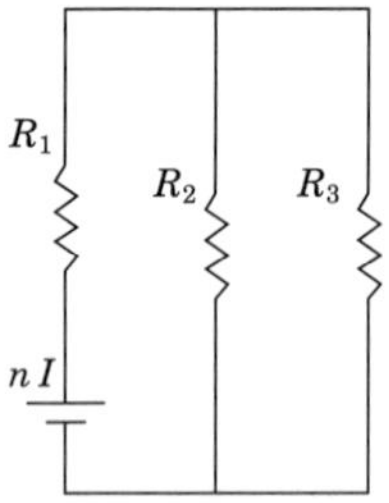

$$\mathcal{R}_1 = \frac{3a}{\mu_0\mu_r S}$$
$$\mathcal{R}_2 = \frac{a}{\mu_0\mu_r S}$$
$$\mathcal{R}_3 = \frac{3a}{\mu_0\mu_r S}$$

コイルから見た合成磁気抵抗は

$$\mathcal{R} = \mathcal{R}_1 + \frac{1}{\frac{1}{\mathcal{R}2} + \frac{1}{\mathcal{R}3}} = \frac{a}{\mu_0\mu_r S}\left(3 + \frac{3}{3+1}\right) = \frac{15}{4}\frac{a}{\mu_0\mu_r S}$$

したがって，磁気回路のオームの法則により磁束 ϕ_1 は次のように求められる。

$$\phi_1 = \frac{nI}{\mathcal{R}} = \frac{4}{15}\frac{nI\mu_0\mu_r S}{a}$$

磁気抵抗 $\mathcal{R}_2$，$\mathcal{R}_3$ での磁束 ϕ_2，ϕ_3 は ϕ_1 が 3 : 1 に分流したものであるから

$$\phi_2 = \frac{3}{4}\phi_1 = \frac{1}{5}\frac{nI\mu_0\mu_r S}{a}$$
$$\phi_3 = \frac{1}{4}\phi_1 = \frac{1}{15}\frac{nI\mu_0\mu_r S}{a}$$

演習問題

22.1 図のように，長さ $\ell = 60$ [cm]，鉄心の断面積 $S = 1$ [cm^2]，比透磁率 $\mu_r = \frac{5}{\pi} \times 10^4$ の磁心に巻数 $N_1 = 50$ のコイル 1 が巻いてある。いま，コイル 1 に 3 [A] の電流を流したとき，磁気抵抗 $\mathcal{R}$，磁心の磁束 ϕ を求めよ。

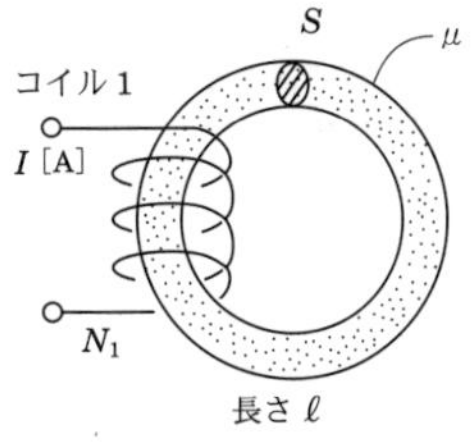

22.2 鉄心の長さ 5 [cm]，断面積 0.5 [cm^2]，比透磁率 4000，コイルの巻数 1600 回のとき，鉄心の磁気抵抗を求めよ。また，コイルに 6.5 [A] の電流を流したとき，鉄心中の磁束を求めよ。

22.3 下図のような，鉄芯の断面積 S，比透磁率 μ_r の磁芯に巻数 N_1 のコイル 1 が巻いてある。コイル 1 に電流 I を流したとき図に示す磁束 ϕ_1，ϕ_2，ϕ_3 を求めよ。

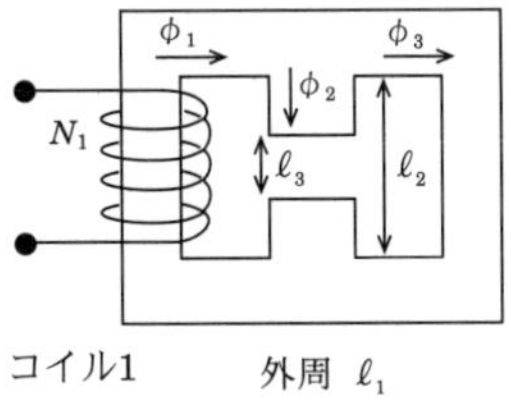

22.4 図のように，磁気回路の N 巻きのコイルに電流 I が加えられている。鉄心の間隙中の磁束密度を求めよ。ただし，磁気回路は断面 S_1，長さ ℓ_1，透磁率 μ_1 の鉄心，断面 S_2，長さ ℓ_2，透磁率 μ_2 の鉄心，および，長さ ℓ_3 の空隙で構成されているとする。

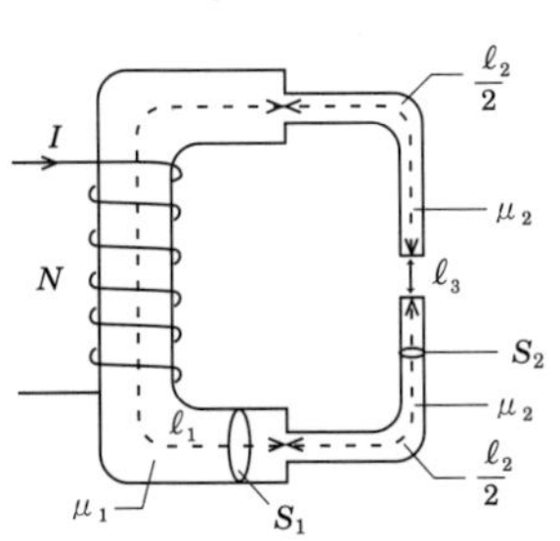

第 23 章　電磁誘導とインダクタンス

23.1　自己誘導

自己誘導

自己誘導：回路の電流が変化すれば，回路を貫いている磁束もまたこれに伴って変わるから電磁誘導の原理に従い逆起電力が誘起される。この現象を自己誘導（Self Induction）という。誘起される逆起電力はファラデーの電磁誘導の法則，式（19.1）より

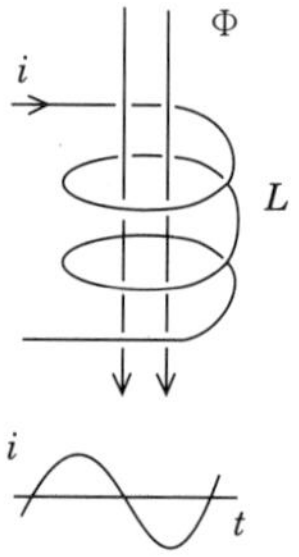

図**23.1**

$$V = -\frac{d\Phi}{dt} \tag{23.1}$$

で表され，これはまた，自己インダクタンス L を使って次のように表される。

$$V = -\frac{d\Phi}{di} \cdot \frac{di}{dt} = -L\frac{di}{dt} \tag{23.2}$$

自己インダクタンス

自己インダクタンス L：コイルの大きさ，巻数，透磁率 μ によって決まる係数。

微分形式　$L = \dfrac{d\Phi}{di}$　(23.3)

鎖交磁束 Φ が電流 i に比例する場合には（回路が鉄などの強磁性体を含まないときなど），自己インダクタンスを次式で書き改めることができる。

線形関係　$L = \dfrac{\Phi}{i}$　(23.4)

23.2　相互誘導

相互誘導

相互誘導：1 つの回路の電流による磁束が他の回路に交わっているときに，この回路の電流の大きさが変化すれば電磁誘導によって別の回路に起電力が誘起される。この現象を相互誘導（Mutual Induction）という。

逆起電力

誘起される逆起電力は

$$V_2 = -\frac{d\Phi_{12}}{dt} \qquad (23.5)$$

Φ_{12} ：1の回路の電流により生じる回路2での鎖交磁束

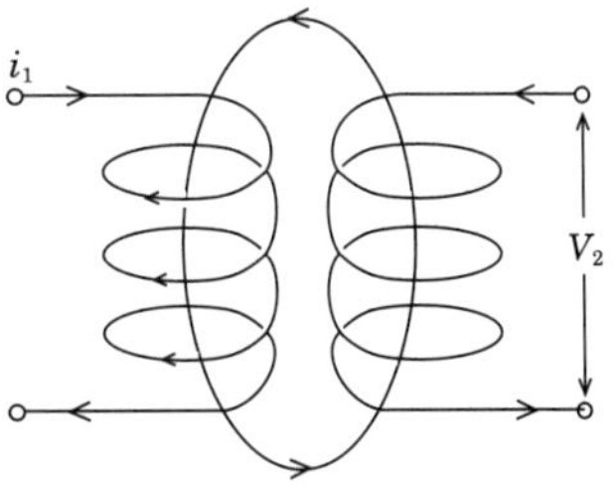

図**23.2**

これはまた相互インダクタンス M を使って次式のように表される。

$$V_2 = -\frac{d\Phi_{12}}{di_1} \cdot \frac{di_1}{dt} = -M\frac{di_1}{dt} \qquad (23.6)$$

相互インダクタンス

相互インダクタンス M：両回路の大きさ，形，相互の位置，巻数および媒質の透磁率によって定まる係数。

$$\text{微分形式} \quad M = \frac{d\Phi_{12}}{di_1} \qquad (23.7)$$

Φ_{12} が電流 i_1 に比例する場合には

$$\text{線形関係} \quad M = \frac{\Phi_{12}}{i_1} \qquad (23.8)$$

相互インダクタンスの正負

相互インダクタンス M の正負の付け方

M は2つのコイルの電流が互いに磁束を増加するような方向の場合には正，減少するような方向のときは負となる（図23.3参照）。

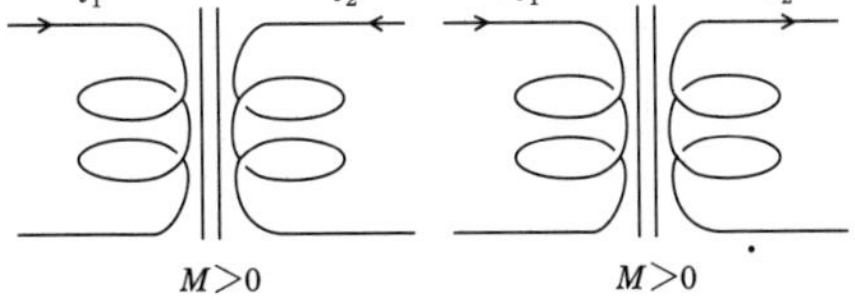

図23.3 (a) 相互インダクタンス M が正のとき ($M > 0$)

図中の・は巻き始めの方向を示す。

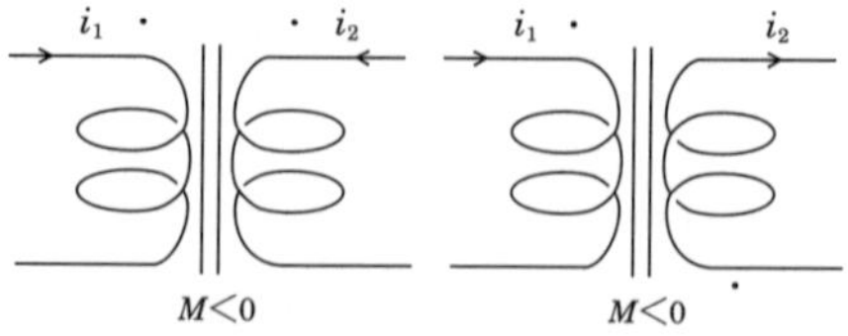

図23.3 （b）相互インダクタンス M が負のとき（$M < 0$）

23.3　鉄心コイルのインダクタンス

1 つの鉄心に 2 つのコイルが巻かれているとき

図のように長さ ℓ，鉄心の断面積 S，透磁率 μ の磁心に巻き数が N_1 と N_2 のコイル 1 と 2 が巻いてある。コイル 1 に I [A] の電流を流したとき，磁心の磁束 ϕ は $\mathcal{R}$ を磁気抵抗として

$$\phi = N_1 I/\mathcal{R} \qquad (23.9)$$

コイル 1 の自己インダクタンス

ただし

$$\mathcal{R} = \ell/(\mu S) \qquad (23.10)$$

$$\mu = \mu_0 \mu_r \qquad (23.11)$$

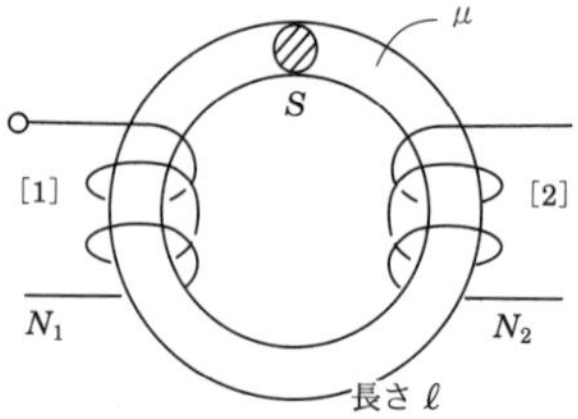

図23.4

コイル 1 の鎖交磁束は

$$\Phi_{11} = N_1\phi = N_1^2 I/\mathcal{R} \qquad (23.12)$$

コイル 2 の鎖交磁束は

$$\Phi_{12} = N_2\phi = N_1 N_2 I/\mathcal{R}$$

コイル 1 の**自己インダクタンス**は式（23.3),（23.10）より

$$L_1 = \frac{d\Phi_{11}}{dI} = \frac{N_1^2}{\mathcal{R}} = \frac{\mu S N_1^2}{\ell} \quad \text{[H]} \qquad (23.13)$$

相互インダクタンス

相互インダクタンスは式（23.7),（23.10）より

$$M = \frac{d\Phi_{12}}{dI} = \frac{N_1 N_2}{\mathcal{R}} = \frac{\mu S N_1 N_2}{\ell} \quad \text{[H]} \qquad (23.14)$$

コイル 2 の自己インダクタンス

同様にして，コイル 2 の**自己インダクタンス**も求められる。

$$L_2 = \frac{d\Phi_{22}}{dI} = \frac{N_2^2}{\mathcal{R}} = \frac{\mu S N_2^2}{\ell} \quad \text{[H]} \qquad (23.15)$$

自己インダクタンスと相互インダクタンスの関係

自己インダクタンスと相互インダクタンスの関係は

$$M = \kappa\sqrt{L_1 L_2} \tag{23.16}$$

係数 κ はコイルの結合状態によって

$$\left.\begin{array}{ll} \kappa = 1 & \text{漏れ磁束がないとき} \\ \kappa < 1 & \text{漏れ磁束があるとき} \end{array}\right\} \tag{23.17}$$

となる。

【例 23.1】 環状ソレノイドのコイル 1 の巻数が 1000，コイル 2 の巻数が 1600 のとき，コイル 1 の自己インダクタンスは 1 [mH] であった。コイル 2 の自己インダクタンスおよび相互インダクタンスを求めよ。

コイル 1 の自己インダクタンス L_1 は，コイル 1 に電流 i_1 を流したとして，

$$L_1 = \frac{d\Phi_{11}}{di_1} = N_1\frac{d\phi_{11}}{di_1} = N_1\frac{d}{di_1}\left(\frac{N_1 i_1}{\mathcal{R}}\right) = \frac{N_1^2}{\mathcal{R}}$$

よって

$$\mathcal{R} = \frac{N_1^2}{L_1} = \frac{(10^3)^2}{10^{-3}} = 10^9[\mathrm{AT/Wb}] \tag{1}$$

コイル 2 の自己インダクタンス L_2 は

$$L_2 = \frac{d\Phi_{22}}{di_2} = N_2\frac{d\phi_{22}}{di_2} = N_2\frac{d}{di_2}\left(\frac{N_2 i_2}{\mathcal{R}}\right) = \frac{N_2^2}{\mathcal{R}}$$

ここで（1）を使えば

$$L_2 = \frac{1600^2}{10^9} = 2.6[\mathrm{mH}]$$

また，相互インダクタンス M は

$$M = \frac{d}{di_1}\Phi_{12} = N_2\frac{d}{di_1}\phi_{12} = N_2\frac{d}{di_1}\left(\frac{N_1 i_1}{\mathcal{R}}\right) = \frac{N_1 N_2}{\mathcal{R}}$$

ここで（1）を利用すれば

$$M = \frac{10^3 \times 1600}{10^9} = 1.6[\mathrm{mH}] \tag{2}$$

（参考）なお，この場合は漏れ磁束がない（$\kappa = 1$）ので，M は（23.16）を利用して求めることもできる。†

$$M = \kappa\sqrt{L_1 L_2} = 1.6[\mathrm{mH}]$$

† 磁気回路が複雑になると，必ずしも（23.16）が成立しない。あるいは，係数 κ の値が簡単には決まらない。そのため，まずは（23.7）の定義に基づいて相互インダクタンスを導出することに慣れるとよい。

【例 23.2】 図のような半径 a [m], 長さ ℓ [m] の導線の内部インダクタンスを求めよ。ただし, 導線の透磁率を μ とする。

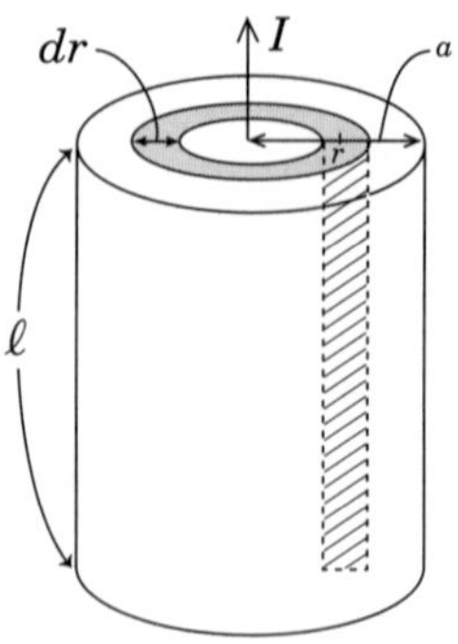

図のように導線の軸方向に電流 I が均一に流れているとすれば, 導線内部で中心より r における誘磁界は例 16.2 の結果より

$$B = \frac{\mu I r}{2\pi a^2} \tag{1}$$

となる。幅 dr, 長さ ℓ の斜線部分を通る磁束は

$$d\phi = B\ell dr = \frac{\mu I \ell}{2\pi a^2} r\, dr \tag{2}$$

この磁束と鎖交する電流は $I(r^2/a^2)$ すなわち I の $\frac{r^2}{a^2}$ 倍であるから鎖交磁束は, (2) にこれを掛けて

$$d\Phi = \frac{\mu I \ell}{2\pi a^4} r^3\, dr \tag{3}$$

したがって, 導線内の全鎖交磁束数は

$$\Phi = \int_{r=0}^{r=a} d\Phi = \frac{\mu I \ell}{2\pi a^4}\int_0^a r^3 dr = \frac{\mu I \ell}{2\pi a^4}\left[\frac{r^4}{4}\right]_0^a = \frac{\mu I \ell}{8\pi} \tag{4}$$

内部インダクタンスは

$$L_{int} = \frac{d\Phi}{dI} = \frac{\mu \ell}{8\pi} \qquad [\mathrm{H}] \tag{5}$$

【例 23.3】 半径 a の 2 本の導線から成る無限長平行往復回路の単位長さあたりの外部インダクタンスを求めよ。ただし, 導線間隔 d は a に比べて十分大きいとする。

上の導線から r の位置に長さ 1 [m], 幅 dr の微小面積 $dS = 1 \times dr$ を設け, これについて考える。この面の誘磁界は

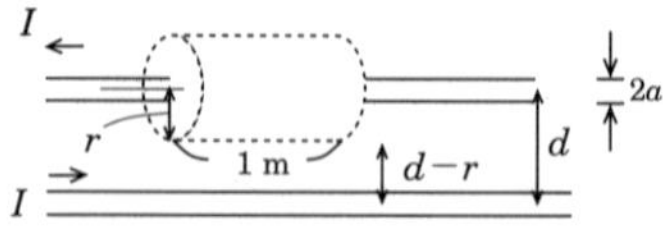

$$B = \mu_0\left\{\frac{I}{2\pi r} + \frac{I}{2\pi(d-r)}\right\}$$

断面 dS を通る磁束は $d\phi = BdS$ であるから, 両導線間を通る単位長さあたりの鎖交磁束は

$$\begin{aligned}\Phi &= \phi = \int_{r=a}^{r=d-a} d\phi = \int_a^{d-a} \frac{I\mu_0}{2\pi}\left\{\frac{1}{r} + \frac{1}{(d-r)}\right\}dr = \frac{\mu_0 I}{2\pi}\log\frac{(d-a)^2}{a^2} \\ &= \frac{\mu_0 I}{\pi}\log\frac{d-a}{a} \end{aligned} \tag{1}$$

特に，導線の半径が導線間隔と比べて無視できるときは

$$\Phi = \frac{\mu_0 I}{\pi} \log \frac{d}{a} \tag{2}$$

したがって，導線間の単位長さあたりの外部インダクタンスは

$$L_{ext} = \frac{d\Phi}{dI} = \frac{\mu_0}{\pi} \log \frac{d}{a} \tag{3}$$

（参考）　なお，内部インダクタンスは例題 23.2 の結果を使って

$$\frac{\mu\ell}{8\pi} \times 2 = \frac{\mu\ell}{4\pi}$$

すなわち，単位長さあたりの内部インダクタンスは $\dfrac{\mu}{4\pi}$ である。

23.4　ソレノイドのインダクタンス

無限長ソレノイドのインダクタンス

無限長ソレノイドのインダクタンスは次のように求められる。無限長ソレノイドの誘磁界は例 16.3 の式（7）により

$$B = \mu n I \tag{23.18}$$

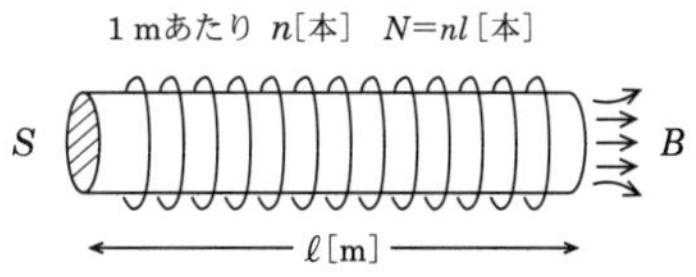

図23.5

鎖交磁束

鎖交磁束は単位長さあたり

$$\Phi = nBS \tag{23.19}$$

単位長さあたりインダクタンス

インダクタンスは

$$L = \frac{d\Phi}{dI} = \mu S n^2 \quad \text{[H/m]} \tag{23.20}$$

無限長ソレノイドの $\boldsymbol{\ell}$ [m] あたりのインダクタンスは ℓ を掛けて

$$L = \mu S n^2 \ell \quad \text{[H]} \tag{23.21}$$

有限長ソレノイドのインダクタンス

有限長ソレノイドのインダクタンスは長岡係数 $\mathcal{L}$ を掛けて

$$L = \mathcal{L}\mu S n^2 \ell \quad \text{[H]} \tag{23.22}$$

$\mathcal{L}$　:　長岡係数，コイルの端の影響を補正する係数

23.5　磁気エネルギー

磁気エネルギー

インダクタンスを有する回路の電流を増加させようとすると，これに反して，コイルの電流の増加を妨げるように式（23.1）のような逆起電力が働く。これに逆らって電流を流すにはエネルギーが必要であり，これはコイルに蓄えられるエネルギーであり，磁気エネルギーと呼ばれる。磁気エネルギーは次のように求められる。式（23.1）を再び書くと

$$V = -\frac{d\Phi}{dt} \tag{23.1}$$

この逆起電力に逆らって，微小電荷 dQ を運ぶのに要する仕事量は，

$$dW = -VdQ \tag{23.23}$$

式（23.23）の V に（23.2）を代入すると

$$dW = L\frac{dI}{dt}dQ = L\frac{dQ}{dt}dI = LIdI$$

この回路に電流を 0 から I まで増加させるのに必要なエネルギーは

$$W = \int_0^I dW = \int_0^I LIdI = \frac{1}{2}LI^2 \quad [\mathrm{J}] \tag{23.24}$$

図 23.4 のコイルの磁気エネルギーは次式で示される。

コイル 1 の磁気エネルギー

コイル 1 のエネルギー

$$W_1 = \frac{1}{2}L_1 I_1^2 \tag{23.25}$$

コイル 2 の磁気エネルギー

コイル 2 のエネルギー

$$W_2 = \frac{1}{2}L_2 I_2^2 \tag{23.26}$$

コイル 1 と 2 の間に蓄えられる磁気エネルギー

コイル 1 と 2 の間に蓄えられるエネルギーは式（23.6）を考慮すれば同様の積分により

$$\begin{aligned} W_{12} &= -\int V_2 dQ_2 = \int M\frac{dI_1}{dt}dQ_2 = M\int_0^{I_1} I_2 dI_1 \\ &= MI_2 I_1 \end{aligned} \tag{23.27}$$

全磁気エネルギー

全エネルギー

$$W = W_1 + W_2 + W_{12} \tag{23.28}$$

演習問題

23.1 図のように長さ $\ell = 22$ [cm]，鉄心の断面積 $S = \frac{5}{\pi}$ [cm^2]，比透磁率 $\mu_r = 12200$ の磁心に，巻数 $N_1 = 220$ 回のコイル 1 と $N_2 = 3000$ 回のコイル 2 が巻いてある。このとき，磁心の磁気抵抗を求めよ。次に，コイル 1 に 3 [A] の電流を流したとき，コイルに流れる磁束 ϕ とコイル 1 の鎖交磁束 Φ_{11}，コイル 2 の鎖交磁束 Φ_{12} を求め，さらに，コイル 1 の自己インダクタンス L_1，相互インダクタンス M を求めよ。

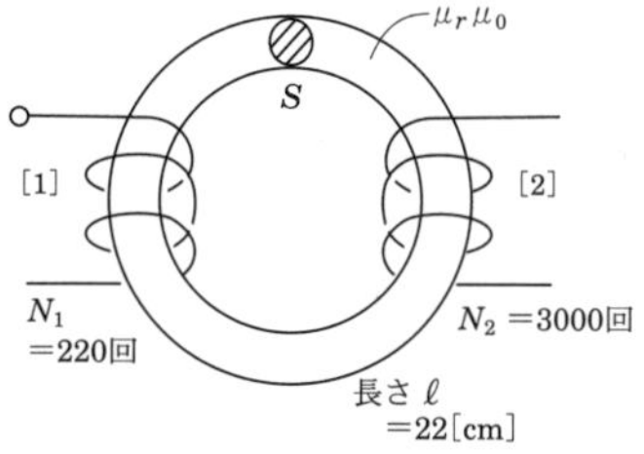

23.2 鉄心の断面積 5 [mm^2]，長さ 30 [cm]，比透磁率 1800 の鉄心に巻数が 1500 のコイル I，巻数が 700 のコイル II が巻かれている。コイル I，II の自己インダクタンスおよび相互インダクタンスを求めよ。

23.3 半径 b の単巻きコイルがあり，その軸上，中心より d の距離に小さな直径 $2a$，長さ ℓ の N 巻きのコイルが置かれている。a，$\ell \ll d$ として，両コイル間の相互インダクタンスを求めよ。

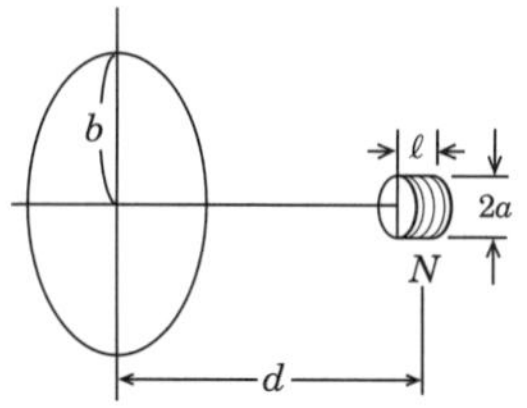

23.4 単位長さあたりの巻き数 n [回/m] の無限ソレノイド中に，右図のように中心軸に対して θ の方向を向いた巻き数 N，半径 a の小コイルが挿入されている。ソレノイドと小コイル間の相互インダクタンスを求めよ。

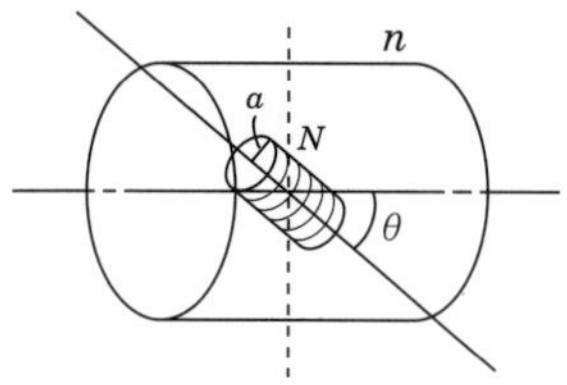

第 24 章　静電界と静磁界の屈折

24.1　誘電体の境界面における条件

誘電体の境界条件

誘電率の異なる 2 種の誘電体の境界面においても，この界面を含む空間で電束あるいは電界はガウスの法則あるいは保存場としての性質を満足していなければならない。このための条件を境界条件という。

電界の境界条件

図24.1 のような誘電率の異なる 2 種の誘電体の境界面において磁束の時間的変動がないとすると，ファラデーの法則，式（19.5）

$$\oint_c E_\ell d\,\ell = -\frac{d}{dt}\int_s B_n dS \qquad (19.5)$$

において，右辺が零となるので，次のように表される。

$$\oint_c E_\ell d\,\ell = 0 \qquad (24.1)$$

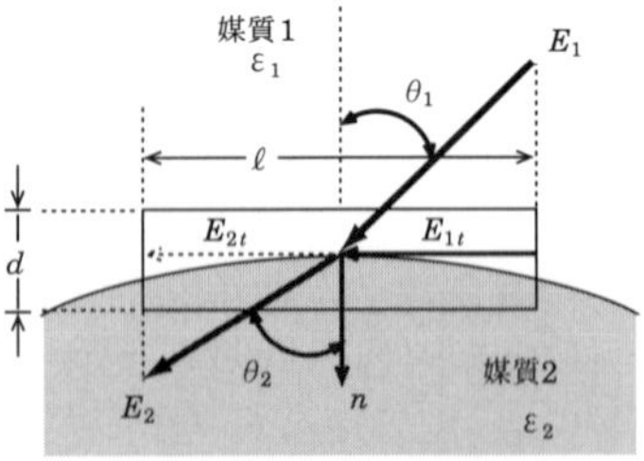

図**24.1**　誘電体の境界面

図24.1 で示すように，媒質 1，媒質 2 の電界を $\boldsymbol{E}_1$，$\boldsymbol{E}_2$，それぞれの大きさを E_1，E_2，接線方向の成分を E_{1t}，E_{2t} とし，ループ C の幅 d を無限に小さくすると，上式の積分は

$$E_{1t}\ell - E_{2t}\ell = 0 \qquad (24.2)$$

となる。これより

電界の境界条件式

$$E_{1t} = E_{2t} \tag{24.3}$$

境界面に平行な電界成分は境界面の両側で等しい。

これは，また次のようにも表すことができる。

$$\boldsymbol{n} \times \boldsymbol{E}_1 = \boldsymbol{n} \times \boldsymbol{E}_2 \tag{24.4}$$

$$E_1 \sin\theta_1 = E_2 \sin\theta_2 \tag{24.5}$$

ここに

$$E_{1t} = |\boldsymbol{n} \times \boldsymbol{E}_1| = E_1 \sin\theta_1 \tag{24.6}$$

$$E_{2t} = |\boldsymbol{n} \times \boldsymbol{E}_2| = E_2 \sin\theta_2$$

電束密度の境界条件

図24.2 のような誘電率の異なる 2 種の誘電体の境界面において電荷がない（$\rho = 0$）とすれば，ガウスの法則，式（3.19）は

$$\oint_s D_n dS = 0 \tag{24.7}$$

と表される。

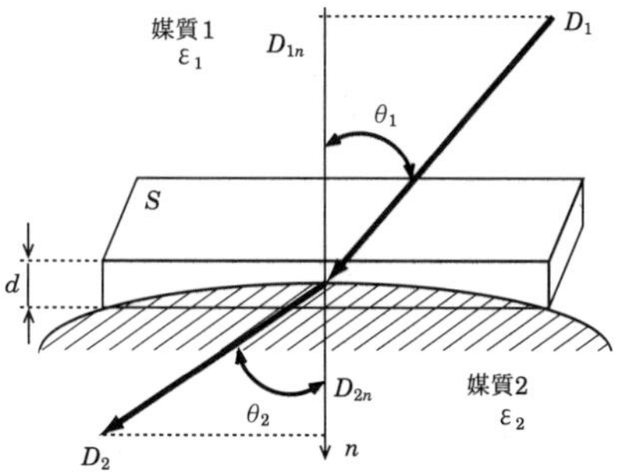

図24.2　誘電体の境界面

図24.2 より，閉曲面 s の幅 d が十分小さいとき，電束は上下方向に出るものだけを考えればよいから，式（24.7）の積分は

$$D_{2n}S - D_{1n}S = 0 \tag{24.8}$$

となる。これより

電束密度の境界条件式

$$D_{1n} = D_{2n} \tag{24.9}$$

境界に垂直な電束密度は連続である。

これは，また次のようにも表すこともできる。

$$\boldsymbol{n}\cdot(\boldsymbol{D}_2-\boldsymbol{D}_1)=0 \tag{24.10}$$

$$D_1\cos\theta_1=D_2\cos\theta_2 \tag{24.11}$$

ここに

$$D_{1n}=\boldsymbol{n}\cdot\boldsymbol{D}_1=D_1\cos\theta_1 \tag{24.12}$$

$$D_{2n}=\boldsymbol{n}\cdot\boldsymbol{D}_2=D_2\cos\theta_2 \tag{24.13}$$

電界と電束密度の一般的境界条件

一般的な誘電体の境界条件

誘電体の境界面において，電荷が存在する場合には式 (24.10)，式 (24.4) は次のようになる。

$$\boldsymbol{n}\cdot(\boldsymbol{D}_2-\boldsymbol{D}_1) = \sigma \tag{24.14}$$

$$\boldsymbol{n}\times(\boldsymbol{E}_2-\boldsymbol{E}_1) = 0 \tag{24.15}$$

σ ： 面電荷密度

これは，誘電体，導体（$\sigma\neq 0$）に適用でき，界が時間的に変化する場合にも適用できる。

24.2 静電界の屈折の法則

誘電体境界における屈折の法則

電界と電束密度の関係式は

$$D=\varepsilon E \tag{24.16}$$

であるから，媒質 1 および 2 における電界と電束密度の関係は，

$$D_1 = \varepsilon_1 E_1 \tag{24.17}$$

$$D_2 = \varepsilon_2 E_2 \tag{24.18}$$

これらを式（24.11）に代入すると

$$\varepsilon_1 E_1\cos\theta_1=\varepsilon_2 E_2\cos\theta_2 \tag{24.19}$$

上式を式（24.5）で割ると

$$\varepsilon_1\cot\theta_1=\varepsilon_2\cot\theta_2 \tag{24.20}$$

これを整理すると

$$\frac{\tan\theta_1}{\tan\theta_2}=\frac{\varepsilon_1}{\varepsilon_2} \tag{24.21}$$

屈折率

なお，媒質の誘電率は次のように屈折率で表される。

$$\varepsilon_{ir} = n_i^2 \qquad (i=1,2) \tag{24.22}$$

$$\varepsilon_i = \varepsilon_{ir}\varepsilon_0 \qquad (i=1,2) \tag{24.23}$$

【例 24.1】　図のように，一様電界 $\boldsymbol{E}_0$ 中に，比誘電率 3.0 の誘電体を角度 $\pi/6$ で置いたとき，誘電体中の電界の方向と大きさを求めよ。

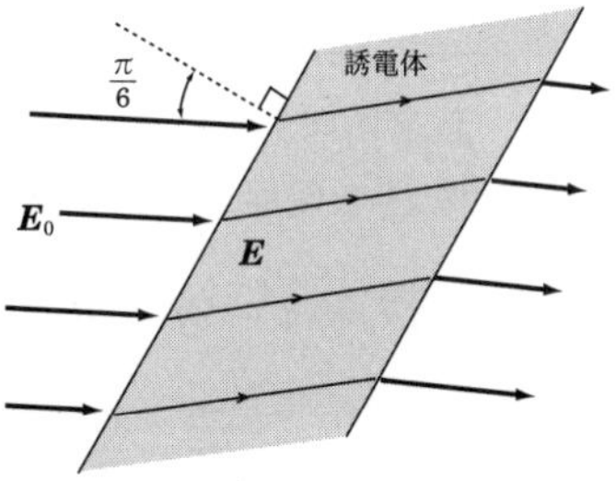

誘電体板の垂直方向に対する入射電界 $\boldsymbol{E}_0$ の角度を θ_1，誘電体中の電界 $\boldsymbol{E}$ の角度を θ_2 とすれば，電界の境界条件式（24.3）により

$$E_0 \sin\theta_1 = E\sin\theta_2 \tag{1}$$

電束密度の境界条件式（24.9）により

$$D_0 \cos\theta_1 = D\cos\theta_2 \tag{2}$$

式（2）は（7.9），(7.10）より

$$\varepsilon_0 E_0 \cos\theta_1 = \varepsilon_0\varepsilon_r E\cos\theta_2 \tag{3}$$

つまり

$$E_0 \cos\theta_1 = \varepsilon_r E\cos\theta_2 \tag{4}$$

となる。

(1) / (4)：

$$\tan\theta_2 = \varepsilon_r \tan{\theta_1}^{\dagger} = 3\tan\frac{\pi}{6} = \sqrt{3}$$

よって

$$\theta_2 = \tan^{-1}\sqrt{3}$$

ここで $((1)\times\varepsilon_r)^2 + (4)^2$ を計算すれば

$$E_0^2\left(\varepsilon_r^2\sin^2\theta_1 + \cos^2\theta_1\right) = \varepsilon_r^2 E^2$$

よって

$$E^2 = E_0^2\left(\sin^2\theta_1 + \frac{\cos^2\theta_1}{\varepsilon_r^2}\right)$$

† この関係は前述の静電界の屈折の法則となっている。

$$= E_0^2\left(\sin^2\frac{\pi}{6}+\frac{1}{9}\cos^2\frac{\pi}{6}\right) = \frac{1}{3}E_0^2$$

よって

$$E=\frac{E_0}{\sqrt{3}}$$

【例 24.2】 真空領域 I から $\varepsilon_{r2}=2.5$ の誘電体領域 II へ電界が電束密度

$$\boldsymbol{D}_1=\boldsymbol{i}-2\boldsymbol{j}-3\boldsymbol{k}$$

で入射している。入射角 θ_1，出射角 θ_2，および，誘電体中の電界 $\boldsymbol{E}_2$ を求めよ。

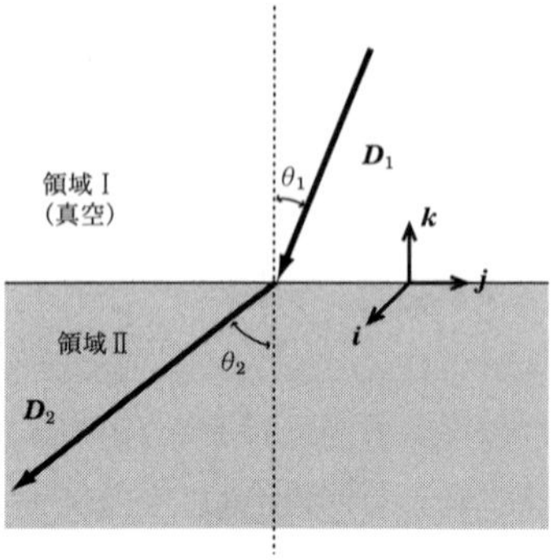

電束密度は

$$\boldsymbol{D}_1 = \boldsymbol{i}-2\boldsymbol{j}-3\boldsymbol{k}=\sqrt{14}\left(\frac{1}{\sqrt{14}}\boldsymbol{i}-\frac{2}{\sqrt{14}}\boldsymbol{j}-\frac{3}{\sqrt{14}}\boldsymbol{k}\right)$$

ただし,(　) 内は $\boldsymbol{D}_1$ の単位ベクトルである。垂直方向 $\boldsymbol{k}$ への $\boldsymbol{D}_1$ の方向余弦は

$$\cos(\pi-\theta_1)=-\frac{3}{\sqrt{14}}$$

よって

$$\cos\theta_1=\frac{3}{\sqrt{14}}$$

よって

$$\theta_1=\cos^{-1}(\frac{3}{\sqrt{14}})=0.64(=36.7^\circ)$$

静電界の屈折の法則により

$$\tan\theta_2 = \varepsilon_{r2}\tan\theta_1=\varepsilon_{r2}\frac{\sqrt{1-\cos^2\theta_1}}{\cos\theta_1}=1.86$$

よって

$$\theta_2=\tan^{-1}1.86=1.08(=61.8^\circ)$$

真空中の電界は

$$\begin{aligned}\boldsymbol{E}_1 &= \frac{\boldsymbol{D}_1}{\varepsilon_0}\\ &= \frac{1}{\varepsilon_0}\boldsymbol{i}-\frac{2}{\varepsilon_0}\boldsymbol{j}+\frac{3}{\varepsilon_0}\boldsymbol{k}\end{aligned}$$

境界条件により，面方向（$\boldsymbol{i}$，$\boldsymbol{j}$ 方向）の電界は変化せず，また，垂直方向（$\boldsymbol{k}$ 方向）の電束密度は変化しないから，領域 II における電界は

$$\begin{aligned}\boldsymbol{E}_2 &= E_{1x}\boldsymbol{i} + E_{1y}\boldsymbol{j} + \frac{D_{1z}}{\varepsilon_{r2}\varepsilon_0}\boldsymbol{k} \\ &= \frac{1}{\varepsilon_0}\boldsymbol{i} - \frac{2}{\varepsilon_0}\boldsymbol{j} + \frac{3}{2.5\varepsilon_0}\boldsymbol{k} \\ &= \frac{1}{\varepsilon_0}(\boldsymbol{i} - 2\boldsymbol{j} + 1.2\boldsymbol{k})\end{aligned}$$

24.3 磁性体の境界における条件

磁界と誘磁界の境界条件

磁性体における境界条件は誘電体の場合と同じように考えることができる。

1. 界面に平行な磁界成分は面の両側で等しい。

$$\text{磁性体}\ (\boldsymbol{H}_2 - \boldsymbol{H}_1) \times \boldsymbol{n} = 0 \tag{24.24}$$

$$\text{誘電体}\ (\boldsymbol{E}_2 - \boldsymbol{E}_1) \times \boldsymbol{n} = 0$$

2. 界面に垂直な誘磁界成分は面の両側で等しい。

$$\text{磁性体}\quad (\boldsymbol{B}_2 - \boldsymbol{B}_1) \cdot \boldsymbol{n} = 0 \tag{24.25}$$

$$\text{誘電体}\quad (\boldsymbol{D}_2 - \boldsymbol{D}_1) \cdot \boldsymbol{n} = 0$$

静磁界に関する屈折の法則

磁性体

$$\frac{\tan\theta_1}{\tan\theta_2} = \frac{\mu_1}{\mu_2} \tag{24.26}$$

誘電体

$$\frac{\tan\theta_1}{\tan\theta_2} = \frac{\varepsilon_1}{\varepsilon_2} \tag{24.21}$$

演習問題

24.1 誘電体の境界面に面電荷 σ が存在するとき，境界条件（24.14）を導け。

24.2 例題 24.2 で $\varepsilon_{r2} = 4.4$ とし，I の領域の電界が

$$\boldsymbol{E}_1 = 5\boldsymbol{i} + 2\boldsymbol{j} - 3\boldsymbol{k}$$

のとき，誘電体中における電界が各座標軸に対してなす角を求めよ。

24.3 一様電界 E_0 が印加された誘電率 ε の誘電体がある。この誘電体中に図のような空隙をあけた場合の空隙内の電界と電束密度を求めよ。

1. 電界の方向に細長い空隙をあけたとき。
2. 電界に垂直な方向に薄い板状の空隙をあけたとき。

1)

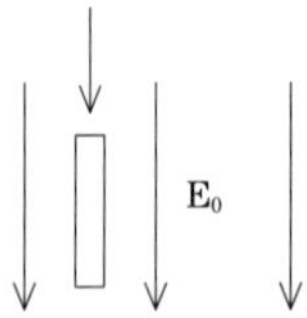

2)

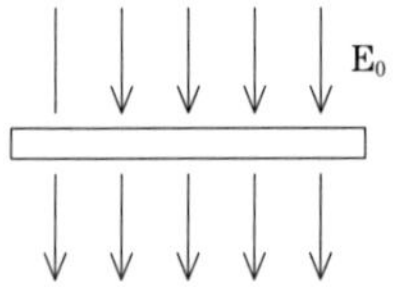

24.4 一様磁界 H_0 が印加された透磁率 μ を持つ磁性体がある。この磁性体中に図のような空隙をあけた場合の空隙内の磁界と誘磁界（磁束密度）を求めよ。

1. 磁界の方向に細長い空隙をあけたとき。
2. 磁界に垂直な方向に薄い板状の空隙をあけたとき。

1)

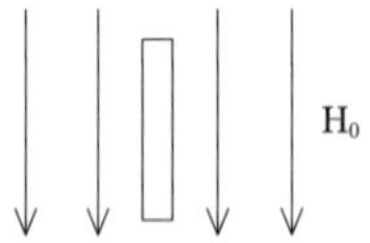

2)

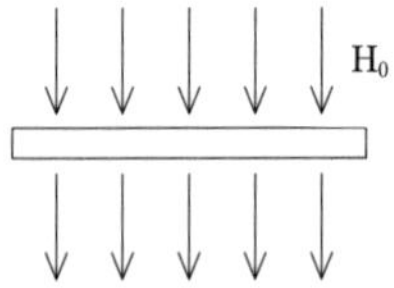

第 25 章　電磁界（電磁波）の基礎方程式と平面波の伝搬

25.1　電界に関する波動方程式

電磁界の基礎方程式（マックスウェル方程式）

電磁界の基礎方程式は前章までの結果より，次のように表される。

$$\nabla \times \boldsymbol{E} = -\frac{\partial \boldsymbol{B}}{\partial t} \quad (19.8) \quad , \quad \nabla \cdot \boldsymbol{D} = \rho \quad (10.13)$$

$$\nabla \times \boldsymbol{H} = \boldsymbol{J} + \frac{\partial \boldsymbol{D}}{\partial t} \quad (18.22) \quad , \quad \nabla \cdot \boldsymbol{B} = 0 \quad (20.5)$$

$$\boldsymbol{B} = \mu \boldsymbol{H} \quad (21.9),\ \boldsymbol{D} = \varepsilon \boldsymbol{E} \quad (7.9),\ \boldsymbol{J} = \kappa \boldsymbol{E} \quad (12.14)$$

上記のうち（19.8），（10.13），（18.22），（20.5）は，マックスウェル方程式と呼ばれている。
いま，電荷がなく（$\rho = 0$），透磁率の勾配が零である空間の波動方程式を求める。
式（10.13）は $\rho = 0$ より

$$\nabla \cdot \boldsymbol{D} = 0 \tag{25.1}$$

また，式（10.16）で $\rho = 0$ とすると

$$\nabla \cdot \boldsymbol{E} = -\frac{\nabla \varepsilon_r \cdot \boldsymbol{E}}{\varepsilon_r} \tag{25.2}$$

さて，式（19.8）の両辺に左から，$\nabla\times$ を行い，$\boldsymbol{B}$ に式（21.9）を代入すると

$$\nabla \times \nabla \times \boldsymbol{E} = -\frac{\partial}{\partial t}(\nabla \times \boldsymbol{B}) = -\frac{\partial}{\partial t}(\nabla \times \mu \boldsymbol{H}) \tag{25.3}$$

式（25.3）の左辺はベクトル公式（18.7）を適用すると

$$\text{左辺} = \nabla(\nabla \cdot \boldsymbol{E}) - \nabla^2 \boldsymbol{E} \tag{25.4}$$

この第一項に式（25.2）を用いると

$$\text{左辺} = -\nabla(\nabla \varepsilon_r \cdot \boldsymbol{E}/\varepsilon_r) - \nabla^2 \boldsymbol{E} \tag{25.5}$$

となる。

次に，式（25.3）の右辺の（　　）内の $\nabla\times\mu\boldsymbol{H}$ はベクトル公式（18.10）を用いると

$$（\quad）内 = \nabla\mu\times\boldsymbol{H}+\mu\nabla\times\boldsymbol{H} \tag{25.6}$$

この第一項は条件により零であるから，第 2 項の $\nabla\times\boldsymbol{H}$ に式（18.22）を代入すると，

$$（\quad）内 = \mu(\boldsymbol{J}+\frac{\partial\boldsymbol{D}}{\partial t}) \tag{25.7}$$

$\boldsymbol{J}$ に式（12.14），$\boldsymbol{D}$ に（7.9）を適用すると

$$= \mu(\kappa\boldsymbol{E}+\varepsilon\frac{\partial\boldsymbol{E}}{\partial t}) \tag{25.8}$$

したがって，式（25.3）は次のように変形される。

$$-\nabla\left(\frac{\nabla\varepsilon_r\cdot\boldsymbol{E}}{\varepsilon_r}\right)-\nabla^2\boldsymbol{E} = -\frac{\partial}{\partial t}\mu(\kappa\boldsymbol{E}+\varepsilon\frac{\partial\boldsymbol{E}}{\partial t})$$

これを整理すると次のような波動方程式が得られる。

電界に関する波動方程式

$$\nabla^2\boldsymbol{E}-\mu\left(\varepsilon\frac{\partial^2\boldsymbol{E}}{\partial t^2}+\kappa\frac{\partial\boldsymbol{E}}{\partial t}\right)+\nabla\left(\frac{\nabla\varepsilon_r\cdot\boldsymbol{E}}{\varepsilon_r}\right)=0 \tag{25.9}$$

$\nabla\varepsilon_r$ の項が十分に小さい場合には，ε_r を含む項を省略できるので

$\nabla\varepsilon_r$ が小さい場合の波動方程式

$$\nabla^2\boldsymbol{E}-\mu\left(\varepsilon\frac{\partial^2\boldsymbol{E}}{\partial t^2}+\kappa\frac{\partial\boldsymbol{E}}{\partial t}\right)=0 \tag{25.10}$$

25.2　電界が正弦波で変化するときの波動方程式

電界が正弦波的に変化するときの波動方程式（時間項を含まない）

ここで，電界 $\boldsymbol{E}$ が時間的に正弦波状の変化をし，x および y 方向の変化はないと仮定する。すなわち，電界 $\boldsymbol{E}$ は次のように z と ω の関数であるとする。

$$\boldsymbol{E}=\boldsymbol{E}_0(z)e^{j\omega t} \tag{25.11}$$

$\omega=2\pi f$: 角周波数，　f : 周波数

上式の t の一階微分及び二階微分は

$$\frac{\partial \boldsymbol{E}}{\partial t} = j\omega \boldsymbol{E}_0(z)e^{j\omega t} = j\omega \boldsymbol{E} \tag{25.12}$$

$$\frac{\partial^2 \boldsymbol{E}}{\partial t^2} = (j\omega)^2 \boldsymbol{E} = -\omega^2 \boldsymbol{E} \tag{25.13}$$

となるので，波動方程式（25.10）に（25.11）の $\boldsymbol{E}$ を代入すると，$e^{j\omega t}$ をはずすことができる。

これより，

$$\nabla^2 \boldsymbol{E}_0(z) + (\omega^2\mu\varepsilon - j\omega\mu\kappa)\boldsymbol{E}_0(z) = 0 \tag{25.14}$$

ここで，伝搬定数 γ を

$$\gamma^2 = \omega^2\mu\varepsilon - j\omega\mu\kappa \tag{25.15}$$

伝搬定数 γ

$$\gamma = \omega\sqrt{\mu\varepsilon(1 - j\kappa/\omega\varepsilon)} \tag{25.16}$$

と定義すると，波動方程式は次式で示される。

波動方程式

$$\nabla^2 \boldsymbol{E}_0(z) + \gamma^2 \boldsymbol{E}_0(z) = 0 \tag{25.17}$$

これを ヘルムホルツの方程式 という。

25.3　平面波の伝搬

平面波の伝搬

いま，平面波は z 方向に進行し，電界が x 方向に偏波しているとする。このとき，磁界は y 方向に偏波していることになるので

$$E_y = 0,\ H_x = 0 \tag{25.18}$$

波面上で電界，磁界は一様であるから

$$\frac{\partial}{\partial x} = 0 \tag{25.19}$$

$$\frac{\partial}{\partial y} = 0 \tag{25.20}$$

また，(10.14)，(20.6)，$\rho = 0$ より電磁界の各成分は

$$\frac{\partial E_x}{\partial x} + \frac{\partial E_y}{\partial y} + \frac{\partial E_z}{\partial z} = 0 \tag{25.21}$$

$$\frac{\partial H_x}{\partial x} + \frac{\partial H_y}{\partial y} + \frac{\partial H_z}{\partial z} = 0 \tag{25.22}$$

式（25.18）～(25.22）より

電界と磁界の偏波

$$\frac{\partial E_z}{\partial z} = 0, \quad \frac{\partial H_z}{\partial z} = 0 \tag{25.23}$$

すなわち，進行方向の電磁界成分は z 方向に一定となる。もしも 0 以外で一定であるとすればこの波は物理的に振動（縦波）するはずであるということを考慮すれば

$$E_z = H_z = 0$$

すなわち，この平面波は進行方向に垂直な界成分を持つ横波である。

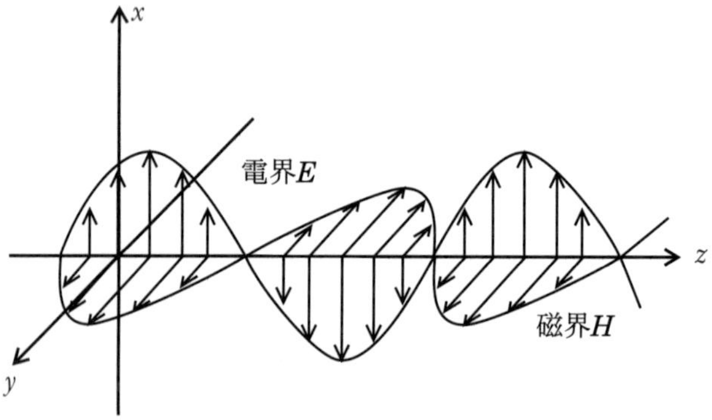

図25.1

スカラーで表した波動方程式

波動方程式（25.17）から，E_x について

$$\frac{\partial^2 E_x(z)}{\partial z^2} + \gamma^2 E_x(z) = 0 \tag{25.24}$$

この方程式の解は E_{ax}，E_{bx} を積分定数として

$$E_x(z) = E_{ax}e^{-j\gamma z} + E_{bx}e^{j\gamma z} \tag{25.25}$$

したがって，電界 E は式（25.11）より

平面波（電界）

$$E_x(z,t) = [E_{ax}e^{-j\gamma z} + E_{bx}e^{j\gamma z}]e^{j\omega t} \tag{25.26}$$

次に，y 方向の磁界を求める。まず，式（19.8）を各成分に分解して

$$\frac{\partial E_z}{\partial y} - \frac{\partial E_y}{\partial z} = -\mu\frac{\partial H_x}{\partial t} \quad \boldsymbol{i}\text{ 成分} \tag{25.27}$$

$$\frac{\partial E_x}{\partial z} - \frac{\partial E_z}{\partial x} = -\mu\frac{\partial H_y}{\partial t} \quad \boldsymbol{j}\text{ 成分} \tag{25.28}$$

$$\frac{\partial E_y}{\partial x} - \frac{\partial E_x}{\partial y} = -\mu\frac{\partial H_z}{\partial t} \quad \boldsymbol{k}\text{ 成分} \tag{25.29}$$

ここで，E_z は零であるから，式（25.28）を用いると，y 方向の磁界は次のように表すことができる。

$$\frac{\partial E_x}{\partial z} = -\mu \frac{\partial H_y}{\partial t} \tag{25.30}$$

ところで，磁界についても式（25.11）と同様に，時間的に正弦波状の変化をするものと考えられるから

$$H_y(z,t) = H_y(z)e^{j\omega t} \tag{25.31}$$

これを式（25.30）に代入すると，H_y は次のように求められる。

$$H_y(z,t) = j\frac{1}{\omega\mu} \cdot \frac{\partial E_x}{\partial z} \tag{25.32}$$

式（25.32）へ（25.26）を代入すると

$$H_y(z,t) = [\frac{\gamma}{\omega\mu}][E_{ax}e^{-j\gamma z} - E_{bx}e^{j\gamma z}]e^{j\omega t} \tag{25.33}$$

これを次のように表す。

平面波（磁界）

$$H_y(z,t) = [H_{ax}e^{-j\gamma z} - H_{bx}e^{j\gamma z}]e^{j\omega t} \tag{25.34}$$

ここに，H_{ax}，H_{bx} は

$$H_{ax} = \frac{\gamma}{\omega\mu}E_{ax} \quad , \quad H_{bx} = \frac{\gamma}{\omega\mu}E_{bx}$$

特性インピーダンス

次に，電気回路のインピーダンスと同様に平面電磁波の特性インピーダンス Z を 1 つの方向に進行する波の電界と磁界の比で定義する。

$$Z = \frac{E_{ax}}{H_{ax}} = \frac{\omega\mu}{\gamma} \tag{25.35}$$

式（25.16），(25.35）より，特性インピーダンス Z は次のように求められる。

$$Z = \sqrt{\frac{\mu}{\varepsilon}}(1 - j\frac{\kappa}{\omega\ \varepsilon})^{-\frac{1}{2}} \tag{25.36}$$

ただし，κ は導電率である。伝播定数 γ および特性インピーダンス Z は導電性媒体では電磁波の角周波数に依存するが，真空や絶縁性媒体では角周波数に依存しない。

25.4　自由空間における伝搬定数

自由空間の伝搬定数

自由空間の伝搬定数 γ が式（25.16）で表されるように複素数であることは，波は z 方向に減衰しながら振動して進むことを表している。式（25.16）の両辺に j を掛けて

$$j\gamma = j\omega\sqrt{\varepsilon\mu}\sqrt{1-j\frac{\kappa}{\omega\varepsilon}} \qquad (25.37)$$

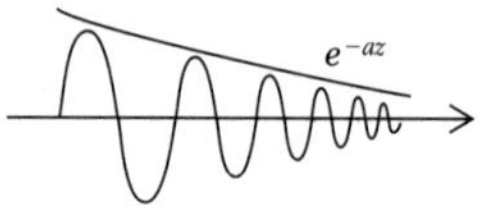

図25.2

上式を次のように置く。

$$j\gamma = \alpha + j\beta \qquad (25.38)$$

これより，電磁界の $e^{-j\gamma z}$ の項は

$$e^{-j\gamma z} = e^{\overbrace{-\alpha z}^{\text{減衰項}}\ \overbrace{-j\beta z}^{\text{振動項}}} \qquad (25.39)$$

となるので，α が減衰項，β が振動項を表している。ここで，γ の式（25.16）の根号の中を，$\sqrt{1+x}$ の展開を用いて，実部と虚部に分解する。†

$k/\omega\varepsilon < 1$ のとき

$$j\gamma \cong j\omega\sqrt{\varepsilon\mu}\{1-\frac{j\kappa}{2\omega\varepsilon}+\frac{1}{8}(\frac{\kappa}{\omega\varepsilon})^2\} \qquad (25.40)$$

上式の実部と虚部を比較して

減衰定数

$$\alpha \cong \omega\sqrt{\varepsilon\mu}\frac{\kappa}{2\omega\varepsilon} = \frac{\kappa}{2}\sqrt{\frac{\mu}{\varepsilon}} \qquad (25.41)$$

位相定数

$$\beta \cong \omega\sqrt{\varepsilon\mu}\{1+\frac{1}{8}(\frac{\kappa}{\omega\varepsilon})^2\} \qquad (25.42)$$

$$\beta \cong \omega\sqrt{\varepsilon\mu} \qquad (\kappa/\omega\varepsilon \cong 0 \text{ のとき}) \qquad (25.43)$$

減衰定数

> 減衰定数:　$\alpha = \dfrac{\kappa}{2}\sqrt{\dfrac{\mu}{\varepsilon}}$　(25.44)

† $\sqrt{1+x}$ の展開:

$$\sqrt{1+x} = 1+\frac{x}{2}-\frac{1}{2\cdot 4}x^2+\frac{1\cdot 3}{2\cdot 4\cdot 6\cdot}x^3-\frac{1\cdot 3\cdot 5}{2\cdot 4\cdot 6\cdot 8}x^4+\cdots\cdots$$

位相定数

$$\text{位相定数:}\quad \beta = \omega\sqrt{\varepsilon\mu} \tag{25.45}$$

また, (25.36) の特性インピーダンス Z を展開すると

特性インピーダンス

$$Z \cong \sqrt{\frac{\mu}{\varepsilon}}\left\{1 - \frac{3}{8}\left(\frac{\kappa}{\omega\varepsilon}\right)^2 + j\frac{\kappa}{2\omega\varepsilon}\right\} \tag{25.46}$$

自由空間の固有インピーダンス

自由空間（空気中など）では $\kappa = 0$ であるから，固有インピーダンスは

$$Z_0 = \sqrt{\frac{\mu_0}{\varepsilon_0}} = \sqrt{\frac{4\pi\times10^{-7}}{\frac{1}{36\pi\times10^9}}} \tag{25.47}$$

$$= \sqrt{144\pi^2\times10^2} = 120\pi \cong 377 \tag{25.48}$$

ただし，真空誘電率と真空透磁率は次の通りである。

$$\varepsilon_0 = (36\pi\times10^9)^{-1}$$

$$\mu_0 = 4\pi\times10^{-7}$$

25.5 電磁波のエネルギー

電磁波のエネルギー密度は

$$u = \frac{1}{2}\varepsilon E^2 + \frac{1}{2}\mu H^2$$

で与えられる。上式を時間で偏微分すれば

$$\frac{\partial u}{\partial t} = \varepsilon E\frac{\partial E}{\partial t} + \mu H\frac{\partial H}{\partial t}$$

式（19.8), (18.22) および（18.11）を用いれば

$$\begin{aligned}\frac{\partial u}{\partial t} &= \boldsymbol{E}\cdot(\nabla\times\boldsymbol{H}) - \boldsymbol{H}\cdot(\nabla\times\boldsymbol{E})\\ &= -\nabla\cdot(\boldsymbol{E}\times\boldsymbol{H})\end{aligned}$$

ポインティングベクトル

ここで $\boldsymbol{S} = \boldsymbol{E}\times\boldsymbol{H}$ とおけば

$$\frac{\partial u}{\partial t} = -\operatorname{div}\boldsymbol{S}$$

エネルギー密度が変化しなければ

$$\operatorname{div}\boldsymbol{S} = 0$$

となり $\boldsymbol{S}$ はエネルギーの流れの密度を表す。この $\boldsymbol{S}$ をポインティングベクトルという。

電磁波のエネルギー

電場と磁場のエネルギーは等しいので，x 方向に偏波し z 方向に進む電磁波の単位体積あたりのエネルギーは

$$u = \varepsilon E_x^2$$

また，単位面積を単位時間に通過するエネルギーは

$$cu = \frac{1}{\sqrt{\varepsilon\mu}}\varepsilon E_x^2 = E_x H_y = S_z$$

で与えられる。

演習問題

25.1　式（25.10）に対応する磁界に関する波動方程式を求めよ。

25.2　比誘電率の x 方向への変化が

$$\varepsilon_r(x) = (a - x)^2 - b \quad , \quad (a > b)$$

である媒質中を伝搬する電界の波動方程式を導出せよ。ただし，$\mu_r = 1$，$\kappa = 0$ とする。

第 26 章　電磁界（電磁波）の反射と屈折

26.1　平面波の反射と透過

媒質 1 の波の電界

(25.26) の E_{ax}，E_{bx} を E_{x1}，E'_{x1} と書き，それを媒質 1 の電界とすれば，$E_x^{(1)}$（媒質 1 の波）は

$$E_x^{(1)} = E_{x1}e^{j(\omega t-\gamma_1 z)} + E'_{x1}e^{j(\omega t+\gamma_1 z)} \tag{26.1}$$

同様に(25.34)の H_{ax}, H_{bx} を H_{y1}, H'_{y1} とすると，媒質 1 の磁界 $H_x^{(1)}$ は

媒質 1 の波の磁界

$$H_y^{(1)} = H_{y1}e^{j(\omega t-\gamma_1 z)} - H'_{y1}e^{j(\omega t+\gamma_1 z)} \tag{26.2}$$

E_{x1} と H_{y1} は入射波の電界と磁界の振幅を示し，E'_{x1} と H'_{y1} は反射波を示す。

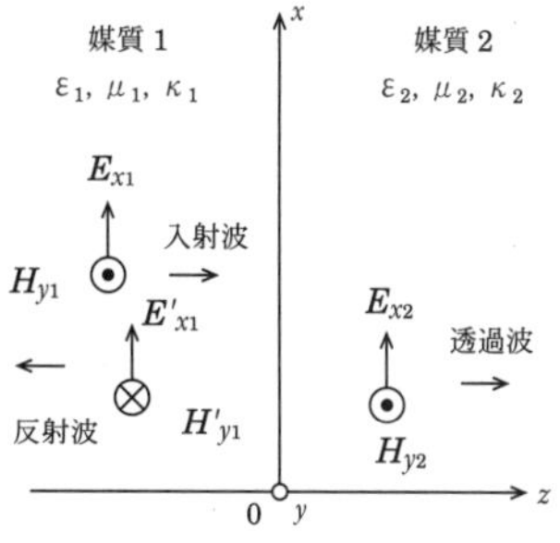

図26.1

ところで，媒質 2 における波は透過波だけであるから

媒質 2 の波の電界

$$E_x^{(2)} = E_{x2}e^{j(\omega t-\gamma_2 z)} \tag{26.3}$$

媒質 2 の波の磁界

$$H_y^{(2)} = H_{y2}e^{j(\omega t-\gamma_2 z)} \tag{26.4}$$

ここに，γ_1，γ_2 は式（25.16）より次式で示される。

媒質 1 の伝搬定数

$$\gamma_1 = \omega\sqrt{\varepsilon_1\mu_1}\sqrt{1-j\frac{\kappa_1}{\omega\varepsilon_1}} \tag{26.5}$$

媒質2の伝搬定数

$$\gamma_2 = \omega\sqrt{\varepsilon_2\mu_2}\sqrt{1 - j\frac{\kappa_2}{\omega\varepsilon_2}} \tag{26.6}$$

媒質 1，2 の特性インピーダンス

また，特性インピーダンスは式（25.35),（25.36）から，次のように表される。

$$Z_1 = \frac{E_{x1}}{H_{y1}} = \sqrt{\frac{\mu_1}{\varepsilon_1}}(1 - j\frac{\kappa_1}{\omega\varepsilon_1})^{-\frac{1}{2}} \tag{26.7}$$

$$Z_2 = \frac{E_{x2}}{H_{y2}} = \sqrt{\frac{\mu_2}{\varepsilon_2}}(1 - j\frac{\kappa_2}{\omega\varepsilon_2})^{-\frac{1}{2}} \tag{26.8}$$

境界条件適用

電界及び磁界は境界（$z = 0$）の両側で

$$E_x^{(1)} = E_x^{(2)} \quad , \quad z = 0 \tag{26.9}$$

$$H_y^{(1)} = H_y^{(2)} \quad , \quad z = 0 \tag{26.10}$$

よって

$$E_{x1} + E'_{x1} = E_{x2} \quad , \quad z = 0 \tag{26.11}$$

$$H_{y1} - H'_{y1} = H_{y2} \quad , \quad z = 0 \tag{26.12}$$

反射係数 R

反射係数 R および透過係数 T_E，T_H を次のように定義する。

$$R = \frac{E'_{x1}}{E_{x1}} = \frac{H'_{y1}}{H_{y1}} \tag{26.13}$$

透過係数 $\boldsymbol{T_E}$，$\boldsymbol{T_H}$

$$T_E = \frac{E_{x2}}{E_{x1}} \tag{26.14}$$

$$T_H = \frac{H_{y2}}{H_{y1}} \tag{26.15}$$

式（26.7)～(26.15）より

$$R = \frac{Z_2 - Z_1}{Z_2 + Z_1} \tag{26.16}$$

$$T_E = \frac{2Z_2}{Z_1 + Z_2} \tag{26.17}$$

$$T_H = \frac{2Z_1}{Z_1 + Z_2} \tag{26.18}$$

反射係数と透過係数の関係

R と T の間には，次の関係がある。

$$R^2 + T^2 = 1 \tag{26.19}$$

$$T^2 = T_E T_H \tag{26.20}$$

【例 26.1】 反射係数 R，透過係数 T_E，透過係数 T_H の式（26.16）～(26.18）を導出せよ。

式（26.11）の両辺を E_{x1} で，(26.12）の両辺を H_{y1} で割ると

$$1+R = \frac{E_{x2}}{E_{x1}} \tag{1}$$

$$1-R = \frac{H_{y2}}{H_{y1}} \tag{2}$$

式（1）を（2）で割り，(26.7)，(26.8）を用いると

$$\frac{1+R}{1-R} = \frac{E_{x2}/H_{y2}}{E_{x1}/H_{y1}} = \frac{Z_2}{Z_1} \tag{3}$$

これより

$$(1+R)Z_1 = (1-R)Z_2 \tag{4}$$

よって

$$R = \frac{Z_2 - Z_1}{Z_2 + Z_1} \tag{26.16}$$

次に，T_E，T_H は式（1)，(2）の右辺に（26.14)，(26.15）を用いて

$$I+R = T_E \tag{5}$$

$$I-R = T_H \tag{6}$$

式（5)，(6）の R に（26.16）を代入して

$$T_E = \frac{2Z_2}{Z_1 + Z_2} \tag{26.17}$$

$$T_H = \frac{2Z_1}{Z_1 + Z_2} \tag{26.18}$$

【例 26.2】 入射電力が反射波と透過波に分かれる際の条件，$R^2 + T^2 = 1$ を導出せよ。

T_E と T_H の積は，式（26.17)，(26.18）より

$$T^2 = T_E T_H = \frac{4Z_1 Z_2}{(Z_1 + Z_2)^2}$$

また，R^2 は式（26.16）より

$$R^2 = \frac{(Z_2 - Z_1)^2}{(Z_1 + Z_2)^2} = \frac{Z_2^2 - 2Z_1 Z_2 + Z_1^2}{(Z_1 + Z_2)^2}$$

上の 2 式より

$$R^2 + T^2 = 1$$

【例 26.3】 入射電力が境界面に到達したとき，反射波がなくなる条件（無反射条件）を求めよ。

式（26.16）で $R = 0$ と置くと

$$Z_1 = Z_2$$

上式と式（26.7），(26.8）より

$$\sqrt{\frac{\mu_2}{\varepsilon_2} \cdot \frac{1}{(1 - j\frac{\kappa_2}{\omega\varepsilon_2})}} = \sqrt{\frac{\mu_1}{\varepsilon_1} \cdot \frac{1}{(1 - j\frac{\kappa_1}{\omega\varepsilon_1})}}$$

無損失媒質では $\kappa_1 = \kappa_2 = 0$ であるから

$$\frac{\mu_2}{\varepsilon_2} = \frac{\mu_1}{\varepsilon_1}$$

26.2　斜入射波の反射と屈折

屈折（スネルの法則）

磁界が入射境界面に平行（垂直偏波）なとき，入射波，反射波および透過波はそれぞれ

$$\left.\begin{aligned} &E_1 \exp\{-j\gamma_1(y\sin\theta_1 + z\cos\theta_1)\}\exp(j\omega t) \\ &E_1' \exp\{-j\gamma_1(y\sin\theta_1' - z\cos\theta_1')\}\exp(j\omega t) \\ &E_2 \exp\{-j\gamma_2(y\sin\theta_2 + z\cos\theta_2)\}\exp(j\omega t) \end{aligned}\right\} \quad (26.21)$$

境界条件は，電界および磁界の接線成分が連続であり，電束の垂直成分が連続であるから，$z = 0$ で

$$\left.\begin{aligned} &E_1\cos\theta_1 + E_1'\cos\theta_1' = E_2\cos\theta_2 \\ &H_1 + H_1' = H_2 \\ &\varepsilon_1(E_1\sin\theta_1 - E_1'\sin\theta_1') = \varepsilon_2 E_2\sin\theta_2 \end{aligned}\right\} \quad (26.22)$$

が成り立つ。

上式に（26.21）を代入すると，式両辺が y に無関係に成り立つためには

$$\theta_1 = \theta_1' \quad (26.23)$$

$$\gamma_1\sin\theta_1 = \gamma_2\sin\theta_2 \quad (26.24)$$

よって

$$\frac{\sin\theta_2}{\sin\theta_1} = \frac{\gamma_1}{\gamma_2} = \sqrt{\frac{\varepsilon_1\mu_1}{\varepsilon_2\mu_2}} \quad (26.25)$$

ここで $\mu_1 = \mu_2$ の場合に限れば

$$\frac{\sin\theta_2}{\sin\theta_1} = \frac{\sqrt{\varepsilon_1}}{\sqrt{\varepsilon_2}} = \frac{n_1}{n_2} \tag{26.26}$$

電界が入射面に平行な偏波（平行偏波）の場合についても上記と同様な計算により（26.26）が得られる。この式は光学分野で用いられるスネルの法則になる。

反射係数，透過係数（フレネルの式）

式（26.23),（26.24）を考慮して（26.21),（26.22）から反射率 R_v と透過率 T_v を計算でき，また平行偏波の場合にも同様にして反射率 R_h と透過率 T_h を求めることができる。

$$R_v = -\frac{\tan(\theta_2 - \theta_1)}{\tan(\theta_2 + \theta_1)} \tag{26.27}$$

$$R_h = \frac{\sin(\theta_1 - \theta_2)}{\sin(\theta_1 + \theta_2)} \tag{26.28}$$

$$T_v = \frac{\sin 2\theta_2}{\cos(\theta_1 - \theta_2)\sin(\theta_1 + \theta_2)} \tag{26.29}$$

$$T_h = \frac{2\sin\theta_2\cos\theta_1}{\sin(\theta_2 + \theta_1)} \tag{26.30}$$

これらはフレネルの式である。

全反射

フレネルの式において $\theta_2 = \pi/2$ とすれば透過波はなく，入射波はすべて反射される。これを全反射という。全反射の臨界角は（26.26）により

$$\theta_{全反射} = \sin^{-1}\left(\frac{n_2}{n_1}\right) \tag{26.31}$$

ただし，$n_2 < n_1$ の場合に限られる。

無反射条件

$\theta_1 + \theta_2 = \pi/2$ のとき $R_v = 0$ となり，垂直偏波の入射波の反射はなくなる。これをブリュスタ角という。この角度は，スネルの式を考慮すれば，次式で与えられる。

$$\theta_B = \tan^{-1}\left(\frac{n_2}{n_1}\right) \tag{26.32}$$

一方，平行偏波の入射波には，フレネルの式により，$R_h = 0$ となる条件はない。

演習問題

26.1　平面波が空気から比誘電率 2 のガラスに入射するとき，反射係数，電界の透過係数，磁界の透過係数を求めよ。ただし，両媒質の比透磁率は 1 とし，空気の固有インピーダンスは $Z_0 = (\mu_0/\varepsilon_0)^{1/2}$ である。

26.2　電界が入射面に平行な偏波の場合について，スネルの法則が成立することを，誘電体の境界条件を用いて明らかにせよ。

26.3　空気中にある屈折率 $n = 1.6$ のガラスレンズの反射を零にするには，反射防止膜として，どのような屈折率の膜をどれだけの厚さにつけたらよいか。ただし，光波長 $\lambda = 0.55\ \mu\text{m}$ とする。

26.4　ガラス（$n = 1.6$）と空気の間の全反射角，ブリュスタ角を求めよ。

付録A　電磁気学の基礎事項

A.1　電磁気諸量とMKSA単位

表 A.1　電磁気諸量と MKSA 単位

量	記号	単位	量	記号	単位
電荷	Q	[C]	電流	I	[A]
電荷密度 (体積)	ρ	[C/m^3]	電流密度 (面積)	J	[A/m^2]
(面積)	σ	[C/m^2]	誘磁界	$\boldsymbol{B}$	[Wb/m^2]
(長さ)	δ	[C/m]	(磁束密度)		
電界	$\boldsymbol{E}$	[V/m]	磁界	$\boldsymbol{H}$	[AT/m]
電位	V	[V]	磁化	$\boldsymbol{M}$	[AT/m]
電位差, 起電力			磁極	m	[Wb]
電束	ϕ	[C]	磁束	ϕ	[Wb]
電束密度	$\boldsymbol{D}$	[C/m^2]	起磁力	$\mathcal{F}$	[AT]
誘電体分極	$\boldsymbol{P}$	[C/m^2]	磁気抵抗	$\mathcal{R}$	[AT/Wb]
静電容量	C	[F]	インダクタンス	L	[H]
抵抗	R	[Ω]		M	[H]

■定数

e ：最小電荷量　$e = 1.602 \times 10^{-19}$ [C]

c ：真空中の光速　$c = 2.998 \times 10^{8}$ [m/s]

ε_0 ：真空誘電率　$\varepsilon_0 = 8.854 \times 10^{-12}$ [F/m]

μ_0 ：真空透磁率　$\mu_0 = 4\pi \times 10^{-7}$ [H/m]

A.2　用語と法則

■真空中のクーロンの法則

帯電体の大きさに比べて十分に隔てた 2 つの帯電体の間に働く力は，その方向が両帯電体を結ぶ線上にあって，両電荷が同符号のときは反発し，異符号のときは引き合い，その大きさは両電荷量の積に比例し，距離の 2 乗に反比例する。

$$\boldsymbol{F} = \frac{Q_1 Q_2}{4\pi\varepsilon_0 r^2}\boldsymbol{r}_0 \quad [\mathrm{N}] \tag{1.3}$$

■電界

帯電体の周囲の空間はある特殊な状態になっており，その空間に他の帯電体を近づけると電気力を及ぼすようになる。このような空間を電界という（ベクトル量）。

■電界の定義

任意の点 P の電界は，点 P に単位正電荷（1 [C]）を置いたときに働くクーロン力に相当する大きさと方向を有するものとして定義される。

$$\boldsymbol{E} = \frac{Q}{4\pi\varepsilon_0 r^2}\boldsymbol{r}_0 \quad [\mathrm{V/m}] \tag{2.2}$$

■電気力線

電界の方向と大きさを表すように考えられた仮想の線。

1. 任意の点の電気力線の接線方向が電界の方向と一致する。
2. 任意の点の電気力線の空間密度はその点の電界の大きさに比例する。Q なる電荷から $\dfrac{Q}{\varepsilon_0}$ 本の電気力線が出る。
3. 必ず正電荷から出発して負電荷で終わる。
4. 電気力線は等電位面（線）と直交するが，電気力線同士は決して交わらない。

■電界に関するガウスの法則

電界内の任意の閉曲面を通り，内から外に垂直に向かう電気力線束の総和は閉曲面内に含まれる電荷の代数的総和の $\dfrac{1}{\varepsilon_0}$ に等しい（真空中において成り立つ）。

$$\oint_s (\varepsilon_0 \boldsymbol{E}) \cdot \boldsymbol{n}_0 dS = Q_1 + Q_2 + \cdots + Q_n \quad \text{（電界）} \tag{3.14}$$

$$\oint_s \varepsilon_0 E_n dS = \sum Q \quad \text{（電界，スカラー）} \tag{3.17}$$

$$\oint_s \boldsymbol{D} \cdot \boldsymbol{n}_0 dS = \sum Q \quad \text{（電束密度）} \tag{3.18}$$

$$\boldsymbol{D} = \varepsilon_0 \boldsymbol{E} \tag{3.20}$$

■電位差

V_{BA} は静電界中の点 B で単位正電荷（1 [C]）が点 A に対して持っている位置エネルギーを表す。

$$V_{BA} = \frac{W_{BA}}{Q} = -\int_A^B \boldsymbol{E} \cdot d\boldsymbol{\ell} \quad [\mathrm{V}] \tag{5.13}$$

■電位

単位正電荷（1 [C]）を基準点（無限遠点）からその点まで動かすのに要する仕事量を表す。

$$V_B = -\int_\infty^B \boldsymbol{E} \cdot d\boldsymbol{\ell} \tag{5.16}$$

■電位の勾配と電界の関係

$$\boldsymbol{E} = -\nabla V \tag{6.16}$$

■静電容量

導体の電位（あるいは導体間の電位差）V は，一般にその電荷 Q に比例する。このとき，Q と V との比をその導体の静電容量といい，C で表す。

$$C = \frac{Q}{V} \quad [\mathrm{F}] \tag{9.2}$$

■誘電体

キャパシタの電極間に絶縁体を挿入すると，キャパシタの静電容量が真空中に比べて増加する。これは，真空中と絶縁体中では静電界の性質が異なっていて，絶縁体は一種の電気的作用を示しているものと考えられる。この意味で，絶縁体を特に誘電体という。

■分極

誘電体に外部より電界 E を加えると，質量の軽い電子は電界 E によるクーロン力のために，電界と逆方向の力を受け，原子核の周りを回りながら全体として電界と逆の方向へ偏移する。このため原子全体としては，1 つの電気双極子となり，外部より加えた電界と逆方向の電界を作って誘電体内の電界を弱める作用をする。このような状態を分極という。

■電束密度

電荷により作られる界を示すのに用いる物理量。

$$\boldsymbol{D} = \varepsilon_0 \boldsymbol{E} + \boldsymbol{P} \tag{7.5}$$

☆電荷により作られる電界の値は誘電体により異なるが，電束密度の値は誘電体の種類にはよらないで，電荷のみにより定められる。

■ポアソンの方程式

$$\nabla^2 V = -\frac{\rho}{\varepsilon_0} \quad (\text{Poisson's eq.}) \tag{10.18}$$

■ラプラスの方程式

$$\nabla^2 V = 0 \quad \text{(Laplace's eq.)} \tag{10.20}$$

■電気映像法の基本定理

(1) 1つの導体表面は等電位。

(2) 任意の境界条件を満足する静電界分布は1つしか存在しない。

■電流

正または負の電荷が一定な方向に運動する現象。**電流の大きさ**は電流の運動方向に直角な断面を単位時間（1秒）あたりに通過する電荷の量をいう。

$$I = \frac{dQ}{dt} \tag{12.1}$$

■電荷保存の法則

ある物体系において，この系以外との間に電荷のやりとりがなければ，系内の各物体が持っている電荷の量が変化しても系全体の電荷の総和は変化しない。

$$I = -\frac{dQ}{dt} \tag{12.3}$$

■誘磁界

1つの電流の周りには他の電流に作用する**ある界**ができていると考えられる。この界を誘磁界という。誘磁界は電流の周りに**右ネジの方向**に渦状に発生する。

$$\boldsymbol{B} = \frac{\mu_0}{2\pi r}\boldsymbol{I} \times \boldsymbol{r}_0 \tag{14.19}$$

■ビオ・サバールの法則

$$d\boldsymbol{B} = \frac{\mu_0 \boldsymbol{I} \times \boldsymbol{r}_0}{4\pi r^2} d\ell \tag{15.3}$$

■アンペアの周回積分の法則

1つのループで囲まれた面内を通るすべての電流によって生じる誘磁界はループに沿って $\dfrac{B}{\mu_0}$ を積分したもので示される。

$$\oint_c \frac{\boldsymbol{B}}{\mu_0} \cdot d\boldsymbol{\ell} = I_t + \frac{d}{dt}\int_s \boldsymbol{D} \cdot \boldsymbol{n}_0 dS \tag{16.6}$$

$$\boldsymbol{H} = \frac{\boldsymbol{B}}{\mu_0} \tag{16.2}$$

■アンペアの平行導線間に働く力

- 2本の線が平行で電流が**同方向**なら**引力**，互いに**逆方向**なら**斥力**となる。
- 2本の線が直角のときは，**線を回転させるようなトルク**となる（2本の線の電流が同方向になるようなトルクとなる）。

・ これらの力は互いの電流の大きさの積と線の長さに比例し，2 線間の距離に反比例する。

$$\boldsymbol{F} = \frac{\mu_0 \ell}{2\pi r} \boldsymbol{I}_2 \times (\boldsymbol{I}_1 \times \boldsymbol{r}_0) \tag{17.3}$$

■ファラデーの電磁誘導の法則

1 つのループに鎖交する磁束の時間的変化によって発生する起電力は，磁束の時間的変化の減少する割合に比例する。

$$\int_c \boldsymbol{E} \cdot d\boldsymbol{\ell} = -\frac{d}{dt} \int_s \boldsymbol{B} \cdot \boldsymbol{n}_0 dS \tag{19.4}$$

■磁極に関するクーロンの法則

真空中において距離 r [m] の位置にある単独磁荷 m_1，m_2 の間に働く力は，その方向が両磁荷を結ぶ線上にあって，両磁荷が同符号のときは反発し，異符号のときは引き合い，その大きさは両磁荷量の積に比例し，距離の 2 乗に反比例する。

$$F = \frac{m_1 m_2}{4\pi\mu_0 r^2} \quad \text{[N]} \tag{20.1}$$

■磁界に関するガウスの法則

誘磁界のある空間に任意の閉曲面をとると，磁力線は必ず閉曲面に入り込んだ量だけ流出する。誘磁界 B の閉曲面からの発散はない。

$$\oint_s \boldsymbol{B} \cdot \boldsymbol{n}_0 dS = 0 \tag{20.2}$$

■ジュール熱最小の原理

起電力を含まない回路網内を直流電流が流れるとき電流がキルヒホッフの法則に従っていると発生する熱量が最小になる。

■磁化ベクトル

物質内部で電界の場合と同様に磁気的な分極が生じると考えられるため，磁界が変化してしまう。磁化作用を表すベクトルを磁化ベクトル $\boldsymbol{M}$ といい，誘磁界と磁界の関係で次のように表される。

$$\boldsymbol{B} = \mu_0 \boldsymbol{H} + \mu_0 \boldsymbol{M} \tag{21.8}$$

■磁気回路のオームの法則

$$\mathcal{F} = \phi \mathcal{R} \tag{22.3}$$

$$\mathcal{F} : \text{起磁力} = NI \quad \text{[AT]} \tag{22.4}$$

$$\phi : \text{磁束} \quad \text{[Wb]} \tag{22.4}$$

$$\mathcal{R} : \text{磁気抵抗} = \frac{\ell}{\mu S} \quad \text{[AT/Wb]} \tag{22.5}$$

■自己誘導

回路を流れる電流が変化すれば，その回路を貫いている磁束もまたこれに伴って変わるから，電磁誘導の原理に従い逆起電力が誘起される。この現象を自己誘導（Self Induction）という。

■自己インダクタンス

$$L = \frac{d\Phi}{di} \tag{23.3}$$

■相互誘導

1 つの回路の電流による磁束が他の回路に交わっているときに，この回路の電流が変化すれば電磁誘導によって他の回路に起電力が誘起される。この現象を相互誘導（Mutual Induction）という。

■相互インダクタンス

$$M = \frac{d\Phi_{12}}{di_1} \tag{23.7}$$

■誘電体の境界面における条件

電束密度の境界条件　$\boldsymbol{n}\cdot(\boldsymbol{D}_2 - \boldsymbol{D}_1) = \sigma$　(24.14)

電界の境界条件　$\boldsymbol{n}\times(\boldsymbol{E}_2 - \boldsymbol{E}_1) = 0$　(24.15)

■磁性体の境界における条件

磁界成分 : $(\boldsymbol{H}_2 - \boldsymbol{H}_1)\times\boldsymbol{n} = 0$　(24.24)

誘磁界成分 : $(\boldsymbol{B}_2 - \boldsymbol{B}_1)\cdot\boldsymbol{n} = 0$　(24.25)

■電磁界の基礎方程式

$$\nabla\cdot\boldsymbol{D} = \rho \tag{10.13}$$

$$\nabla\cdot\boldsymbol{B} = 0 \tag{20.5}$$

$$\nabla\times\boldsymbol{E} = -\frac{\partial B}{\partial t} - \nabla\times\boldsymbol{B}\times\boldsymbol{v} \tag{19.7}$$

$$\nabla\times\boldsymbol{H} = \boldsymbol{j} + \frac{\partial\boldsymbol{D}}{\partial t} + \nabla\times\boldsymbol{D}\times\boldsymbol{v} + \rho\boldsymbol{v} \tag{18.21}$$

$$\boldsymbol{B} = \mu\boldsymbol{H} \tag{21.9}$$

$$\boldsymbol{D} = \varepsilon\boldsymbol{E} \tag{7.9}$$

$\boldsymbol{J} = \kappa\boldsymbol{E}$　（分布回路のオームの法則）　(12.14)

■フレミングの右手の法則

$$\boldsymbol{E} = \boldsymbol{v}\times\boldsymbol{B} \tag{19.9}$$

■運動導体の起電力

$$V = |\boldsymbol{v}\times\boldsymbol{B}|\cdot\ell \tag{19.11}$$

■波動方程式

$$\nabla^2 \boldsymbol{E} - \mu \left(\varepsilon \frac{\partial^2 \boldsymbol{E}}{\partial t^2} + \kappa \frac{\partial \boldsymbol{E}}{\partial t} \right) + \nabla \left(\frac{\nabla \varepsilon_r \cdot \boldsymbol{E}}{\varepsilon_r} \right) = 0 \tag{25.9}$$

電界が正弦波で変化するときの波動方程式

$$\nabla^2 \boldsymbol{E}_0(z) + \gamma^2 \boldsymbol{E}_0(z) = 0 \tag{25.17}$$

A.3　電磁気量の対応関係

表 A.2　静電界と静磁界の対応関係

界	電界	磁界
界 Field	$\boldsymbol{E}$：電界	$\boldsymbol{H}$：磁界
	$\boldsymbol{D}$：電束密度 1 m^2 あたりの電束の数	$\boldsymbol{B}$：誘磁界（磁束密度） 1 m^2 あたりの磁束の数
関係式　真空中	$\boldsymbol{D} = \varepsilon_0 \boldsymbol{E}$　(3.20)	$\boldsymbol{B} = \mu_0 \boldsymbol{H}$　(16.2)
関係式　等方媒質中	$\boldsymbol{D} = \varepsilon_0 \varepsilon_r \boldsymbol{E}$　(7.9)	$\boldsymbol{B} = \mu_0 \mu_r \boldsymbol{H}$　(21.9)
関係式　媒質中	$\boldsymbol{D} = \varepsilon_0 \boldsymbol{E} + \boldsymbol{P}$　(7.5) $\boldsymbol{P}$：分極ベクトル	$\boldsymbol{B} = \mu_0 \boldsymbol{H} + \mu_0 \boldsymbol{M}$　(21.8) $\boldsymbol{M}$：磁化ベクトル
源 SOURCE	電荷 Q 電荷密度 ρ, σ	電流 I 電流密度 J
積分形式	$\oint_s \boldsymbol{D} \cdot \boldsymbol{n}_0 dS = \sum Q$　(3.18) $\sum Q = Q_1 + Q_2 + Q_3 + \cdots \neq 0$ 電気力線の本数は ± の電荷の総和に比例する。	$\oint_s \boldsymbol{B} \cdot \boldsymbol{n}_0 dS = 0$　(20.2) $\sum m = m_1 - m_1 + m_2 - m_2 = 0$ 出た磁力線は必ず入る。 単独に磁荷が存在しないことによる。
微分形式	$\nabla \cdot \boldsymbol{D} = \rho$　(10.13)	$\nabla \cdot \boldsymbol{B} = 0$　(20.5)
発散	発散界	発散はない
積分形式	$\int_c \boldsymbol{E} \cdot d\boldsymbol{\ell} = 0$ ただし，$\boldsymbol{B}$ の時間的変化がある場合は（19.4）参照	$\oint_c \frac{\boldsymbol{B}}{\mu_0} \cdot d\boldsymbol{\ell} = I$　(17.1) ただし，$\boldsymbol{D}$ の時間的変化がある場合は（16.6）参照
微分形式	$\nabla \times \boldsymbol{E} = 0$　(20.9) ただし，$\boldsymbol{B}$ の時間的変化がある場合は（19.8）参照	$\nabla \times \boldsymbol{H} = \boldsymbol{J}$ ただし，$\boldsymbol{D}$ の時間的変化がある場合は（18.22）参照
渦	渦はない	渦界

A.4　用語に関する問題

【1】 次の述語について説明せよ。

1. 電界
2. 電位
3. 電気力線
4. 静電容量
5. 誘磁界
6. 磁化作用とその原因
7. 分極
8. 電荷保存の法則
9. 自己誘導
10. 相互誘導
11. ブリュスタ角

【2】 次の述語について説明せよ。

1. 電界に関するガウスの法則
2. 磁界に関するガウスの法則
3. 拡張されたアンペアの周回積分の法則
4. ファラデーの電磁誘導の法則
5. フレミングの左手の法則
6. フレミングの右手の法則
7. スネルの法則
8. フレネルの式

【3】 次の各問の[　　　]に適当な述語を記せ。

1. 電界は空間的な[　　　]の減少の割合の最も大きな方向に向き，その大きさは[　　　]傾度の大きさに比例する。
2. [　　　]とは空間のある点に電荷をもってきたとき，その電荷に働く力をいう。
3. 一般に，[　　　]は発散界であり[　　　]は渦界である。
4. 導体系の各導体に[　　　]を与えれば各導体の電位は一義的に定まる。
5. フレミングの左手の法則は親指，人差指，中指を直角に曲げ，中指を[　　　]方向，人差指を[　　　]の方向に一致させると，親指は力の方向と一致するというものである。

6. 平行導線間に働く力は2つの[ ]に比例する。
7. 電磁誘導によって発生する起電力はその回路と鎖交する[ ]の時間的な減少の割合に等しい。
8. [ ]が時間的に変化するとその周りに電界が発生する。
9. 電界とは電荷に[ ]界を示すのに用いる物理量である.
10. 電束密度とは電荷に[ ]界を示すのに用いる物理量である。
11. 電荷により作られる[ ]は誘電体により異なるが，[ ]は誘電体の種類にはよらないで，電荷のみにより定められる。
12. [ ]とは外部からなんらかの形により電界を加えて電流を流すような作用である。
13. エルステッドは電流の[ ]を発見した。これより，1つの電流の周りには他の電流に作用するある界ができていると考えられる。この界を誘磁界という。
14. 導体の近くを電流が流れると導体に[ ]が誘起される。これが時間的に変化して流れる電流を誘導電流という。
15. 重ね合せの定理は[ ]でのみ成り立つ。
16. 変位電流は空間における[ ]に基づいて発生する電流である。
17. [ ]は電流の磁気作用を発見した。これより，1つの電流の周りには他の電流に作用するある界ができていると考えられる。この界を[ ]という。
18. クーロン力は2つの[ ]に比例する。
19. 1つの電流の周りには他の電流に作用する[ ]ができる。この電流の磁気作用を発見したのは[ ]である。
20. 電界内の任意の閉曲面を通り，内から外に向かう電気力線束の総和は，閉曲面内に含まれる[ ]に等しい。
21. [ ]は大きさ，方向ともに1 [C] の電荷に働く力に等しい。
22. [ ]は電界のないところでは増減しない。
23. [ ]が時間的に変化するときに流れる電流を変位電流という。
24. 導体面上の接線方向の[ ]は零である。
25. q クーロンの電荷から q [本] の[ ]が出る。
26. 導電率とは[ ]の通りやすさを表す定数である。
27. 起電力とは外部からなんらかの形により[ ]を加えて電流を流すような作用である。
28. 拡散電流とは少数キャリアの[ ]に濃淡があるとき，濃いところから淡いところへ拡散する電流のことをいう。
29. [ ]の閉曲面からの発散はない。
30. 電気力線は[ ]の等しい面と直交する。

31. 電気力線の空間密度はその点の[ ]の大きさと等しい。
32. 1つの閉じた系についてすべての[ ]の和が零になることを[ ]の法則という。
33. スカラー・ポテンシャルは[ ]界を構成する。
34. 回路の電流が時間について変化すれば，その電流自体によって回路を貫いている磁束も変わるから，これにより逆起電力が誘起される。この現象を[ ]という。
35. 物質が磁性を発する主たる原因は[ ]によるものと考えられている。
36. 2種の異なった金属を両端で結合し，その両端点を異なった温度に保つとき[ ]の発生する現象をゼーベック効果という。
37. 外部から誘磁界を加えると電流ループに働くトルク作用のために，熱運動に逆らってループが誘磁界の方向に向く現象を[ ]という。
38. 起電力を含まない回路網内を直流電流が流れるとき，[ ]の2つの法則に従っていると発生する熱量が最小になる。
39. 導体に流れる電流とその両端の電位差が比例する法則を[ ]の法則という。
40. 空間のある点に電荷を持ってきたとき，その電荷に電気力が働く。これを[ ]という。
41. 右ネジを誘磁界の向きに回転させたとき，ネジの進む向きが[ ]の方向になる。
42. 電流は自由空間では[ ]として観測される。
43. [ ]は特異点を除いては常に等電位面に垂直になる。
44. ポアソンの方程式は静電界の[ ]分布を決める偏微分方程式である。
45. 右ネジを[ ]の向きに回転させたとき，ネジの進む向きが電流の方向になる。
46. 誘電体の境界面に垂直な[ ]の成分は境界面の両側で等しい。
47. [ ]が時間的に変化する媒質中では変位電流が流れる。
48. ベクトル $\boldsymbol{A}$ の回転の[ ]は零になる。
49. クーロンの法則は万有引力の法則をヒントとしたので，遠隔作用として考えられたが，これは[ ]の場合にしか説明できなかった。一方，近接作用では[ ]の時間的変動による電界についても説明することができる。これをファラデーの仮説といい，[ ]の周りの空間は電気的に特別な性質を持つ空間であるという。
50. 自己誘導現象とは回路の[ ]が時間的に変化すれば，これによって回路を貫いている[ ]も変化し，電磁誘導の法則によって回路に起電力が誘起される現象をいう。
51. [ ]は電荷に働く力を与える物理量である。[ ]は電荷により作られる界を示すのに用いる物理量である。
52. 真空中の[ ]は電流により作られ，電流をとりまくようにできる。これは真空中の[ ]が電荷により作られ，[ ]を中心に発散する性質と最も異なるところである。

【4】 次の文章が完結するように下欄および人名欄から適当な述語を選択し，その番号を記入せよ。

1. 2個の点電荷に働く力を表した式を[　　　]の法則と呼ぶ。この式はその極限として r を零にすると F は無限大になる。この場合，数学的には[　　　]があるという。しかし，物理現象的にはこのような[　　　]は起こらない。ここで用いている[　　　]の仮定は電荷間の[　　　]に比べて，電荷の[　　　]が小さいということである。この法則を基に[　　　]の法則が導かれていることはよく知られている。

   1）大きさ　2）大きい　3）小さい　4）理論　5）無理
   6）距離　7）極　8）直径　9）電荷量

2. 任意の閉曲面を通り，内から外に垂直に向かう[　　　]の総和は，閉曲面内に含まれる総電荷量の $\dfrac{1}{\varepsilon_0}$ に等しい。これを[　　　]の法則という。

   1）電流　2）電位　3）磁気　4）磁界　5）誘磁界
   6）電束密度　7）電束　8）電気力線　9）電束密度

3. 南北に向いた針金の近くに[　　　]を置き，針金に電流を流すと磁針が振れる。この実験を行ったのは[　　　]である。これにより，導線に電流が流れるとその周囲に[　　　]ができることがわかった。ここで，電流の方向とそれによってできる磁界の方向の関係を示したのが[　　　]である。これを[　　　]の法則という。これらを基にして誘磁界を求める式を導出したものを[　　　]の周回積分の法則という。

   1）磁石　2）磁針　3）磁気　4）電界　5）誘磁界
   6）電束密度　7）電束　8）電気力線　9）なし

4. [　　　]の発見は，電流が磁気的現象を示すというものであった。[　　　]は逆に磁気的現象に基づいて電流を発生できるはずであると考え，ついに電磁誘導現象を発見した。これによるとコイルを切る磁束が一定のときは電流が[　　　]が，磁束が時間的に変化すると電流がコイルに[　　　]ことがわかった。このとき，コイル内に発生する電流の方向は磁束の変化を妨げるような方向となる。これを[　　　]の法則という。これらの事実を数式で表現したのは[　　　]である。これらをまとめると，「1つのループに電磁誘導によって発生する起電力は，その回路と鎖交する[　　　]の減少する割合に比例する」となる。

   1）妨げる　2）妨げない　3）流れる　4）流れない　5）電流
   6）電束　7）磁束　8）電界　9）磁界　10）電圧

人名欄

1）マックスウェル　2）ファラデー　3）ウェーバー　4）レンツ
5）ノイマン　6）アンペア　7）エルステッド　8）クーロン
9）ガウス　10）ヘンリー

【5】 次に示すものは各種の電流の定義であるが，[　　　]の中に適当な用語を下欄から選択し，その番号を記入せよ。

拡散電流：少数キャリアの[　　　]に濃淡があると，濃い所から淡い所へ拡散して流れる電流。

対流電流：[　　　]やイオンの移動によって[　　　]が運ばれるような電流。

変位電流：[　　　]の時間的変化に基づいて発生する電流。

伝導電流：導体内の自由電子の持つ[　　　]の移動によるもので，[　　　]の質量の移動は伴わない。

誘導電流：真空中で導体の近くを電流が流れると導体に静電誘導で[　　　]が誘導され，これが時間的に変化して電流になる。

1）電流　2）電子　3）電荷　4）電位　5）電圧
6）キャリア　7）密度　8）イオン　9）電界　10）磁界

【6】 次の述語と関連のある述語を下記の欄より選びその番号を記せ。

1. 重ね合せの定理[　　　]
2. ジュール熱最小の原理[　　　]
3. 分極[　　　]
4. ペルチエ効果[　　　]
5. 磁化作用の原因[　　　]
6. ローレンツ力[　　　]

1）誘電体　2）熱起電力　3）熱の吸収，発散
4）自由電子　5）電子のスピン　6）荷電粒子の運動
7）線形電気回路　8）ワットの法則　9）キルヒホッフの法則

【7】 次の述語に対応する式を選びその番号を記せ。なお，式のリストには不正のものも含まれている。

1. ファラデーの電磁誘導の法則[　　　]
2. アンペアの周回積分の法則[　　　]
3. ストークスの定理[　　　]
4. 静電界のガウスの法則[　　　]
5. ガウスの発散定理[　　　]

1）$\nabla\cdot\boldsymbol{B}=0$　2）$\nabla\cdot\boldsymbol{D}=\rho$　3）$\nabla\cdot\boldsymbol{i}+\dfrac{\partial\rho}{\partial t}=0$　4）$\displaystyle\oint_s\boldsymbol{A}\cdot d\boldsymbol{S}=\int_n\nabla\cdot\boldsymbol{A}dv$

5）$\displaystyle\oint_s B_n dS=0$　6）$\displaystyle\oint_c\boldsymbol{H}\cdot d\boldsymbol{\ell}=I+\frac{d}{dt}\int_s(\varepsilon_0\boldsymbol{E})\cdot d\boldsymbol{S}$

7）$\displaystyle\oint_c E_\ell d\ell=-\frac{d}{dt}\int B_n dS$　8）$\displaystyle\oint_c\boldsymbol{A}\cdot d\boldsymbol{\ell}=\int_s\nabla\times\boldsymbol{A}\cdot d\boldsymbol{S}$

9）$\displaystyle\oint_c\nabla\times\boldsymbol{A}\cdot d\boldsymbol{\ell}=\int\boldsymbol{A}\cdot d\boldsymbol{S}$　10）$\displaystyle\oint_c\boldsymbol{E}\cdot d\boldsymbol{\ell}=\frac{d}{dt}\int_s\boldsymbol{D}\cdot d\boldsymbol{S}$

【8】 次の[　　　]に入るべき適当な文字を下欄より選び，番号を記せ。

1. $\nabla\times[\quad]=-\dfrac{\partial}{\partial t}[\quad]$，$\nabla\cdot[\quad]=\rho$
2. $\nabla\times\nabla\times[\quad]=\nabla\rho-\nabla^2[\quad]$，$V=\displaystyle\int_c[\quad]\cdot d\boldsymbol{\ell}$
3. $d\boldsymbol{B}=\dfrac{[\quad]}{4\pi}\cdot\dfrac{[\quad]d\boldsymbol{S}\times\boldsymbol{r}}{r^3}$，$\boldsymbol{J}=[\quad]\boldsymbol{E}$
4. $\nabla^2[\quad]-\varepsilon_0\mu_0\dfrac{\partial^2\boldsymbol{E}}{\partial t^2}-\mu_0[\quad]\dfrac{\partial[\quad]}{\partial t}=0$
5. $\boldsymbol{F}=Q([\quad]+\boldsymbol{v}\times[\quad])$，$W=\dfrac{1}{2}\displaystyle\int_v(\boldsymbol{E}\cdot[\quad])dv$

1）$\boldsymbol{D}$　2）$\boldsymbol{B}$　3）$\boldsymbol{E}$　4）$\boldsymbol{H}$　5）J　6）μ_0　7）I　8）ε_0　9）κ
10）V

【9】 次の単語に適した単位を下記より選び番号を記せ。

1）電流密度[　　　]　2）電荷密度[　　　]　3）電束密度[　　　]
4）磁束密度[　　　]　5）インダクタンス[　　　]　6）真空誘電率[　　　]
7）真空透磁率[　　　]　8）電界[　　　]　9）比誘電率[　　　]
10）誘磁界[　　　]

1）なし　2）H　3）F　4）H/m　5）F/m　6）V/m
7）A/m^2　8）C/m^2　9）V/m^2　10）Wb/m^2

A.5　電磁気学の計算問題

【1】 電界が $\boldsymbol{E} = \boldsymbol{i}(4x^2y - 6yz) + \boldsymbol{j}(4yz - zx^2) + \boldsymbol{k}(3x^2z^2 - 6xy)$ [V/m] である空間中の点 $(-1, 2, 3)$ における電荷密度は，[　　　] $\times 10^{-12}$ [C/m^3] である。

【2】 導体から垂直方向に 4 [cm] 離れた点に点電荷 $Q = 2 \times 10^{-8}$ [C] がある。このとき，導体と電荷の中間の位置を点 P とすると，この点における電位は [　　　] [V] となる。ただし，小数点以下は四捨五入する。

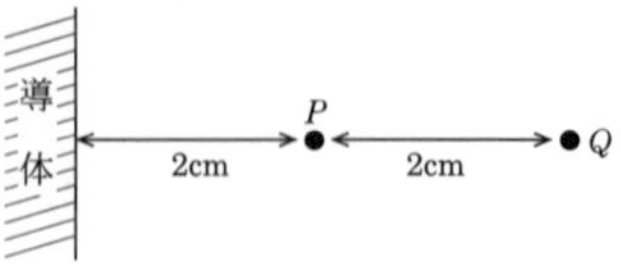

【3】 半径 3 [m] の導体球に 7.08×10^{-16} [C] の電荷が帯電している。これから出る電気力線数は約[　　　]本である。

【4】 右図のように点 $P_1(0,0,0)$ に 2 [C]，$P_2(8,3,0)$ に 1 [C] の電荷を置くとき，点 $P_0(4,3,0)$ の電界を求める。まず，P_1 の点電荷による P_0 での電界の x 方向成分は [　　　] $\times 10^6$ [V/m]，y 方向成分は [　　　] $\times 10^6$ [V/m] となる。同様に，P_2 の点電荷による P_0 での電界の x 方向成分は [　　　] $\times 10^6$ [V/m]，y 方向成分は [　　　] $\times 10^6$ [V/m]。したがって，両電荷による合成電界の大きさは [　　　] $\times 10^6$ [V/m] となる。

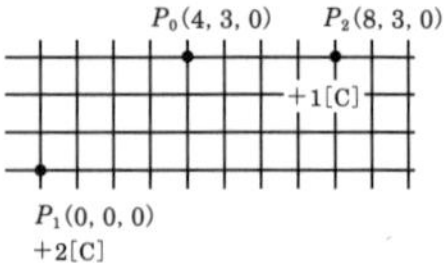

【5】 半径 2 [cm] の導体球に 5×10^{10} 個の電子が充満している。このとき，導体球に入る全電気力線は[　　　]本となる。電荷は -1.602×10^{-19} [C]，質量は 9.1×10^{31} [kg] であり，端数は切捨てるものとする。

【6】 図のように点 $(-4,0,0)$ に電荷 -2 [C]，点 $(4,0,0)$ に電荷 2 [C] を与えたとき，点 $(0,3,0)$ における電界の大きさを求めよ。

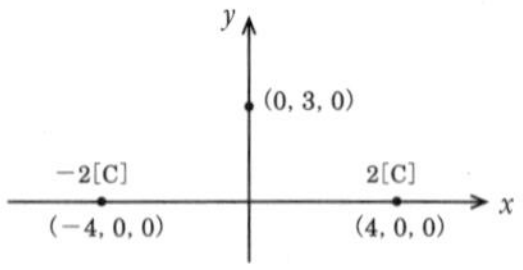

【7】 右図のように同心球状導体の内側導体 A の半径を a，外側導体 B の内径を b，外径を c とし，A に電荷 Q を与えたとき，次の場合の “電界と電位” を求めよ。またこの変化の様子を図示せよ。

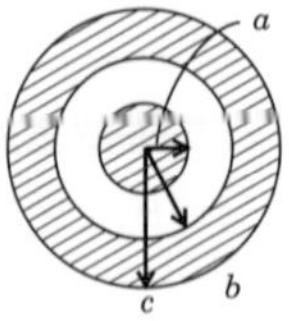

（1） $c < r$,　（2） $b < r < c$,　（3） $a < r < b$,
（4） $r = a$,　（5） $r < a$

【8】 図のように，境界面 $A-B$ に誘導体から空気中へ電界が入射角 45° で入射している。誘電体の ε_{1r} は 1.6 とする。誘電体中の電束密度の垂直方向成分 D_{1n} は [　　　] $\times 10^{-12}$ [C/m^2]，空気中の電界の大きさ E_2 は [　　　] [V/m] である。ただし，誘電体中の電界の大きさ $E_1 = 4$ [V/m]，真空誘電率 $\varepsilon_0 = 8.854 \times 10^{-12}$ [F/m] とする。

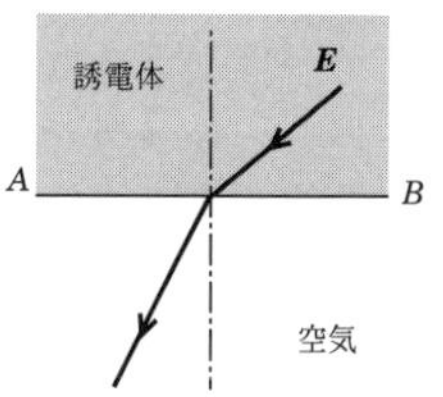

【9】 右図のように直角に曲げられた導体からそれぞれ x 方向に 1 [cm]，y 方向に 1 [m] と 2 [m] 離れた点を P_1，P_2 とする。P_2 に電荷 0.02 [C] を置いたとき点 P_1 の電位を求めよ。

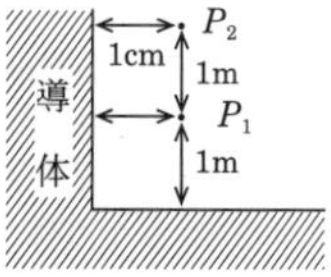

【10】 右図のように，x，y 平面上の点 $P_0(0,0)$ に点電荷 Q_1 [C]，P_1 [4, 1] に点電荷 Q_2 [C] が置かれているとき，P_2 [0, 4] における電界が $\boldsymbol{E} = 2.79 \times 10^9 \boldsymbol{i} - 1.08 \times 10^9 \boldsymbol{j}$ [V] となった。Q_1，Q_2 を求めよ。

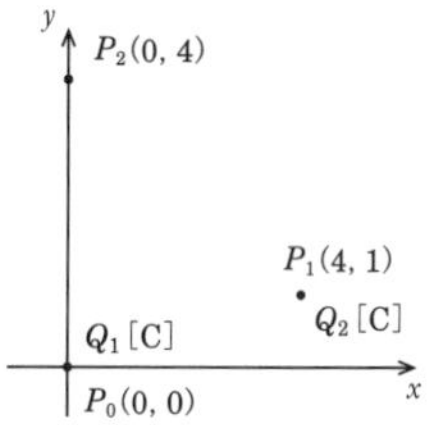

【11】 真空中において図のように 90° の角を持つ広い導体から 2 [m] と 1 [m] 離れて点電荷 $Q = 0.06$ [C] が置かれている。点電荷 Q に働く力を求めるため，まず，点電荷 Q の，x 軸対称の映像電荷による力 f_1 を求めると [　　　] $\times 10^6$ [N] である。次に，y 軸対称の映像電荷による力 f_2 は [　　　] $\times 10^6$ [N] である。また，もう 1 つの映像電荷による力 f_3 は [　　　] $\times 10^6$ [N] で，この x 方向の分力は $\dfrac{[\quad\quad]}{\sqrt{[\quad\quad]}} \times f_3$ [N] であり，y 方向の分力は $\dfrac{[\quad\quad]}{\sqrt{[\quad\quad]}} \times f_3$ [N] となる。したがって，全体の合成力の x 方向の成分は [　　　] $\times 10^6$ [N] であり，y 方向の成分は [　　　] $\times 10^6$ [N] で，全体の力は [　　　] $\times 10^6$ [N] である。

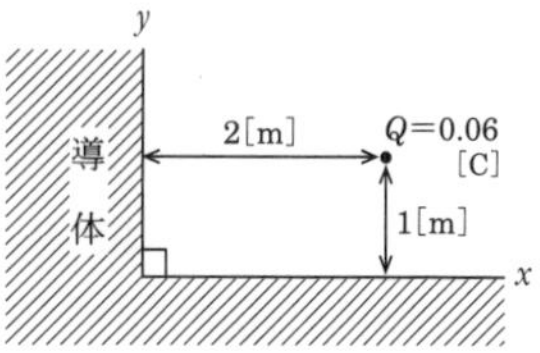

【12】 地表と地上 1400 [km] の電界の強さを測ったところ，それぞれ 29.7 [V/m] および 20 [V/m] であった。このとき，地表上の電荷密度を求めよ。ただし，地球は球状の完全導体とし，その半径は未知とする。

【13】 平行平板コンデンサがあり，その板間に平行に板間距離の $\dfrac{1}{2}$ の厚さを有する比誘電率 7 のガラス板を挿入すると静電容量は元の静電容量の [　　　] 倍となる。また，挿入する誘電体の種類を変えて比誘電率を大きくしても最終的な静電容量の大きさは元の静電容量の [　　　] 倍を超えることはない。

【14】 間隔 a [m] で置かれた 2 本の平行導線にそれぞれ電流が同方向に I [A] 流れている。平行導線が正三角形の 2 つの頂点に位置しているとき，残りの頂点 P における誘磁界の大きさを求めよ。

【15】 半径 1 [cm] の無限に長い導線に一様に電流 8 [A] を流したとき，導線の中心から 2 [mm] の点（導体内）にできる誘磁界の大きさは [　　　] $\times 10^{-6}$ [Wb/m^2] である。

【16】 半径 5 [mm] の無限に長い導線に 4 [A] の電流を流したとき，導線の中心より 2 [cm] の距離にできる誘磁界の大きさは [　　　] $\times 10^{-6}$ [Wb/m] である。また，この導線と平行で 2 [cm] の距離にある導線に，同方向で 5 [A] の電流を流したとき，1 [m] あたりに働く力は [　　　] $\times 10^{-6}$ [N] である。

【17】 電流 I を中心として半径 r の円周方向に誘磁界 $B = 6.25 \times 10^{-3}$ [Wb/m^2] が発生している。$r = 8$ [cm]，真空透磁率 $\mu_0 = 4\pi \times 10^{-7}$ [H/m] として電流 I を求めよ。

【18】 右図のように 12×10 [cm^2] の閉ループがあり，これが角速度 $\omega = 350$ [rad/sec] で回転している。誘磁界 B が 80 [Wb/m^2] のとき端子 a，b 間の起電力 V を求めよ。ただし，$t = 0$ のときコイルの面は誘磁界方向を向いているものとする。

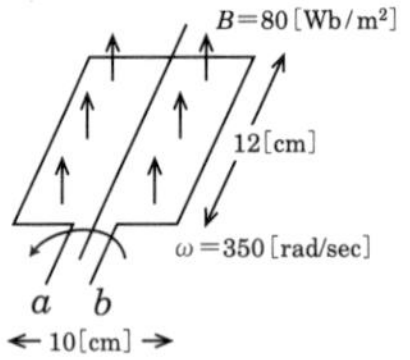

【19】 ループ c で囲まれた面 s 内に，$B = 10\cos\omega t$ の誘磁界が一様に分布するとき，ループに発生する起電力の最大値は [　　　] [V] である。ただし，$\omega = 100\pi$[rad/sec]，$S = 200$ [cm^2] とする。

【20】 右図のような磁気回路がある。この回路の起磁力は [　　　] [AT] で，磁性体の磁気抵抗 R_1 は [　　　] $\times 10^6$ [AT/Wb]，空隙の磁気抵抗 R_2 は [　　　] $\times 10^6$ [AT/Wb] であり，回路中の磁束は [　　　] $\times 10^{-6}$ [Wb] となる。ただし，磁性体の長さ $\ell_1 = 50$ [cm]，空隙の長さ $\ell_2 = 1.6$ [mm]，比透磁率 $\mu_r = 1250$，断面積 $\dfrac{2}{\pi}$ [cm^2]，巻数 = 50 回，コイルの電流 2 [A] とする。

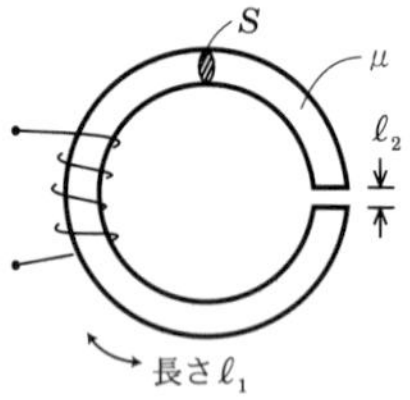

【21】 図のように長さ $\ell = 45$ [cm]，鉄心の断面積 $S = \dfrac{3}{\pi}$ [cm^2]，比透磁率 $\mu_r = 15 \times 10^3$ の磁心に巻数 $N_1 = 50$ 回のコイル［1］と $N_2 = 4000$ 回のコイル［2］が巻いてある。このとき，磁心の磁気抵抗は $R =$ [　　　] $\times 10^3$ [A/Wb] となる。いま，コイル［1］に 3 [A] の電流を流したとき，コイルの起磁力は $F =$ [　　　] [AT] となるので，磁心の磁束は $\phi_1 =$ [　　　] $\times 10^{-6}$ [Wb] となる。したがって，コイル［1］の鎖交磁束は $\Phi_{11} =$ [　　　] $\times 10^{-3}$ [Wb]，コイル［2］の鎖交磁束 Φ_{12} は [　　　] [Wb] となる。これより，コイル［1］の自己インダクタンスは $L_1 =$ [　　　] $\times 10^{-3}$ [H]，相互インダクタンスは $M =$ [　　　] [H] となる。

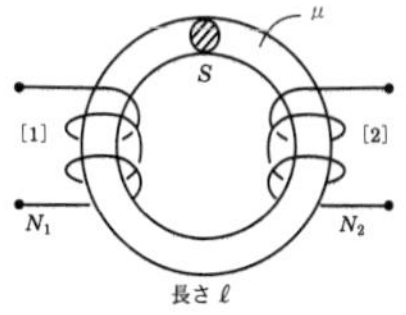

【22】 図の (a) の回路の電流 I_1 を求めるために，図の (b), (c) のような回路の電流 I_1'，I_1'' を求め，重ね合せの定理を用いた。各電流の値を求めよ。ただし，$R_1 = R_2 = 2$ [Ω]，$R_3 = 3$ [Ω]，$V_1 = V_2 = 3.2$ [V] である。

$I_1' =$ [　　　] [A]，$I_1'' = -$[　　　] [A]，
$I_1 =$ [　　　] [A]

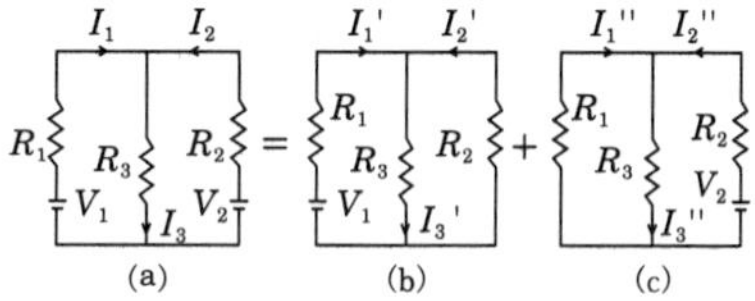

【23】 次の各問の解答を示せ。ただし，$\varepsilon_0 = 8.854 \times 10^{-12}$ [F/m]，$\mu_0 = 4\pi \times 10^{-7}$ [H/m]，$\pi = 3.14$ とし解答は 3 桁以内に納まるよう四捨五入すること。

1. 無限に広い導体板の前方 25 [cm] のところに 50 [μC] の点電荷が置かれている。導体板と点電荷の間に働く力は [　　　] [N] である。

2. 半径 5 [mm] の無限に長い導線に 4 [A] の電流を流したとき，導線の中心より 2 [cm] の距離にできる誘磁界の大きさは [　　　] $\times 10^{-6}$ [Wb/m^2] である。

3. ループ c で囲まれた面 s 内に $B = 25\cos\omega t$ の誘磁界が一様に分布するとき，ループに発生する起電力の最大値は [　　　] [V] である。ただし，$\omega = 100\pi$[rad/sec]，$S = 200$ [cm^2] とする。

4. 鉄心の長さ 5 [cm]，断面積 0.5 [cm^2]，比透磁率 4000，コイルの巻数 1600 回のソレノイドの磁気抵抗は [　　　] $\times 10^3$ [A/Wb] である。このソレノイドに 6.5 [A] の電流を流すとできる磁束は [　　　] $\times 10^{-3}$ [Wb] である。

付録 B　ベクトル解析の基礎事項

B.1　ベクトル解析の基礎事項

■スカラー積

$\boldsymbol{A} \cdot \boldsymbol{B} = AB\cos\theta$　（結果がスカラーとなる）　(3.2)

$\boldsymbol{A} \cdot \boldsymbol{B} = A_xB_x + A_yB_y + A_zB_z$　(3.3)

■ベクトル積

$\boldsymbol{A} \times \boldsymbol{B} = \boldsymbol{C}$　（結果がベクトルとなる）　(14.2)

$C = AB\sin\phi$　(14.3)

■単位ベクトル：$\boldsymbol{i}$, $\boldsymbol{j}$, $\boldsymbol{k}$

$\boldsymbol{i}$：大きさ 1 の x 軸方向のベクトル

$\boldsymbol{j}$：大きさ 1 の y 軸方向のベクトル

$\boldsymbol{k}$：大きさ 1 の z 軸方向のベクトル

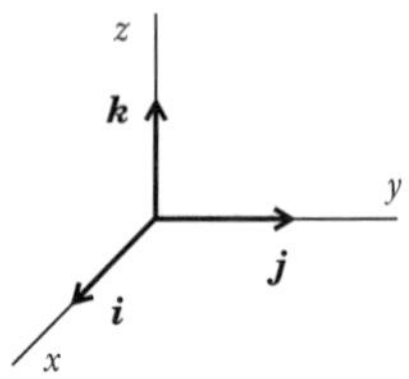

■単位法線ベクトル

$\boldsymbol{n}_0$ = 大きさが 1 で面に垂直なベクトル

■面素ベクトル

$d\boldsymbol{S} = \boldsymbol{n}_0 dS$　(3.15)

■単位ベクトルのスカラー積

$\boldsymbol{i} \cdot \boldsymbol{i} = \boldsymbol{j} \cdot \boldsymbol{j} = \boldsymbol{k} \cdot \boldsymbol{k} = 1$　(3.7)

$\boldsymbol{i} \cdot \boldsymbol{j} = \boldsymbol{j} \cdot \boldsymbol{k} = \boldsymbol{k} \cdot \boldsymbol{i} = 0$　(3.8)

■単位ベクトルのベクトル積

$\boldsymbol{i} \times \boldsymbol{i} = \boldsymbol{j} \times \boldsymbol{j} = \boldsymbol{k} \times \boldsymbol{k} = 0$

$\boldsymbol{i} \times \boldsymbol{j} = \boldsymbol{k}$, $\boldsymbol{j} \times \boldsymbol{i} = -\boldsymbol{k}$

$\boldsymbol{j} \times \boldsymbol{k} = \boldsymbol{i}$, $\boldsymbol{k} \times \boldsymbol{j} = -\boldsymbol{i}$　(14.5)

$\boldsymbol{k} \times \boldsymbol{i} = \boldsymbol{j}$, $\boldsymbol{i} \times \boldsymbol{k} = -\boldsymbol{j}$

■ベクトル $\boldsymbol{A}$ の大きさ

$$A^2 = \boldsymbol{A} \cdot \boldsymbol{A} = A_x^2 + A_y^2 + A_z^2$$

$$A = \sqrt{\boldsymbol{A} \cdot \boldsymbol{A}} = \sqrt{A_x^2 + A_y^2 + A_z^2} \tag{3.9}$$

■スカラー 3 重積

$$\boldsymbol{A} \cdot \boldsymbol{B} \times \boldsymbol{C} = \begin{vmatrix} A_x & A_y & A_z \\ B_x & B_y & B_z \\ C_x & C_y & C_z \end{vmatrix} \tag{14.10}$$

■全微分公式

$$dV = \frac{\partial V}{\partial x}dx + \frac{\partial V}{\partial y}dy + \frac{\partial V}{\partial z}dz \tag{6.6}$$

■スカラーの勾配

$$\nabla = \boldsymbol{i}\frac{\partial}{\partial x} + \boldsymbol{j}\frac{\partial}{\partial y} + \boldsymbol{k}\frac{\partial}{\partial z} \tag{6.17}$$

■ベクトルの発散

$$\mathrm{div}\,\boldsymbol{A} = \nabla \cdot \boldsymbol{A} = \frac{\partial A_x}{\partial x} + \frac{\partial A_y}{\partial y} + \frac{\partial A_z}{\partial z} \tag{10.2}$$

■ラプラスの演算子

$$\nabla^2 = \frac{\partial^2}{\partial x^2} + \frac{\partial^2}{\partial y^2} + \frac{\partial^2}{\partial z^2} \tag{10.7}$$

■ベクトルの回転

$$\nabla \times \boldsymbol{A} = \begin{vmatrix} \boldsymbol{i} & \boldsymbol{j} & \boldsymbol{k} \\ \dfrac{\partial}{\partial x} & \dfrac{\partial}{\partial y} & \dfrac{\partial}{\partial z} \\ A_x & A_y & A_z \end{vmatrix} \tag{18.4}$$

■∇ の演算公式

$$\nabla(\phi + \psi) = \nabla\phi + \nabla\psi \tag{6.21}$$

$$\nabla(\phi\psi) = (\nabla\phi)\psi + \phi(\nabla\psi) \tag{6.22}$$

$$\nabla\left(\frac{1}{r}\right) = -\frac{r\boldsymbol{r}_0}{r^3} = -\frac{\boldsymbol{r}_0}{r^2} \tag{6.23}$$

$$\nabla f(u, v) = \frac{\partial f}{\partial u}\nabla u + \frac{\partial f}{\partial v}\nabla v \tag{6.24}$$

$$\nabla \times \nabla \phi = 0 \tag{18.5}$$

$$\nabla \cdot \nabla \times \boldsymbol{A} = 0 \tag{18.6}$$

$$\nabla \times \nabla \times \boldsymbol{A} = -\nabla^2 \boldsymbol{A} + \nabla(\nabla \cdot \boldsymbol{A}) \tag{18.7}$$

$$\nabla \times (\boldsymbol{A} \times \boldsymbol{B}) = \boldsymbol{A}(\nabla \cdot \boldsymbol{B}) - \boldsymbol{B}(\nabla \cdot \boldsymbol{A}) + (\boldsymbol{B} \cdot \nabla)\boldsymbol{A} - (\boldsymbol{A} \cdot \nabla)\boldsymbol{B} \tag{18.8}$$

$$\nabla \cdot \phi \boldsymbol{A} = \phi \nabla \cdot \boldsymbol{A} + \boldsymbol{A} \cdot \nabla \phi \tag{18.9}$$

$$\nabla \times \phi \boldsymbol{A} = \phi \nabla \times \boldsymbol{A} + \nabla \phi \times \boldsymbol{A} \tag{18.10}$$

$$\nabla \cdot (\boldsymbol{A} \times \boldsymbol{B}) = \boldsymbol{B} \cdot \nabla \times \boldsymbol{A} - \boldsymbol{A} \cdot \nabla \times \boldsymbol{B} \tag{18.11}$$

$$\nabla(\boldsymbol{A} \cdot \boldsymbol{B}) = (\boldsymbol{A} \cdot \nabla)\boldsymbol{B} + (\boldsymbol{B} \cdot \nabla)\boldsymbol{A} + \boldsymbol{A} \times (\nabla \times \boldsymbol{B}) + \boldsymbol{B} \times (\nabla \times \boldsymbol{A}) \tag{18.12}$$

■ガウスの発散定理

$$\oint_s \boldsymbol{A} \cdot \boldsymbol{n}_0 dS = \int_v \nabla \cdot \boldsymbol{A} dv \tag{10.9}$$

■ストークスの定理

$$\int_s \nabla \times \boldsymbol{A} \cdot \boldsymbol{dS} = \oint_c \boldsymbol{A} \cdot \boldsymbol{d\ell} \tag{18.13}$$

■線束の時間的変化の公式

$$\frac{d}{dt} \int_s \boldsymbol{A} \cdot \boldsymbol{dS} = \int_s \left(\frac{\partial \boldsymbol{A}}{\partial t} + \nabla \times \boldsymbol{A} \times \boldsymbol{v} + \boldsymbol{v} \nabla \cdot \boldsymbol{A} \right) \cdot \boldsymbol{dS} \tag{18.16}$$

■スカラー・ポテンシャル

ベクトル $\boldsymbol{C}_c$ がスカラー V で

$$\boldsymbol{C}_c = -\nabla V \tag{20.7}$$

と表されるとき，$\boldsymbol{C}_c$ を発散界（保存界：渦がない）という。このとき，V をスカラー・ポテンシャルという。

■ベクトル・ポテンシャル

ベクトル $\boldsymbol{C}_s$ がベクトル $\boldsymbol{A}$ で

$$\boldsymbol{C}_s = \nabla \times \boldsymbol{A} \tag{20.13}$$

と表されるとき，$\boldsymbol{C}_s$ を渦界という。このとき，$\boldsymbol{A}$ をベクトル・ポテンシャルという。

B.2　ベクトルの問題

【1】 2つのベクトル $\boldsymbol{A}$, $\boldsymbol{B}$ について次の問に答えよ。

$\boldsymbol{A} = 2\boldsymbol{i} - 8\boldsymbol{j} + \boldsymbol{k}$, $\boldsymbol{B} = 3\boldsymbol{i} + \boldsymbol{j} - 2\boldsymbol{k}$

1. $\boldsymbol{A} \cdot \boldsymbol{B} =$
2. $\boldsymbol{A} \times \boldsymbol{B} =$
3. 2つのベクトル $\boldsymbol{A}$, $\boldsymbol{B}$ に直交する単位ベクトル $\boldsymbol{n}_0$ を求めよ。

【2】 次の2つのベクトル $\boldsymbol{A}$, $\boldsymbol{B}$ のスカラー積およびベクトル積を求めよ。

$\boldsymbol{A} = 4\boldsymbol{i} + 8\boldsymbol{j} + 5\boldsymbol{k}$, $\boldsymbol{B} = 3\boldsymbol{i} + 6\boldsymbol{j} + \boldsymbol{k}$

1. $\boldsymbol{A} \cdot \boldsymbol{B} =$
2. $\boldsymbol{A} \times \boldsymbol{B} =$

【3】 ベクトル $\boldsymbol{A}$, $\boldsymbol{B}$, $\boldsymbol{C}$ に対して次の計算を行いなさい。

$\boldsymbol{A} = 5\boldsymbol{i} + 3\boldsymbol{j}$, $\boldsymbol{B} = 2\boldsymbol{i} - \boldsymbol{j} + \boldsymbol{k}$, $\boldsymbol{C} = 4\boldsymbol{i} + 3\boldsymbol{j} + 2\boldsymbol{k}$

1. $\boldsymbol{A} \cdot \boldsymbol{B} = \boxed{}$
2. $\boldsymbol{A} \times \boldsymbol{B} = \boxed{}\,\boldsymbol{i} + \boxed{}\,\boldsymbol{j} + \boxed{}\,\boldsymbol{k}$
3. $\boldsymbol{A} \cdot \boldsymbol{B} \times \boldsymbol{C} = \boxed{}$

【4】 ベクトル $\boldsymbol{A}$, $\boldsymbol{B}$, $\boldsymbol{C}$ に関し次の演算を行いなさい。

$\boldsymbol{A} = 2\boldsymbol{i} + 3\boldsymbol{j} + \boldsymbol{k}$, $\boldsymbol{B} = 2\boldsymbol{j} + \boldsymbol{k}$, $\boldsymbol{C} = -2\boldsymbol{i} + 5\boldsymbol{j} - 3\boldsymbol{k}$

1. $\boldsymbol{A} + \boldsymbol{B} = [\qquad]\boldsymbol{i} + [\qquad]\boldsymbol{j} + [\qquad]\boldsymbol{k}$
2. $\boldsymbol{A} \cdot \boldsymbol{B} = [\qquad]$
3. $\boldsymbol{A} \times \boldsymbol{B} = [\qquad]\boldsymbol{i} - [\qquad]\boldsymbol{j} + [\qquad]\boldsymbol{k}$
4. $\boldsymbol{A} \cdot \boldsymbol{B} \times \boldsymbol{C} = [\qquad]$

【5】 次の3つのベクトルを一辺とする平行六面体の体積を求めよ。

$\boldsymbol{A} = 4\boldsymbol{i} + 8\boldsymbol{j} + 5\boldsymbol{k}$, $\boldsymbol{B} = 3\boldsymbol{i} + 6\boldsymbol{j} + \boldsymbol{k}$, $\boldsymbol{C} = \boldsymbol{i} + 4\boldsymbol{j}$

演習問題（各章末問題）の解答

練習問題

練習問題の解答

演習問題（各章末問題）の解答

第1章

1.1 0.30 [N]

1.2 クーロン力/万有引力 $= 4.2 \times 10^{42}$

1.3 $9\sqrt{2}$ [N]

1.4 クーロン，極，極，点電荷，距離，直径が十分小さい，ガウス

1.5 B から見て A のある方向と正反対の方向に距離 $\sqrt{2}\,\mathrm{m}$ 離れた位置

1.6 $\dfrac{1+2\sqrt{2}}{4}Q_A$ [C]

第2章

2.1 $\boldsymbol{n}_0 = \dfrac{\boldsymbol{E}}{E} = \dfrac{3\boldsymbol{i}+2\boldsymbol{j}-\boldsymbol{k}}{\sqrt{14}}$

2.2 24 [km]

2.3 $18\sqrt{2}\times 10^4$ [V/m]

2.4 $P\left(1, \dfrac{-2a\pm b}{a\pm b}, \dfrac{2a\pm b}{a\pm b}\right)$

ただし，$a=\sqrt{|Q_1|}$，$b=\sqrt{|Q_2|}$ 符号同順 + for $Q_1Q_2>0$，− for $Q_1Q_2<0$

2.5 0

2.6
$$\frac{1}{4\pi\varepsilon_0}\left[\left(\frac{\sqrt{6}}{9}+\frac{3\sqrt{2}}{4}\right)\boldsymbol{i}-\frac{\sqrt{6}}{18}\boldsymbol{j}-\left(\frac{\sqrt{6}}{18}+\frac{3\sqrt{2}}{4}\right)\boldsymbol{k}\right]$$
$$=(12.00\boldsymbol{i}-1.22\boldsymbol{j}-10.77\boldsymbol{k})\times 10^9 \ \text{[V/m]}$$

2.7 x 方向に強度 $\dfrac{Q}{4\pi\varepsilon_0}\left(\dfrac{1}{(x+d)|x+d|}+\dfrac{1}{x|x|}\right)$

2.8 $\dfrac{3\sqrt{2}Q}{8\pi\varepsilon_0 d^2}$ [V/m]

2.9 $E=\dfrac{\delta}{2\pi\varepsilon_0}\dfrac{\ell}{h\sqrt{\ell^2+h^2}}$ [V/m]　（参考）$\displaystyle\int\frac{dx}{(x^2+h^2)^{3/2}}=\frac{x}{h^2\sqrt{x^2+h^2}}$

2.10 $E=\dfrac{\sigma}{2\varepsilon_0}\left(1-\dfrac{h}{\sqrt{a^2+h^2}}\right)$ [V/m]　（参考）$\displaystyle\int\frac{xdx}{(x^2+h^2)^{3/2}}=\frac{-1}{\sqrt{x^2+h^2}}$

第3章

3.1　電気力線 7.5×10^6［本］

3.2　8.9×10^{-12}［C］

3.3　5.9×10^6［本］

3.4　(1) 3
(2) $\theta = \cos^{-1} 0.133 = 82.4°$

3.5　$\pm(0.625\boldsymbol{i} + 0.179\boldsymbol{j} - 0.759\boldsymbol{k})$

3.6　$\sqrt{19}$

3.7　$\dfrac{3\boldsymbol{i} - \boldsymbol{j} + 3\boldsymbol{k}}{\sqrt{19}}$

第4章

4.1　16

4.2　$8 \times 10^{-7} / \left[0.5^2 + (y-1)^2 + (z-1.5)^2\right]^{3/2}$

4.3　4.3×10^6［V/m］

4.4　内部 0，外部 68×10^{10}［V/m］

第5章

5.1　31［V］

5.2　-2［V］

5.3　-2

5.4　19［V］

5.5　$\dfrac{3Q}{4\pi\varepsilon_0 a}$

5.6　69［V］

5.7　合体前 0.9［V］，合体後 1.43［V］

5.8　32［V］

第6章

6.1　イ）$4xyz^3 - 3y^2 + (2x^2z^3 - 6xy)dy/dx + 6x^2yz^2dz/dx$

ロ）$2x^2z^3 - 6xy + (4xyz^3 - 3y^2)dx/dy + 6x^2yz^2dz/dy$

ハ）$4xyz^3 - 3y^2$

ニ）$2x^2z^3 - 6xy$

ホ）$6x^2yz^2$

6.2 $(4xyz^3 - 3y^2)\boldsymbol{i} + (2x^2z^3 - 6xy)\boldsymbol{j} + (6x^2yz^2)\boldsymbol{k}$

6.3 $-30\boldsymbol{i} - 23\boldsymbol{j} + 92\boldsymbol{k}$

6.4 $V = \dfrac{\delta}{2\pi\varepsilon_0}\log\dfrac{\ell + \sqrt{h^2+\ell^2}}{h}$ [V]　　（参考）$\displaystyle\int\frac{dx}{\sqrt{x^2+h^2}} = \log(x + \sqrt{x^2+h^2})$

$E = \dfrac{\delta}{2\pi\varepsilon_0}\dfrac{\ell}{h\sqrt{h^2+\ell^2}}$ [V/m]

6.5 $V = \dfrac{\sigma}{2\varepsilon_0}\left(\sqrt{a^2+h^2} - h\right)$ [V]　　（参考）$\displaystyle\int\frac{xdx}{\sqrt{x^2+h^2}} = \sqrt{x^2+h^2}$

$E = \dfrac{\sigma}{2\varepsilon_0}\left(1 - \dfrac{h}{\sqrt{h^2+a^2}}\right)$ [V/m]

第7章

7.1 72 [V/m], 18 [V/m]

7.2 1.8 [V/m], 0.9 [V/m]

7.3 $\dfrac{F_2}{F_1} = 0.4$

7.4 $\left(\dfrac{\sqrt{6}}{3} + 54\right) \times 10^{-12}\boldsymbol{i} + \dfrac{2}{3}\sqrt{6} \times 10^{-12}\boldsymbol{j} + \left(\dfrac{\sqrt{6}}{3} + 27\right) \times 10^{-12}\boldsymbol{k}$

第8章

8.1 $E = \dfrac{\delta}{2\pi\varepsilon_0 r}, V = \dfrac{\delta}{2\pi\varepsilon_0}\log\dfrac{r_0}{r}$　ただし r_0 は電位の基準点。

8.2 $5.7 \times 10^{10}\sigma$

8.3 (1) 電界 $E = \dfrac{1}{4\pi\varepsilon_0}\dfrac{Q+Q'}{r^2}$ for $c \le r$, $E = 0$ for $b \le r < c$

$E = \dfrac{1}{4\pi\varepsilon_0}\dfrac{Q}{r^2}$ for $a \le r < b$, $E = 0$ for $r < a$

(2) 電位 $V_r = \dfrac{1}{4\pi\varepsilon_0}\dfrac{Q+Q'}{r}$ for $c \le r$, $V_c = \dfrac{1}{4\pi\varepsilon_0}\dfrac{Q+Q'}{c}$

$V_r = V_c$ for $b \le r < c$, $V_b = V_c$

$V_r = \dfrac{1}{4\pi\varepsilon_0}\left[\left(\dfrac{1}{r} - \dfrac{1}{b} + \dfrac{1}{c}\right)Q + \dfrac{Q'}{c}\right]$ for　$a \le r < b$

$V_a = \dfrac{1}{4\pi\varepsilon_0}\left[\left(\dfrac{1}{a} - \dfrac{1}{b} + \dfrac{1}{c}\right)Q + \dfrac{Q'}{c}\right]$

$V_r = V_a$ for $r < a$

8.4 （1）電界 （i）$E = 18/r^2$ [V/m] for $5 \le r$, $E_5 = 0.72$ [V/m]
（ii）$E = 0$ for $4 \le r < 5$
（iii）$E = 18/r^2$ [V/m] for $2 \le r < 4$, $E_2 = 4.5$ [V/m]
（iv）$E = 0$ for $r < 2$
（2）電位 （i）$V = 18/r$ [V] for $5 \le r$, $V_5 = 3.6$ [V]
（ii）$V = 3.6$ [V] for $4 \le r < 5$, $V_4 = 3.6$ [V]
（iii）$V = 18/r - 0.9$ [V] for $2 \le r < 4$, $V_2 = 8.1$ [V]
（iv）$V = V_2 = 8.1$ [V] for $r < 2$

8.5 （1）電界 （i）$E = 18/r^2$ [V/m] for $5 \le r$, $E_5 = 0.72$ [V/m]
（ii）$E = 0$ for $4 \le r < 5$
（iii）$E = 3.6/r^2$ [V/m] for $2 \le r < 4$, $E_2 = 0.9$ [V/m]
（iv）$E = 0$ for $r < 2$
（2）電位 （i）$V = 18/r$ [V] for $5 \le r$, $V_5 = 3.6$ [V]
（ii）$V = 3.6$ [V] for $4 \le r < 5$, $V_4 = 3.6$ [V]
（iii）$V = 2.7 + 3.6/r$ [V] for $2 \le r < 4$, $V_2 = 4.5$ [V]
（iv）$V = V_2 = 4.5$ [V] for $r < 2$

第9章

9.1 $V_p = \dfrac{C_1V_A + (C_2 + C_3)V_B}{C_1 + C_2 + C_3}$, $C = \dfrac{C_1(C_2 + C_3)}{C_1 + C_2 + C_3}$, $W = \dfrac{1}{2}\dfrac{C_1(C_2 + C_3)}{C_1 + C_2 + C_3}(V_A - V_B)^2$

9.2 3.5 [pF]

9.3 714 [μF]

9.4 1.75 倍，2 倍

9.5 480 [pF/m]

9.6 $\dfrac{S(\varepsilon_2 - \varepsilon_1)}{d\ln(\varepsilon_2/\varepsilon_1)}$ [F]

9.7 $\dfrac{a}{b} = \dfrac{\varepsilon_2}{\varepsilon_1}$, $C = \dfrac{2\pi\varepsilon_1\varepsilon_2}{\varepsilon_1\log(c/b) + \varepsilon_2\log(b/a)}$ [F/m]

第10章

10.1 0

10.2 -2

10.3 3

10.4 $-6\varepsilon_0 y$

10.5 $\dfrac{1}{\varepsilon_0}\left[\dfrac{2}{3}x^3+\dfrac{3}{2}x^2-x\right]$

10.6 $V=\dfrac{\delta_0(1-e^{-az})}{a^2\varepsilon_0}+\dfrac{a^2\varepsilon_0V_0-\delta_0(1-e^{-ad})}{a^2\varepsilon_0 d}z$

10.7 ヒント：$r=\sqrt{x^2+y^2+z^2}$ を使う。

第11章

11.1 引力 90 [N]

11.2 -1.4 [C]

11.3 左方向 $\dfrac{Q^2}{16\pi\varepsilon_0}\left[\dfrac{1}{a^2}-\dfrac{a}{(a^2+b^2)^{3/2}}\right]$ [N]

下方向 $\dfrac{Q^2}{16\pi\varepsilon_0}\left[\dfrac{1}{b^2}-\dfrac{b}{(a^2+b^2)^{3/2}}\right]$ [N]

11.4 3.6 [V]

11.5 3.7×10^{-11} [N]

11.6 $8.0\times10^3\boldsymbol{i}-7.6\times10^3\boldsymbol{j}-1.4\times10^4\boldsymbol{k}$ [V/m]，1.4×10^4 [V]

11.7 $V(R,\theta)=270\left(\dfrac{1}{R}-\dfrac{10}{3R'}\right)$ [V] ただし，$R'=\sqrt{R^2-\dfrac{91}{15}R\cos\theta+\dfrac{8281}{900}}$

第12章

12.1 12.4 [Ω]

12.2 $\dfrac{Q_0\omega\cos\omega t}{4\pi r^2}$

12.3 86 [Ω]

12.4 ヒント：$I_d=\dfrac{\varepsilon s}{d}\dfrac{dV}{dt}$ を導き，さらに変形する。

12.5 $1.22\times10^{-21}x\exp(-x^2)$

第13章

13.1 AC 間 $\dfrac{3}{2}r$ [Ω]，AD 間 $\dfrac{5}{4}r$ [Ω]

13.2 $\dfrac{5}{6}r$ [Ω]

13.3 ヒント：$\dfrac{dP}{dI_1}=0$

13.4　1.1 [A]

13.5　$$\frac{(R_2+R_4)(R_3+R_5)V_{ab}}{R_2R_3R_5+R_2R_3R_4+R_1R_2R_3+R_3R_4R_5+R_1R_3R_4+R_2R_4R_5+R_1R_2R_5+R_1R_4R_5}$$

第14章

14.1　$-13\boldsymbol{i}-7\boldsymbol{j}+\boldsymbol{k}$

14.2　$-6\boldsymbol{i}+21\boldsymbol{j}+24\boldsymbol{k}$

14.3　$\pm\frac{\sqrt{3}}{3}(\boldsymbol{i}+\boldsymbol{j}-\boldsymbol{k})$

14.4　$\pi/3$

14.5　16

14.6　1.2×10^{-5} [Wb/m^2]

14.7　$1.8\times10^{-7}(\boldsymbol{i}+\boldsymbol{j})$ [Wb/m^2]　大きさ $\frac{9\sqrt{2}}{5}\times10^{-7}$ [Wb/m^2]

14.8　$\frac{4\sqrt{6}}{15}\times10^{-7}(\boldsymbol{i}+\boldsymbol{j}-\boldsymbol{k})$

第15章

15.1　$\frac{\mu_0 I}{\pi}\frac{\sqrt{a^2+b^2}}{ab}$

15.2　中心軸方向に $\frac{3\sqrt{3}\mu_0 Ia^2}{\pi(3a^2+h^2)\sqrt{4a^2+h^2}}$，なお中心では $\frac{\sqrt{3}\mu_0 I}{2\pi a}$

15.3　磁針，エルステッド，磁界，アンペア，右ネジ，ビオ・サバール

第16章

16.1　$\frac{\sqrt{17}\mu_0 I}{17\pi}$ [Wb/m^2]

16.2　(i) $\frac{t}{2}<|x|$：$\frac{1}{2}\mu_0 i_z t$ [Wb/m^2]
(ii) $|x|<\frac{t}{2}$：$\mu_0 i_z x$ [Wb/m^2]

16.3　(i) 内部：$\frac{\mu_0 NI}{2\pi r}$ [Wb/m^2]
(ii) 外部：0

第17章

17.1　$\frac{qEa}{mv^2}\left(\frac{a}{2}+b\right)$

17.2 $\dfrac{qBa}{mv}\left(\dfrac{a}{2}+b\right)$

第18章

18.1 0

18.2 $6\boldsymbol{i}-4\boldsymbol{k}$

18.3 $-2xy^3z\boldsymbol{i}-z^3\boldsymbol{j}+(y^3z^2-x^2)\boldsymbol{k}$

18.4 0

18.5 $\boldsymbol{i}-\boldsymbol{j}+\boldsymbol{k}$

18.6 327

18.7 $b\omega\sin\omega t$

第19章

19.1 エルステッド，ファラデー，流れない，発生する（流れる），レンツ，ニューマン（ノイマン），磁束

19.2 50π [V]

19.3 $BS\omega\sin\omega t$

19.4 $\dfrac{\mu_0\pi a^2b^2nNI\omega}{(a^2+d^2)^{3/2}}\sin\omega t$

19.5 $0.45\cos(150t)$

第20章

20.1 5.7×10^{-6} [N]

20.2 1.58×10^{-6} [Wb]

20.3 $xz\boldsymbol{i}+xy\boldsymbol{j}+yz\boldsymbol{k}$，$-\dfrac{1}{2}(y^2\boldsymbol{i}+z^2\boldsymbol{j}+x^2\boldsymbol{k})$

20.4 $V=\phi\left(\dfrac{\partial\psi}{\partial x}\right)\boldsymbol{i}+\phi\left(\dfrac{\partial\psi}{\partial y}\right)\boldsymbol{j}+\phi\left(\dfrac{\partial\psi}{\partial z}\right)\boldsymbol{k}$

第22章

22.1 3×10^5 [AT/Wb]，5×10^{-4} [Wb]

22.2 1.99×10^5 [AT/Wb]，5.2×10^{-2} [Wb]

22.3 $\phi_1 = N_1 I \mu_0 \mu_r S \dfrac{\ell_1/2 + \ell'}{(\ell_1/2)^2 + \ell_1 \ell'}$，ただし $\ell' = \ell_2 + (\mu_r - 1)\ell_3$

$\phi_2 = N_1 I \mu_0 \mu_r S \dfrac{1}{\ell_1/2 + 2\ell'}$

$\phi_3 = N_1 I \mu_0 \mu_r S \dfrac{\ell'}{(\ell_1/2)^2 + \ell_1 \ell'}$

22.4 $\dfrac{NI}{\ell_1 S_2/\mu_1 S_1 + \ell_2/\mu_2 + \ell_3/\mu_0}$ [Wb/m^2]

第23章

23.1 9.0×10^4 [AT/Wb]，7.3×10^{-3} [Wb]，1.61 [Wb]，22.0 [Wb]，0.54 [H]，7.3 [H]

23.2 0.085 [H]，0.019 [H]，0.040 [H]

23.3 $\dfrac{\mu_0 \pi a^2 b^2 N}{2(b^2 + d^2)^{3/2}}$ [H]

23.4 $\mu_0 n N \pi a^2 \cos\theta$ [H]

第24章

24.1 ヒント：ガウスの法則を適用する。

24.2 $\theta_x = 0.40$，$\theta_y = 1.19$，$\theta_z = 1.45$（rad）

24.3 （1）電界 E_0，電束密度 $\varepsilon_0 E_0$
（2）電界 $\dfrac{\varepsilon}{\varepsilon_0} E_0$，電束密度 εE_0

24.4 （3）磁界 H_0，磁束密度 $\mu_0 H_0$
（4）磁界 $\dfrac{\mu}{\mu_0} H_0$，磁束密度 μH_0

第25章

25.1 $\nabla^2 \boldsymbol{H} - \mu(\varepsilon \partial^2 \boldsymbol{H}/\partial t^2 + \kappa \partial \boldsymbol{H}/\partial t) = 0$　ただし，$\boldsymbol{H}$：磁界ベクトル

25.2 $\nabla^2 \boldsymbol{E} - \mu_0 \{(x-a)^2 - b\} \dfrac{\partial^2 \boldsymbol{E}}{\partial t^2} + 2\dfrac{x-a}{(x-a)^2 - b} \nabla E_x - 2\dfrac{(x-a)^2 + b}{\{(x-a)^2 - b\}^2} E_x \boldsymbol{i} = 0$
ただし，$\boldsymbol{E}$：電界ベクトル，E_x：$\boldsymbol{E}$ の x 方向成分

第26章

26.1 $R = 2\sqrt{2} - 3$，$T_E = 2\left(\sqrt{2} - 1\right)$，$T_H = 4 - 2\sqrt{2}$

26.2 略

26.3 $n = 1.27,\ d = 1375\ [\text{Å}]$

26.4 $39°,\ 32°$

練習問題

第1章

1.1　ベクトル a の方向を向く単位ベクトルは $\boldsymbol{a}/a$ で表されることを示せ。

1.2　図 EX.1.1 のように中空導体 B の空洞中に導体 A が置かれている。導体 A を電荷 Q で帯電した後で，スイッチ S を閉じて A と B を接続すれば電荷はどうなるか。

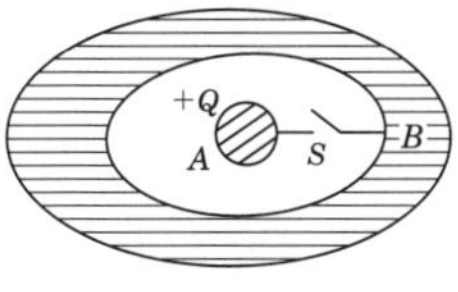

図EX.1.1

1.3　2 個の金属小球 A, B が 3［cm］離れて置かれている。A に電荷 5×10^{-5}［C］，B に -3×10^{-5}［C］を帯電したときについて，次の問に答えよ。ただし，金属球の大きさは無視できるものとする。

1. 両金属球に働く力
2. 細い導線で A, B を接続させた後，再び 3［cm］離したときの両金属球に働く力

1.4　2［C］に帯電した物体 A が，図 EX.1.2 のような経路を速度 $v = 1$［m/sec］で等速運動している。A が出発して t［sec］後において，点電荷 $B = +2$［C］に働く力を求めよ。

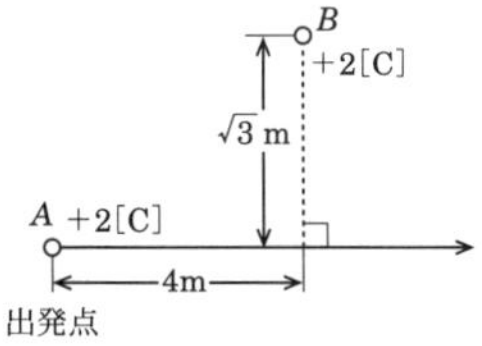

図EX.1.2

1.5　質量 m［kg］の金属球が細長い絹糸で吊り下げられている。この振動周期は T_0［sec］とする。いま球に Q［C］が帯電し，そのかなり下方 r［m］のところに Q_1［C］の点電荷を置くとき金属球の振動周期を求めよ。

第2章

2.1　空気中に $Q_1 = -2 \times 10^{-6}$［C］と $Q_2 = 4 \times 10^{-6}$［C］の点電荷が 20［cm］隔てて置かれているとき，2 つの点電荷を結ぶ直線上で電界が零になる位置を求めよ。

2.2　$\boldsymbol{A} = 3\boldsymbol{i} + \boldsymbol{j} + 2\boldsymbol{k}$ の大きさと方向余弦を小数点以下 3 桁まで求めよ。

2.3　図 EX.2.1 のように点電荷があるとき，点 P の電界を求めよ。

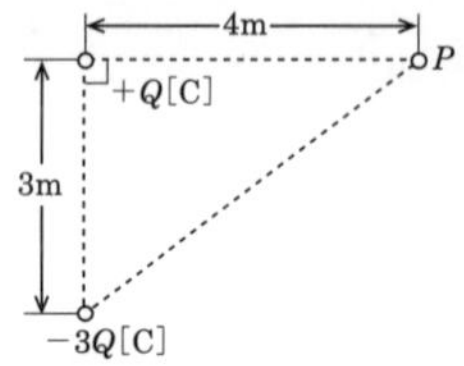

図EX.2.1

2.4　Q [C] に帯電した質量 m [kg] の物体が天井から糸で吊るしてある。そこに水平方向に電界 $\boldsymbol{E}$ [V/m] を加えたとき，物体は図 EX.2.2 のようになった。このとき，物体に帯電している電荷量を求めよ。ただし，物体の質量 $m = 1$ [g]，電界 $E = 5 \times 10^{-2}$ [V/m]，重力加速度 $g = 9.8$ [m/sec^2] とする。

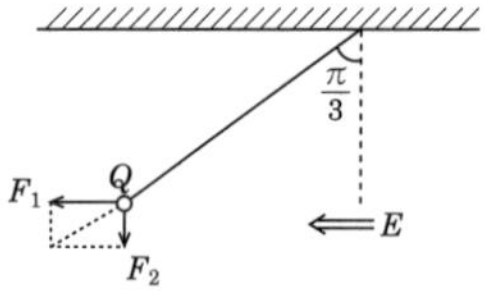

図EX.2.2

2.5　図 EX.2.3 のように点 $A\,(-1, 0, 0)$ に $Q_1 = 2 \times 10^{-8}$ [C]，点 $B\,(1, 0, 0)$ に $Q_2 = -6 \times 10^{-8}$ [C] の点電荷が置かれているとき，点 $P\,(0, 2, 0)$ の電界 $\boldsymbol{E}$ をベクトルで表せ。また電界 $\boldsymbol{E}$ と x 軸とのなす角 θ も求めよ。

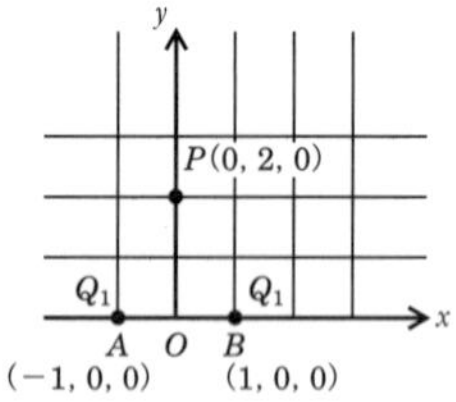

図EX.2.3

2.6　図 EX.2.4 のように面 s に垂直な方向の単位法線ベクトルを $\boldsymbol{n}$ とする。ベクトル $\boldsymbol{a}$ の面 s に垂直な方向の大きさを求めよ。

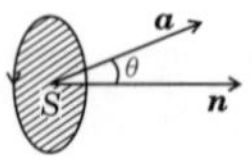

図EX.2.4

2.7　半径 r [m] の円形導線上に一様に電荷 Q [C] が分布している。この円形導線上の線電荷

密度 q を求めよ。次に円の中心軸上で円の中心より距離 ℓ [m] に点電荷 $-Q_0$ [C] があるとき，$-Q_0$ が受けるクーロン力を求めよ。

2.8 有限長の直線状導体 AB に一様に線電荷密度 q [C/m] が分布する。P 点の電界の大きさと方向を求めよ（図 EX.2.5）。ただし，P 点と導体との垂直距離を a とし，P 点から導体端 A，B を見込む角度を α，β とする。
ただし，

$$\sin\theta_1 - \sin\theta_2 = 2\cos\frac{\theta_1+\theta_2}{2}\sin\frac{\theta_1-\theta_2}{2}$$

$$\cos\theta_1 - \cos\theta_2 = -2\sin\frac{\theta_1+\theta_2}{2}\sin\frac{\theta_1-\theta_2}{2}$$

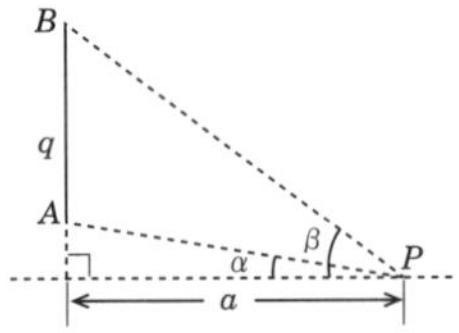

図EX.2.5

第3章

3.1 半径 a の導体球を電荷 Q で帯電したときにできる電界の分布を求めよ。また，中心から r の距離に別の微小電荷 ΔQ を置いたときにその電荷に働く力を求めよ。

3.2 半径 $a = 10$ [cm] の導体球を電荷 Q で帯電したとき，導体表面の電界の強さが 3×10^4 [V/cm]（空気中で放電する電界）であった。電荷 Q を求めよ。また，表面より 1 [cm] 離れて置かれた微小な電荷 10^{-10} [C] に作用する力の大きさを求めよ。ただし，この電荷は金属の電荷分布に影響を与えないものとする。

3.3 $\boldsymbol{A} = 2\boldsymbol{i}+3\boldsymbol{j}+4\boldsymbol{k}$，$\boldsymbol{B} = 4\boldsymbol{i}+5\boldsymbol{j}+6\boldsymbol{k}$ のスカラー積（内積）を求め，さらに $\boldsymbol{A}$ と $\boldsymbol{B}$ のなす角も求めよ。

第4章

4.1 無限に広い平面上に電荷が表面電荷密度 σ [C/m^2] で一様に分布しているとき，この表面から距離 a [m] の位置の電界を「① クーロンの法則」と「② ガウスの法則」により求めよ。

第5章

5.1　$\boldsymbol{A} = (x - x_0)\boldsymbol{i} + (y - y_0)\boldsymbol{j} + (z - z_0)\boldsymbol{k}$ で表されるベクトルを，$P_1(x_1, y_1, z_1)$ より $P_2(x_2, y_2, z_2)$ まで線積分せよ。

5.2　位置ベクトル $r(x, y, z)$ について，次の閉ループ c 上の線積分を求めよ。

$$\oint_c \boldsymbol{r} \cdot d\boldsymbol{\ell}$$

5.3　$\boldsymbol{r} = (x-1)\boldsymbol{i} + y\boldsymbol{j} + (z+2)\boldsymbol{k}$ で表されるベクトルを，$P_1(-1, 3, 0)$ より $P_2(-1, -3, 2)$ まで線積分せよ。

5.4　図 EX.5.1 のように 1 辺の長さが 2［m］の立方体の各頂点に点電荷 1［C］が置かれているとき，ある 1 辺の中央 P 点における電位を求めよ。

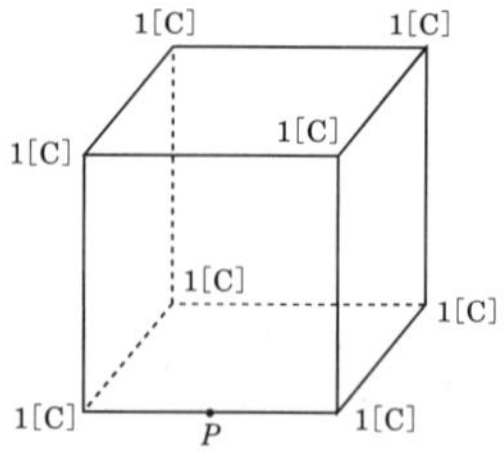

図EX.5.1

5.5　x が 0 から d，y が $-a$ から a の空間で電位分布が

$$V = V_0 \left(\frac{x}{d}\right)^{4/3} \cos\left(\frac{\pi}{2a} y\right)$$

で与えられるとき，この空間の電界および電荷の分布を求めよ。

5.6　真空中において直径 20［cm］の導体球に 1×10^{-6}［C］の電荷を与えたとき，次の諸量を求めよ。

① 表面の電荷密度

② 導体表面の電界の強さ

③ 導体表面から 10［cm］離れた点の電界

④ 導体中心の電界

⑤ 導体の電位

第6章

6.1　ある点 $P(x, y, z)$ における電位差 V が $V = Q/(4\pi\varepsilon_0 r)$ で与えられているとき，V の勾配を求めよ。さらに V の勾配と電界 $\boldsymbol{E}$ の関係を式で表せ。ただし，$Q/(4\pi\varepsilon_0)$ は定数，

$r = |\boldsymbol{r}| = \sqrt{x^2 + y^2 + z^2}$ とする。

6.2　図 EX.6.1 のように正負 2 個の点電荷 $\pm Q$ が十分接近した距離 ℓ で置かれているとき，両点電荷を結ぶ線分の中心より距離 r [m] の点 P における電位および電界を求めよ。

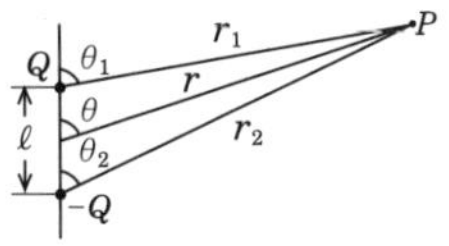

図EX.6.1

6.3　次のベクトル関数 $\boldsymbol{A}$ を変数 t で微分せよ。

① $\boldsymbol{A} = (a \sin t)\boldsymbol{i} + (b \cos t)\boldsymbol{j} + ct\boldsymbol{k}$

② $\boldsymbol{A} = 2t\boldsymbol{i} + (5 + 6t)\boldsymbol{j} + (3t + 4t^2)\boldsymbol{k}$

6.4　等位面の単位面積ベクトル $\boldsymbol{n}$ を ϕ の値の増加する方向にとり，法線方向に対する ϕ の方向微係数を $\dfrac{\partial \phi}{\partial n}$ とするとき，次式を証明せよ。

$$\nabla \phi = \frac{\partial \phi}{\partial n}\boldsymbol{n}$$

6.5　次の式を証明せよ。

$$\nabla \boldsymbol{F}(r) = \frac{d\boldsymbol{F}(r)}{dr} \cdot \frac{\boldsymbol{r}}{r}$$

第8章

8.1　図 EX.8.1 のように電荷 $+Q$ [C] を持つ導体球 A がこれと同心な球導体 B で囲まれている。球 B が接地されているときと，接地されていないときの点 P_1，P_2 における電界および電位を求めよ。

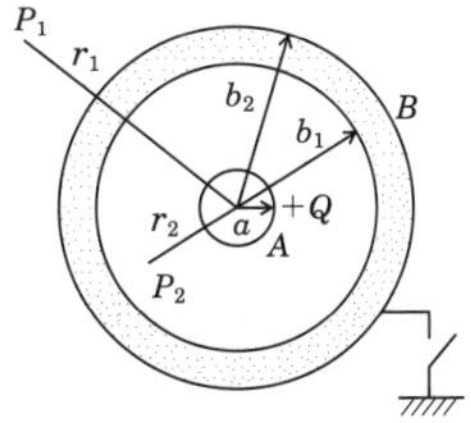

図EX.8.1

8.2　ガラス製と陶磁器製で同じ形，同じ大きさのライデンビンがある。一定電荷をガラス製ライデンビンに与えたのち，両ビンを並列に接続したところ，電位は前の 0.63 倍になった。陶磁器の比誘電率を 5.7 としてガラスの比誘電率を求めよ。

8.3　図 EX.8.2 において B, C は接地された無限に広い導体であり，A には面電荷密度 σ [C/m^2] の電荷が帯電している。このとき
① B, C 面に現れる電荷を求めよ。
② 導体間の電位分布を求めよ。

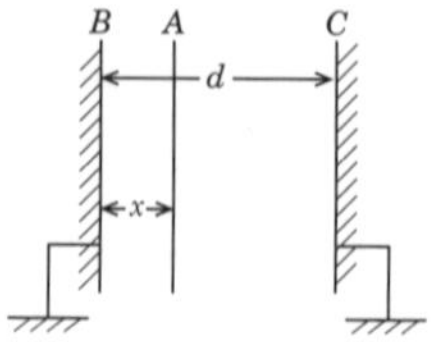

図EX.8.2

8.4　間隔 d の平行導体板間に電荷密度 $\rho = \rho_0 x^{-3/4}$（x は一方の板よりの距離）で電荷が分布するとき，両導体間の電位差と両導体表面の電荷を求めよ。ただし，$x = 0$ で電界は零と仮定する。

8.5　図 EX.8.3 のように導体板間に電荷密度 $+\rho_1$ [C/m^3] の領域が幅 d_1，電荷密度 $-\rho_2$ [C/m^3] の領域が幅 d_2 で分布している。また導体表面には電荷はなく，左側導体の電位を 0 とする。このとき，ρ_1 と ρ_2 の関係および右側導体の電位を求めよ。

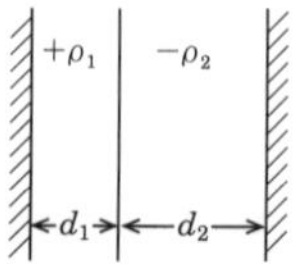

図EX.8.3

第9章

9.1　面積 1 [cm^2]，厚さ 1 [mm] のセラミック（比誘電率 $\varepsilon_r = 1000$ とする）を，同じ面積を持つ金属板ではさんでコンデンサを作るとき，セラミックと金属板の間に 0.01 [mm] の空隙ができたとする。このとき，空隙がなくなるようによくできたコンデンサに比べて静電容量はどうなるか。またコンデンサに 1 [V] の電圧を加えたとき，コンデンサ内の電界分布をよくできたコンデンサの場合と比較せよ。

9.2　絶縁耐力 40000 [V/mm]，比誘電率 $\varepsilon_r = 6.5$ であるマイカを用いて，1000 [V] に耐える容量 0.01 [μF] の平行平板マイカコンデンサを作りたい。マイカの面積を $S = 25$ [mm] $\times$ 20 [mm] として，必要なマイカの枚数を求めよ。

9.3　図 EX.9.1 のように間隔 d，幅 ℓ の平行導体 A, B 間に長さ a で誘電率 ε_1，長さ b で ε_2 の誘電体が満たされている。導体間に電位差 V を加えたとき，A, B 間の静電容量および

導体板上の電荷分布を求めよ。

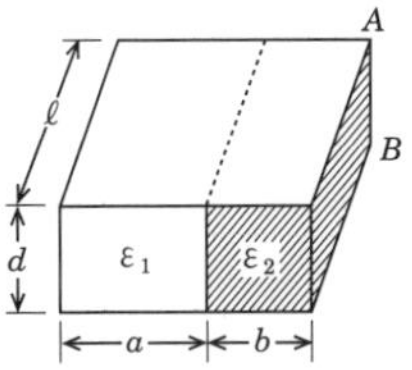

図EX.9.1

9.4　静電容量 1［nF］の平行板コンデンサがある。いま電極板間隔の 2/3 の厚さのマイカ（比誘電率 $\varepsilon_r = 6.0$ とする）を図 EX.9.2 に示すように電極板に平行に入れたときの静電容量を求めよ。

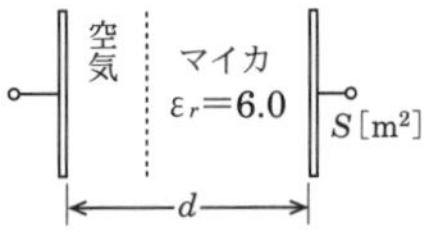

図EX.9.2

9.5　半径 2［cm］，板間隔 1［mm］の電極板 17 枚で構成された半円形板可変空気コンデンサがある（図 EX.9.3 参照）。このコンデンサの最大静電容量 C_0 を求めよ。また最大静電容量を 400［pF］にするためには電極板間に比誘電率がどのような大きさの誘電体を入れればよいか。ただし，電極板と誘電体の間には空間はないものとする。

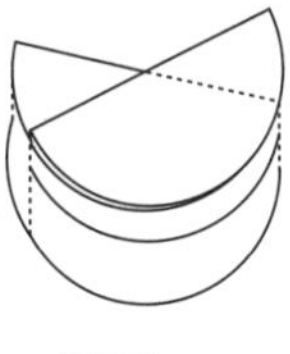

図EX.9.3

9.6　静電容量が 0.02［μF］の平行平板コンデンサの板間にその間隔の 1/2 の厚さを有する誘電体を挿入したところ静電容量は 0.03［μF］になった。誘電体の比誘電率を求めよ。

9.7　平行平板空気コンデンサの板間に同じ広さで厚さが間隔の 1/2 の誘電体を挿入したところ静電容量が 1.8 倍に増加した。挿入した誘電体の比誘電率を求めよ。

9.8　図 EX.9.4 のような間隔 d［m］，面積 S［m^2］の平行導体間に誘電率 ε_1［F/m］の誘電体が挿入されている。このとき，導体間の静電容量 C を求め，x を横軸として C の大きさを図示せよ。また導体間に働く力を求め，x との関係を同様に図示せよ。ただし，端部効果は無視せよ。

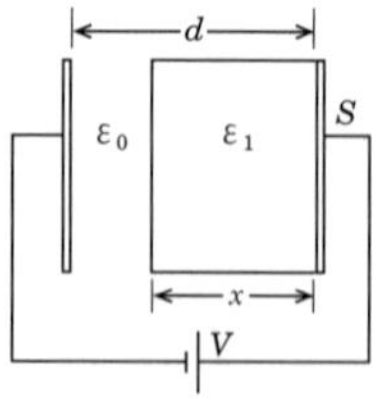

図EX.9.4

9.9　図 EX.9.5 のように半径 a [m] の内導体と内半径 b [m] の外導体から成る同軸円筒間に誘電率 ε の誘電体を満たしたとき，単位長さあたりの静電容量 C_0 を求めよ。ただし，電束密度 D を用いて電界を表し，それより静電容量を求めよ。

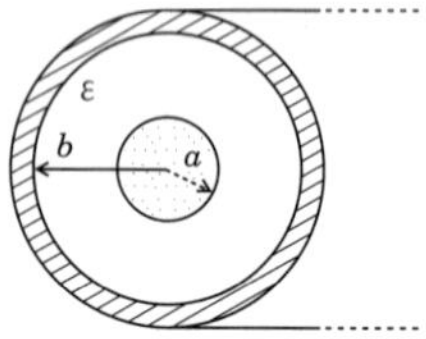

図EX.9.5

9.10　比誘電率 $\varepsilon_r = 81$ の蒸留水の中に，面積 $S = 100$ [cm^2] の導体板 2 枚が 2 [cm] 隔てて平行に置かれている。導体間に 1 [kV] の電圧を加えたとき，導体板に働く力を求めよ。

9.11　図 EX.9.6 のように，間隔 d の平行平板導体間に面積 S_1，誘電率 ε_1 および面積 S_2，誘電率 ε_2 の誘電体が挿入されているとき，導体間に働く力を求めよ。ただし，両電極板間の電位差は一定で変化しないとする。

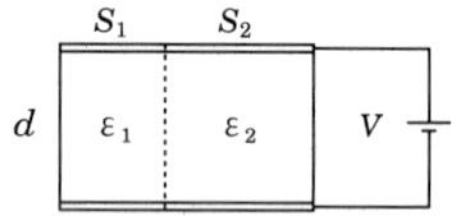

図EX.9.6

9.12　面積が 100 [cm^2] で，板間隔 0.1 [mm] の平行板コンデンサの静電容量を求めよ。

9.13　内径 b [m] の導体球空洞中に，同心状に半径 a [m] の導体球が配置してある。このときの静電容量を求めよ。

9.14　図 EX.9.7 のように半径 a [m] および内半径 d [m] の同軸円筒導体 A，D 間に，同軸的に内半径 b [m]，外半径 c [m] のパイプ B を挿入し，内外円筒 A，D を接地したとき，B と A，および，B と D 間の静電容量を求めよ。円筒の長さはすべて 1 [m] とする。また，$a < b < c < d$ である。

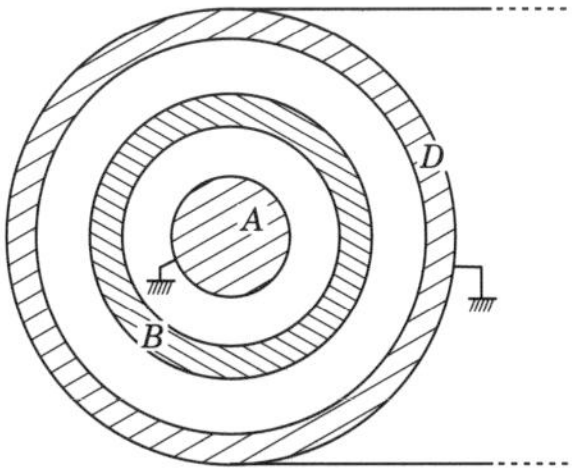

図EX.9.7

9.15 平行導線間の静電容量を求めよ。ただし，導線の半径 a は導線間隔 d に比べて十分に小さく，導線表面上の電荷分布は一様と考えてよいものとする。

9.16 半径 a [m] の円形コイルがある。このコイルを細い線で接地し，その軸上で中心から d [m] の距離に点電荷 Q [C] を置くと，コイルには $-Q'$ [C] の電荷が誘導されるとする。このコイルの静電容量を求めよ。

9.17 半径 5 [mm] の無限円筒導体が中心間距離 2 [m] を隔てて置かれている。導体間の単位長さあたりの静電容量を求めよ。ただし，電界はガウスの法則を用いて求め，その電界を用いて両導体間の電位差の式を導き，それより静電容量の式を出し，それに上記条件を入れて静電容量を求めよ。

9.18 真空中に孤立している半径 a [m]，全電荷 Q [C] を持つ球形導体の表面の電位および静電容量を求めよ。

9.19 半径 a [m] の内導体球 A と内半径 b [m]，外半径 c [m] の外導体球 B とからなる同心導体球がある。この導体系の容量係数および電位係数を求めよ。

9.20 半径 a [m]，間隔 d [m] の 2 本の電線の間に電位差 V [V] を加えてある。この 2 本の線間に働く静電力を求めよ。ただし，$a \ll d$ とする。

9.21 容量 C_1，C_2，C_3 の 3 個のコンデンサが図 EX.9.8 のように 1 点 P_3 で接続されている。このコンデンサ系の C_1 の一方の端子 P_1 側には電位 V_1 が，C_2 の一方の端子 P_2 側には電位 V_2 が加えられている。このとき点 P_3 の電位およびこの系の電気エネルギーを求めよ。

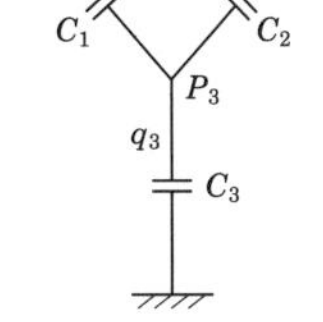

図EX.9.8

練習問題

9.22 図 EX.9.9 のような同心導体球 I，II があり，それぞれの半径は a，b および c [m] である。いま，I に Q_1 [C]，II に Q_2 [C] の電荷を与えたとき全領域における電界と電位の分布を求め，図示せよ。次にこの系の持つ静電エネルギーを求めよ。

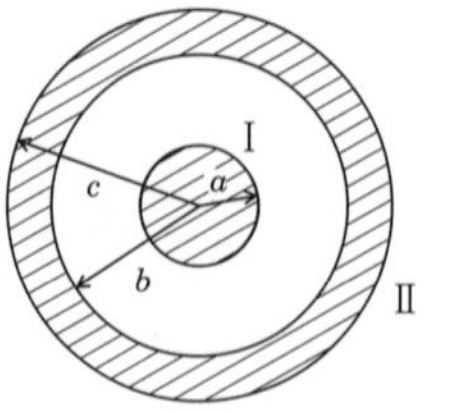

図EX.9.9

9.23 図 EX.9.10 において S_1，S_2 のスイッチを閉じたとき点 S の電位を求め，この系全体の静電エネルギーを求めよ。次に S_1，S_2 を開き，S に 電荷 Q_0 を帯電したとき，S の電位，系全体の静電エネルギーを求めよ。

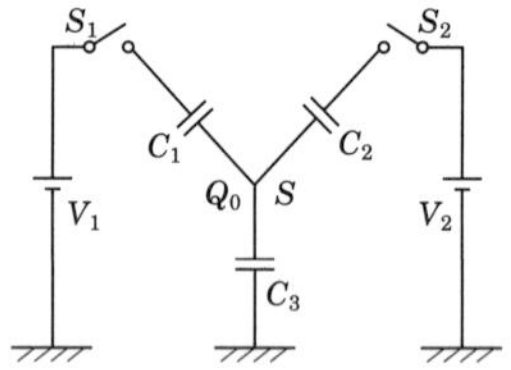

図EX.9.10

9.24 図 EX.9.11 に示したものは，ケルビン（Kelvin）の絶対電位計の原理である。最初，板間に電位差を加えないときの間隔を d [m] とする。次に質量 m [kg] の分銅をとって，電位差を加えると，上の板は間隔 d にもどる。このときの電位差を求めよ。ただし，重力加速度を g [m/sec^2] とする。

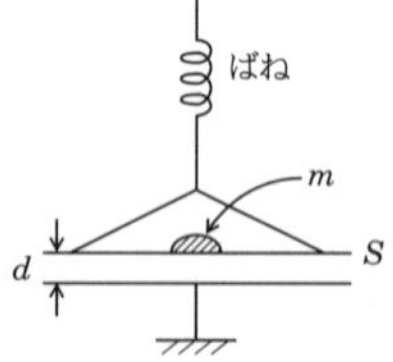

図EX.9.11

9.25 図 EX.9.12 のように，間隔 d，面積 S の接地された平行導体板間に一様な電荷が体積電荷密度 ρ [C/m^3] で分布していると仮定して，両導体に働く力を求めよ。

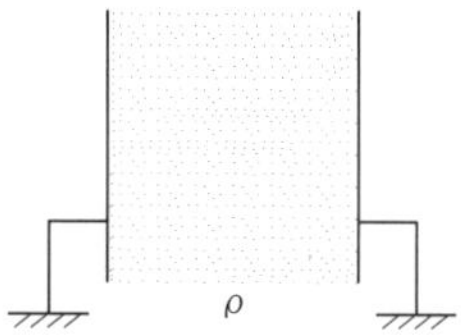

図EX.9.12

9.26 間隔 $d = 0.1$ [cm]，面積 $S = 200$ [cm^2] の平行平板コンデンサに電圧 $V = 100$ [V] を加えたとき，両板間に働く力を求めよ。

9.27 容量 $C_1 \sim C_5$ の 5 個のコンデンサが下図のように接続されている。端子 A 側に V_1，D 側に V_2 の電位が加えられ，E 側は接地されているものとする。端子 BC 間の電位差 V_{BC} を求めよ。

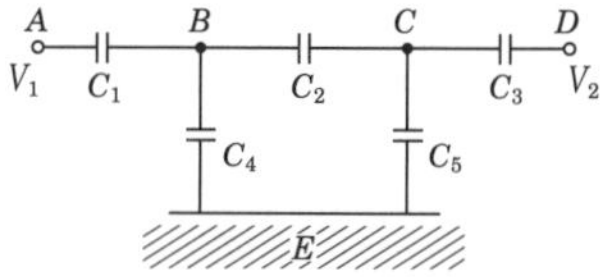

図EX.9.13

9.28 半径 $a = 5$ [mm] のパチンコ玉が持つ静電容量を求めよ。

第10章

10.1 $\boldsymbol{r}$ を原点に対する位置ベクトルとするとき，$A = \boldsymbol{r}/r^3$ の発散を求めよ。ただし，$r = |\boldsymbol{r}|$

10.2 $\Phi = \Phi(x, y, z, t)$ のとき次の式を証明せよ。ただし，$\boldsymbol{r} = x\boldsymbol{i} + y\boldsymbol{j} + z\boldsymbol{k}$

$$d\Phi = d\boldsymbol{r} \cdot \nabla\Phi + \frac{\partial\Phi}{\partial t}dt$$

10.3 次の式を証明せよ。

$$\nabla(UV) = U\nabla V + V\nabla U$$

$$\nabla \cdot (U\boldsymbol{a}) = \boldsymbol{a} \cdot \nabla U + U\nabla \cdot \boldsymbol{a}$$

10.4 次のベクトルの発散を求めよ。

$$\boldsymbol{a} = \boldsymbol{r}$$

$$\boldsymbol{a} = \boldsymbol{r}/r^n$$

10.5 半径 r_1，r_2 の 2 つの導体球 A，B が遠く隔てて置かれている。これらを帯電させた後，細い導線で接続したところ，相互間に電荷の移動がなかった。A の電荷を Q_1 とすると B

の電荷 Q_2 を求めよ。

10.6　原点から r [m] の距離にある点の電位が $-e^{-r/a}/(4\pi\varepsilon_0)$ で与えられる空間の電荷密度を求めよ。

10.7　$\boldsymbol{D} = 2x^3\boldsymbol{i}$ があるとき，中心が原点にある 1 辺 2 [m] の立方体について $\boldsymbol{D}$ の発散の体積積分と $\boldsymbol{D}$ の面積分を計算し，両者の値が等しいことを示せ。ただし，立方体の各面は x，y，z 方向に平行であるとする。

10.8　z 軸を中心に半径 2 [m]，長さ 1 [m] の円筒が xy 平面上にある。$\boldsymbol{A} = 5r\boldsymbol{r}_0 - 2z\boldsymbol{k}$ が与えられたとき，$\boldsymbol{A}$ の発散の体積積分と $\boldsymbol{A}$ の面積分を計算せよ。

第11章

11.1　2 枚の接地導体板が 45 度の角度をなして交っている。このとき，導体板から等距離で，点 O から $r = 5$ [cm] の距離の点 A に置かれた点電荷 $Q = 3 \times 10^{-5}$ [C] によって誘導される導体板上の点 H における面電荷密度を求めよ。

11.2　2 つの平行導体が間隔 d で置かれている。この間で 1 つの導体より a の距離に置かれた点電荷に働く力を求めよ。

11.3　2 種の誘電体（誘電率 ε_1，ε_2）が無限に広い平面で接しているとき，誘電率 ε_1 の誘電体中の点 P に置かれた点電荷 Q [C] に作用する力を求めよ。ただし，点電荷は誘電体の境界面より距離 d [m] だけ離れているとする。

11.4　導体平面より h の距離に長さ ℓ $(h \ll \ell)$，半径 a の導線が面に平行に置かれている。導線と導体平面間の静電容量を求めよ。

11.5　図 EX.11.1 のように地上 h_1，h_2 の高さの所に半径が a [m]，長さ ℓ [m] の 2 本の導線が地表での間隔 d [m] で平行に張られている。この 2 本の導線間の静電容量を求めよ。ただし，$a \ll h_1, h_2$ とする。

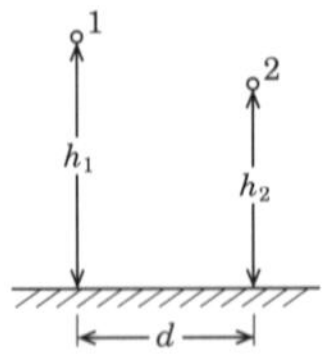

図EX.11.1

11.6　半径 a の導体円筒空洞内に円筒の中心から距離 d だけ離して線電荷 q [C/m] が置かれている。この電荷に働く単位長さあたりの力を求めよ。

11.7 図 EX.11.2 のように中心線が d [m] だけ偏心した外半径 a [m]，内半径 b [m] の無限に長い平行円筒導体間の単位長さあたりの静電容量を求めよ。また，$d = 0$ のときの静電容量も求めよ。

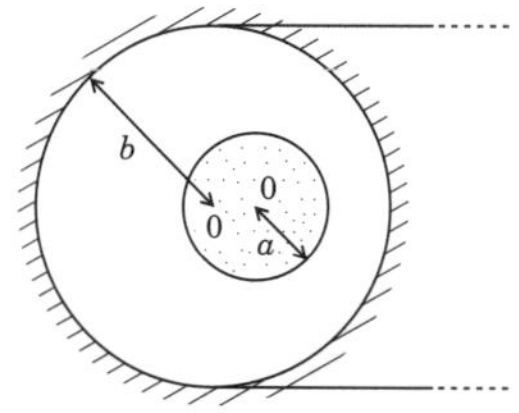

図EX.11.2

11.8 接地された半径 a [m] の導体球の中心から d [m] $(a < d)$ の距離にある点電荷 Q [C] が受ける力を求めよ。また，この球が接地されていないとき，点電荷が受ける力を求めよ。

第12章

12.1 電流が自由電子のみの運動で流れるものと仮定し，1 [A] の電流は 1 秒間に電子が 1 つの断面を横切って何個動いたものであるかを求めよ。電子の電荷は $e = -1.602 \times 10^{-19}$ [C] である。

12.2 直径 1 [mm]，長さ 100 [m] の銅線の抵抗を求めよ。ただし，導電率 $\kappa = 5.8 \times 10^{7}$ [℧/m]

12.3 半径 a および b $(a < b)$ の同軸の円筒導体 A，B 間に導電率 κ の物質が詰まっている。この導電率 κ は A，B の導電率より十分小さいとする。円筒の軸方向の長さを ℓ として A，B 間の抵抗 R を求めよ。

12.4 長さ ℓ の往復平行導体があり，その先端に抵抗 R_1 が接続されている。この導体間には，抵抗性の媒質が詰まっている。往復導体の単位長さあたりの抵抗が r [Ω/m] であり，また往復導体間の媒質による漏れ抵抗が $1/g$ [Ω・m] であるとして，往復導体の入口より見た抵抗を求めよ。

12.5 半径 a の導体球が時間的に変化する電荷 $Q = Q_0 \cos \omega t$ で帯電されていると仮定し，中心より r $(a < r)$ における変位電流密度を求めよ。

12.6 半径 a の導体球が時間的に変化する電荷 $Q = Q_0 t$ で帯電されていると仮定し，中心より r $(a < r)$ における変位電流密度を求めよ。

第13章

13.1 図 EX.13.1 のように起電力 V，内部抵抗 r の電源に負荷 R をつないだとき，負荷での消費電力を最大にするには，負荷をどのようにすればよいか。また，最大消費電力を求めよ。

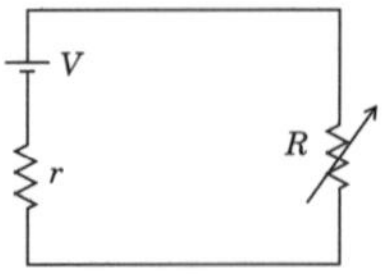

図EX.13.1

第14章

14.1　直交座標系の基本ベクトルを $\boldsymbol{i}$，$\boldsymbol{j}$，$\boldsymbol{k}$ とするとき，次のベクトル $\boldsymbol{A}$，$\boldsymbol{B}$ の内積 $\boldsymbol{A}\cdot\boldsymbol{B}$ と外積 $\boldsymbol{A}\times\boldsymbol{B}$ を求めよ。ただし，$\boldsymbol{A}=A_x\boldsymbol{i}+A_y\boldsymbol{j}+A_z\boldsymbol{k}$，$\boldsymbol{B}=B_x\boldsymbol{i}+B_y\boldsymbol{j}+B_z\boldsymbol{k}$

14.2　ベクトル $\boldsymbol{A}\times\boldsymbol{B}$ は $\boldsymbol{A}$ および $\boldsymbol{B}$ に直交することを証明せよ。

14.3　図 EX.14.1 のように各辺がベクトル $\boldsymbol{a}$，$\boldsymbol{b}$，$\boldsymbol{c}$ で表される平行六面体の体積を求めよ。

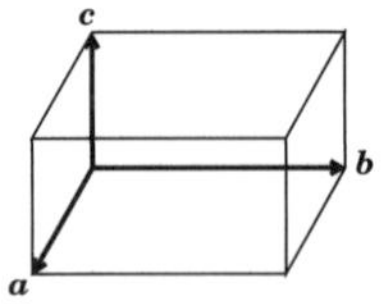

図EX.14.1

14.4　次の関係を証明せよ。

$$\boldsymbol{A}\cdot(\boldsymbol{B}\times\boldsymbol{C})=\begin{vmatrix} A_x & A_y & A_z \\ B_x & B_y & B_z \\ C_x & C_y & C_z \end{vmatrix}$$

14.5　ベクトル $\boldsymbol{A}$，$\boldsymbol{B}$，$\boldsymbol{C}$ が同一平面上にあれば，次の関係が成り立つことを証明せよ。

$$\boldsymbol{A}\cdot(\boldsymbol{B}\times\boldsymbol{C})=0$$

14.6　半径 a の無限に長い導線に一様に電流 $I=10$ [A] を流したとき，導線の外側で，中心より 1 [cm] の距離にできる磁束密度の大きさを求めよ。

14.7　微分の定義に基づいて $\dfrac{d}{dt}\boldsymbol{F}$ を求めよ。

$$\boldsymbol{F}=\boldsymbol{A}(t)\times\boldsymbol{A}(t)' \quad (\text{ただし } \boldsymbol{A}(t)'=\frac{d\boldsymbol{A}(t)}{dt})$$

14.8　図 EX.14.2 のように無限長の直線状導線に 10 [A] の電流が流れているとき，導体から 1 [m] 離れたところにある 1 辺が 1 [m] の正方形の面を通る磁束を，有効桁 3 桁まで求めよ。ただし，$\ln 2=0.693$

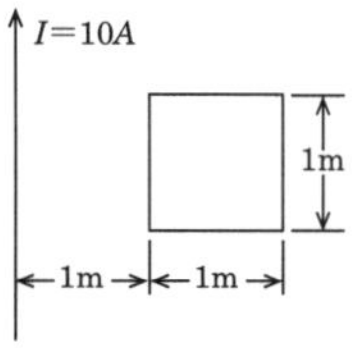

図EX.14.2

14.9 無限長の細い直線状導体 A, B が間隔 d [m] で設置されており，これに互いに反対方向に I [A] の電流が流れている。両導体に直角な線上の各点の磁束密度 B を導線 A からの距離 x の関数として求めよ（図 EX.14.3 参照）。

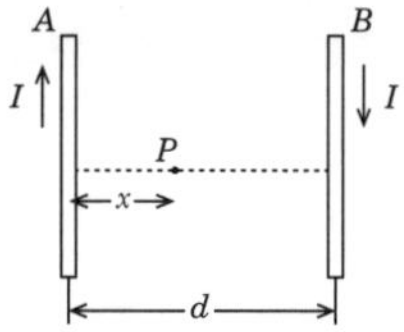

図EX.14.3

14.10 図 EX.14.4 のように無限に長い直線状電流 I から a 離れて，辺の長さが ℓ_1, ℓ_2 の長方形ループ c がある。ループ c と鎖交する磁束を求めよ。また，ループ c に電流 I_1 を流し，このループを間隔 b まで離すのに必要とする仕事量を求めよ。

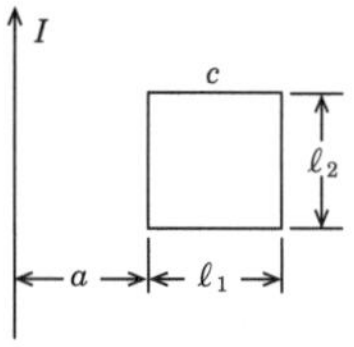

図EX.14.4

14.11 次の式を証明せよ。

① $\boldsymbol{a}\cdot\boldsymbol{b}\times\boldsymbol{c}=\boldsymbol{b}\cdot\boldsymbol{c}\times\boldsymbol{a}=\boldsymbol{c}\cdot\boldsymbol{a}\times\boldsymbol{b}$

② $\boldsymbol{a}\times(\boldsymbol{b}\times\boldsymbol{c})=(\boldsymbol{a}\cdot\boldsymbol{c})\boldsymbol{b}-(\boldsymbol{a}\cdot\boldsymbol{b})\boldsymbol{c}$

③ $(\boldsymbol{a}\times\boldsymbol{b})\cdot(\boldsymbol{c}\times\boldsymbol{d})=\boldsymbol{a}\cdot\boldsymbol{b}\times(\boldsymbol{c}\times\boldsymbol{d})=\boldsymbol{a}\cdot((\boldsymbol{b}\cdot\boldsymbol{d})\boldsymbol{c}-(\boldsymbol{b}\cdot\boldsymbol{c})\boldsymbol{d})=(\boldsymbol{a}\cdot\boldsymbol{c})(\boldsymbol{b}\cdot\boldsymbol{d})-(\boldsymbol{a}\cdot\boldsymbol{d})(\boldsymbol{b}\cdot\boldsymbol{c})$

④ $(\boldsymbol{a}\times\boldsymbol{b})\times(\boldsymbol{c}\times\boldsymbol{d})=(\boldsymbol{a}\times\boldsymbol{b}\cdot\boldsymbol{d})\boldsymbol{c}-(\boldsymbol{a}\times\boldsymbol{b}\cdot\boldsymbol{c})\boldsymbol{d}$

14.12 ベクトル三重積において

$$\boldsymbol{A}\times(\boldsymbol{B}\times\boldsymbol{C})=(\boldsymbol{A}\cdot\boldsymbol{C})\boldsymbol{B}-(\boldsymbol{A}\cdot\boldsymbol{B})\boldsymbol{C}$$

である。では，$(\boldsymbol{A}\times\boldsymbol{B})\times\boldsymbol{C}$ はどのようになるか導け。また $\boldsymbol{A}\times(\boldsymbol{B}\times\boldsymbol{C})-(\boldsymbol{A}\times\boldsymbol{B})\times\boldsymbol{C}$ はどのような式になるか。

14.13 ベクトル $\boldsymbol{A}(t)$ の t による単純な微分は

$$\frac{d\boldsymbol{A}(t)}{dt} = \lim_{\Delta t \to 0} \frac{\boldsymbol{A}(t+\Delta t) - \boldsymbol{A}(t)}{\Delta t} = \lim_{\Delta t \to 0} \frac{\Delta \boldsymbol{A}}{\Delta t}$$

で表される。このとき，次の関係を証明せよ。

① $\dfrac{d}{dt}(U\boldsymbol{A}) = \dfrac{dU}{dt}\boldsymbol{A} + U\dfrac{d\boldsymbol{A}}{dt}$

② $\dfrac{d}{dt}(\boldsymbol{A}\cdot\boldsymbol{B}) = \dfrac{d\boldsymbol{A}}{dt}\cdot\boldsymbol{B} + \boldsymbol{A}\cdot\dfrac{d\boldsymbol{B}}{dt}$

③ $\dfrac{d}{dt}(\boldsymbol{A}\times\boldsymbol{B}) = \dfrac{d\boldsymbol{A}}{dt}\times\boldsymbol{B} + \boldsymbol{A}\times\dfrac{d\boldsymbol{B}}{dt}$

第15章

15.1 無限に長い2本の直線状導線が，距離 r [m] 隔てて平行に置かれ，それぞれ電流 I_1，I_2 [A] が流れている。一方の導線が作る誘磁界の強さをビオ・サバールの法則を用いて求め，次に他方の導線の長さ ℓ [m] の部分に及ぼす電磁力 F を求めよ。

15.2 図 EX.15.1 のように1辺の長さが ℓ [m] の正三角形回路に I [A] の電流が流れているとき，三角形の重心における誘磁界の強さをビオ・サバールの法則を用いて求めよ。

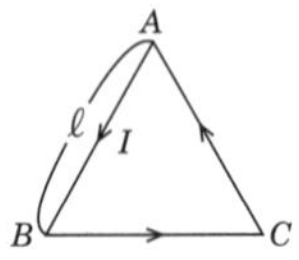

図EX.15.1

15.3 図 EX.15.2 のように，2辺の長さが $2a$，$2b$ [m] の長方形回路に沿って電流 I が流れている。このとき，点 $P(x_0, y_0)$ に作られる誘磁界（磁束密度）を求めよ。

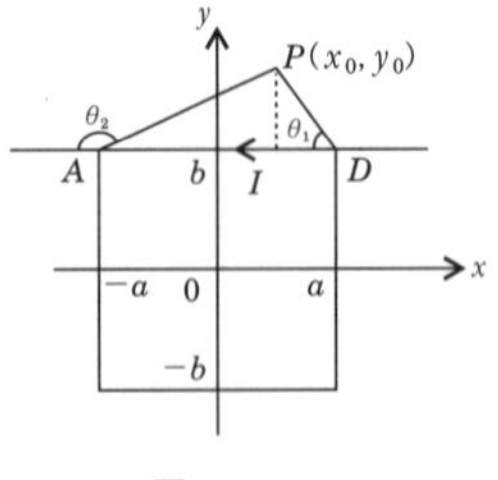

図EX.15.2

15.4 半径 $a = 3$ [cm]，全長 $2\ell = 30$ [cm]，総巻数 $N = 1000$ の円筒ソレノイドに電流 $I = 1$ [A] が流れている。ソレノイドの軸上中心および端に生じる磁束密度の大きさを求めよ。

第16章

16.1　内半径 r_1，外半径 r_2 の無限に長い円筒導体があり，その導体部分を電流が一様な電流密度 J [A/m^2] で流れているとき，内空，導体および導体外の部分における誘磁界の大きさを求めよ。(図 EX.16.1 参照)

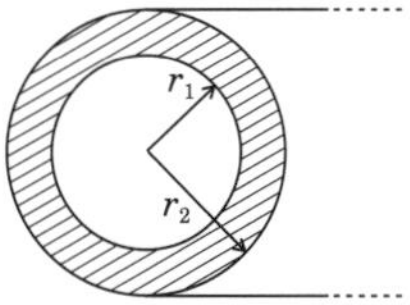

図EX.16.1

16.2　無限長同軸円筒導体の内，外導体に，互いに反対方向にそれぞれ電流 I_1 および I_2 [A] が流れている場合の磁束密度の分布を求めよ。ただし，内，外導体の各半径は図 EX.16.2 の通りであり，また導体の透磁率は真空中の透磁率 μ_0 と等しいとする。

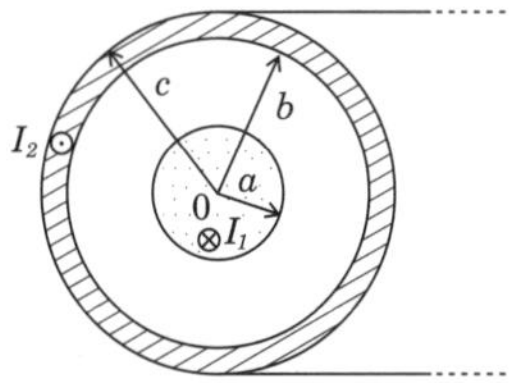

図EX.16.2

16.3　図 EX.16.3 のように半径 a の円柱状導体内にその中心軸から c だけ離れて半径 b の円柱状空洞がある。電流 I が均一にこの導体内を流れる場合，空洞内に生じる誘磁界を求めよ。

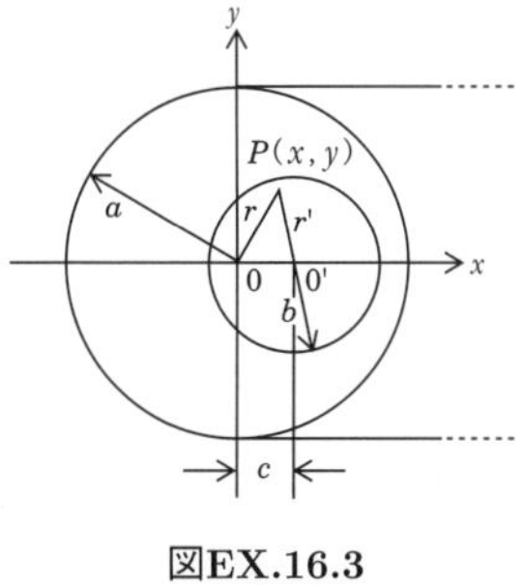

図EX.16.3

第17章

17.1　一様な誘磁界 $\boldsymbol{B} = -\boldsymbol{i} + \boldsymbol{j} - \boldsymbol{k}$ [Wb/m^2] 内に，直線状導線があり，それに電流 $\boldsymbol{I} = 2\boldsymbol{i} + 3\boldsymbol{j} + \boldsymbol{k}$ [A] が流れているとき，その導線 $\ell = 1$ [m] に働く電磁力 $\boldsymbol{F}$ [N] と $\boldsymbol{F}$ の

練習問題

単位ベクトル $\boldsymbol{n}$ を求め，各方向成分で表せ。

17.2　導体上 h の高さの所に，長さ ℓ の十分長い導線が張られている。この線に I [A] の電流を流したときに働く力を求めよ。(図 EX.17.1 参考)

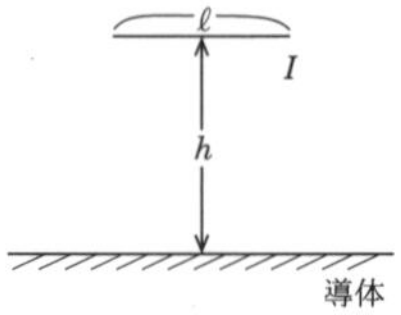

図EX.17.1

第18章

18.1　$\boldsymbol{a} = U \operatorname{grad} V$ のとき，$\boldsymbol{a} \cdot \operatorname{curl} \boldsymbol{a} = 0$ を証明せよ。

18.2　ベクトル $\boldsymbol{A} = 2xy\boldsymbol{i} - 2z\boldsymbol{j} - 2yz\boldsymbol{k}$ について，rot$\boldsymbol{A}$ と div$\boldsymbol{A}$ を求めよ。

18.3　次の式を計算せよ。

$\nabla(\Phi\Psi)$

$\nabla \cdot \nabla \times \boldsymbol{A}$

$\nabla \times \nabla\Psi$

$\nabla(1/r)$

第19章

19.1　磁束密度 B が一様な磁界中に，半径 r [m] の円形導体ループを磁界に垂直に置き，ループの 1 つの直径の回りに 1 秒間 n 回で回転させたときループに発生する電圧を求めよ。

19.2　地球磁界の中で半径 5 [cm]，巻数 4000 回の円形コイルを 3000 rpm（毎分回転数）の速さで直径を軸として回転させた。そのときコイルの端子間に最大 35 [mV] の交流電圧が得られた。地球磁界の磁束密度を求めよ。

19.3　図 EX.19.1 のように BC 端子をループとする面 s 内に磁束 $\phi = \phi_m \cos\omega t$ が加えられている。端子 AB，BC，AC 間にはどのような起電力が発生するか。

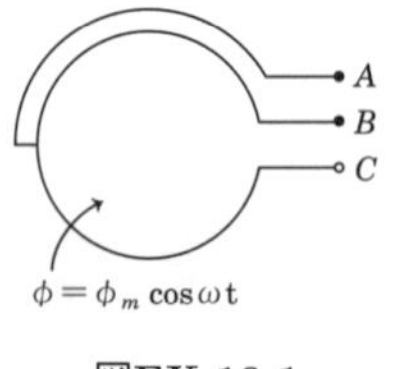

図EX.19.1

19.4 ループ c で囲まれた面 s（面積 S）内に $B = B_0 \cos\omega t$ の磁束が一様に分布するとき，ループに発生する起電力を求めよ。

19.5 半径 a [m]，全巻数 n の閉じた円形コイルがあり，その抵抗を R [Ω] とする。このコイルを磁束密度 B の一様磁界中で，磁界に垂直なコイルの直径の周りに，角速度 ω で半回転させるに必要な仕事を求めよ。ただし，コイルの自己インダクタンス L によるインピーダンス ωL は R に比べて十分に小さく，また回転の際の摩擦はないものとする。

19.6 図 EX.19.2 のように，時間的に変化する磁束密度 B 中に，長さ a の導線が磁界に直角に速度 v で動いている。導線両端の起電力を求めよ。ただし，$B = B_0 \cos\omega t$ とする。

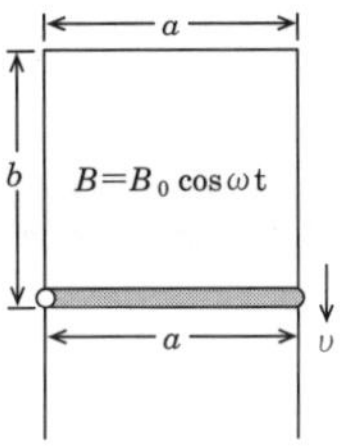

図EX.19.2

19.7 図 EX.19.3 のように，磁束密度 B が加えられた閉ループの一部（c，長さ ℓ）が速度 v で移動し，さらにこのループには抵抗 R が直列に接続されている。R に消費される電力は c を動かすのに要する仕事に等しいことを証明せよ。

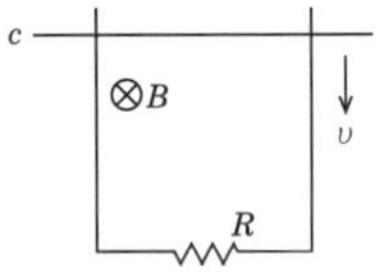

図EX.19.3

19.8 図 EX.19.4 のように半径 10 [cm] の円内に誘磁界（磁束密度）が $B = 3\cos\omega t$ で一様に分布するとき，発生する起電力を求めよ。ただし，$\omega = 10^6$ [rad/sec] とする。

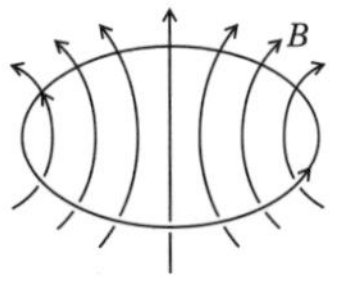

図EX.19.4

第20章

20.1 図 EX.20.1 のように，棒磁石の中心から任意の方向 θ に距離 r [m] だけ離れた点 P における磁位および磁界を求めよ。ただし，$\ell \ll r$ とする。

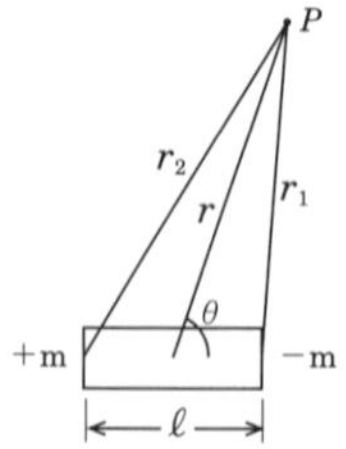

図EX.20.1

20.2　間隔 d の 2 本の平行導線に，それぞれ電流 I を流したときにできるベクトル・ポテンシャルを求めよ。

第21章

21.1　比透磁率 $\mu_r = 2000$ の環状鉄心中において，平均の磁界の強さが $H = 100$ [A/m] としたとき，鉄心中の誘磁界 B，磁化の強さ M および磁化率 χ_m を求めよ。

第22章

22.1　図 EX.22.1 のような形状の空隙を持つ円環状永久磁石があって $\ell_1 = 10$ [cm]，$\ell_2 = 5$ [mm] である。この磁石は励磁コイルによって一度十分飽和している。空隙中の磁束密度を求めよ。ただし，漏磁束はなく，また使用磁性材料はフェライトとする。

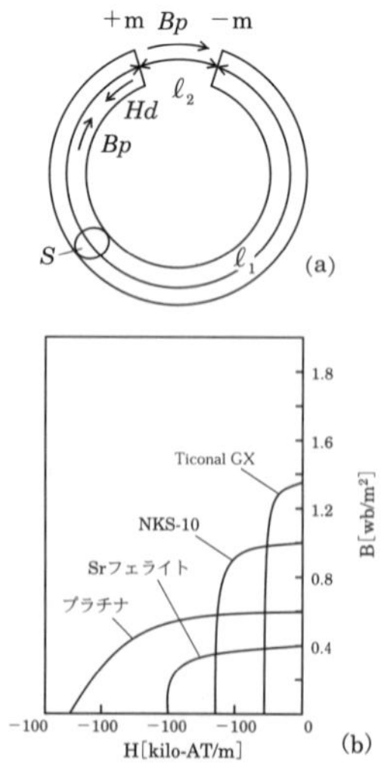

図EX.22.1

第23章

23.1　半径 $a = 1$ [cm]，長さ 3 [cm] の 30 回巻きのコイルの自己インダクタンスを求めよ。ただし，長岡係数 $L = 0.775$ とする。

23.2　図 EX.23.1 のように長さ ℓ [m] のコイル A と軸を同じにして，長さも半径も A に比べて十分に小さいコイル B が置かれている。このコイル B を a 点のようにコイルの端に置いた場合と，b 点のようにコイルの中央に置いた場合とでは，相互インダクタンスはどちらがどの程度に大きいか。

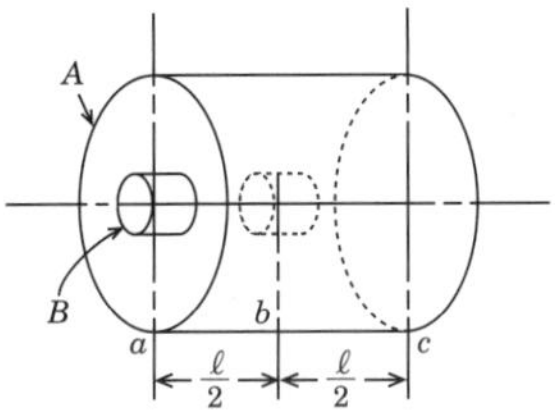

図EX.23.1

23.3　図 EX.23.2 のように長さ $\ell = 50$ [cm]，鉄心の断面積 $S = 1$ [cm^2]，比透磁率 $\mu_r = \dfrac{5}{\pi} \times 10^4$ の磁心に巻数が $N_1 = 50$ 回のコイル I と $N_2 = 4000$ 回のコイル II が巻いてある。鉄心中の磁束，コイル I, II の自己インダクタンスおよび相互インダクタンスを求めよ。ただし，コイル I には 3 [A] の電流を流すものとする。

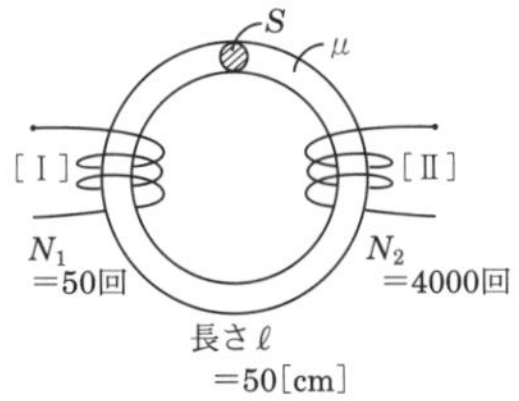

図EX.23.2

23.4　半径 a [mm]，長さ ℓ [cm]，透磁率 μ の銅線に一様電流が流れているときの自己インダクタンスを求めよ。

23.5　図 EX.23.3 のような，同径で同軸の 2 つの円筒ソレノイド間の相互インダクタンス M は

$$M = \frac{L_{AD} + L_{BC} - (L_{AC} + L_{BD})}{2}$$

で与えられることを証明せよ。ただし，L_{AD}，L_{BC}，L_{AC}，L_{BD} はコイルが AD，BC，AC，BD 間に一様に巻かれているときの，それぞれの円筒ソレノイドの自己インダクタンスである。

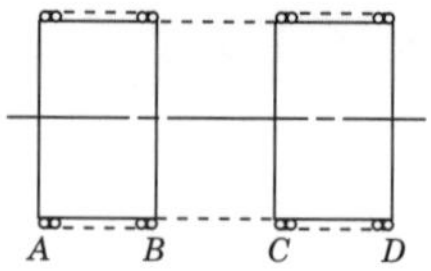

図EX.23.3

23.6　地面から高さ h のところに，地面に平行な 1 本の導線がある。この導線の単位長さあたりのインダクタンスを求めよ。

第24章

24.1　電磁界の基礎微分方程式 ①〜④ 式を用いて ⑤ 式に示す電荷保存（電流連続）の式を導け。

$$\mathrm{curl}\ \boldsymbol{E} = -\frac{\partial}{\partial t}\boldsymbol{B} \quad ①$$

$$\mathrm{curl}\ \boldsymbol{H} = \boldsymbol{i} + \frac{\partial \boldsymbol{D}}{\partial t} \quad ②$$

$$\mathrm{div}\ \boldsymbol{D} = \rho \quad ③$$

$$\mathrm{div}\ \boldsymbol{B} = 0 \quad ④$$

$$\frac{\partial}{\partial t}\rho + \mathrm{div}\ \boldsymbol{i} = 0 \quad ⑤$$

24.2　電磁界の性質を表す 4 つの基礎積分方程式 ①〜④ の実験的な基礎が何であるかを説明せよ。

$$\oint_c \boldsymbol{E}\cdot d\boldsymbol{\ell} = -\frac{d}{dt}\int_s \boldsymbol{B}\cdot d\boldsymbol{S} \quad ①$$

$$\oint_c \boldsymbol{H}\cdot d\boldsymbol{\ell} = \frac{d}{dt}\int_s \boldsymbol{D}\cdot d\boldsymbol{S} + I_t \quad ②$$

$$\oint_s \boldsymbol{D}\cdot d\boldsymbol{S} = Q \quad ③$$

$$\oint_s \boldsymbol{B}\cdot d\boldsymbol{S} = 0 \quad ④$$

練習問題の解答

第1章

1.1 ヒント：単位ベクトルを $\boldsymbol{u} = b\boldsymbol{a}$ とおくと，$b = 1/|\boldsymbol{a}|$

1.2 電荷 Q は B の外周に流れ帯電する。

1.3 1：引力 1.5×10^4 [N]，2：斥力 1.0×10^3 [N]

1.4 $\dfrac{36 \times 10^9}{t^2 - 8t + 19}$ [N]

1.5 $\left[\dfrac{1 - QQ_1}{4\pi\varepsilon_0 mgr^2}\right]^{-1/2} T_0$ [sec]

第2章

2.1 Q_1 の左側（Q_2 と反対方向）0.48 m の位置

2.2 $\sqrt{14}$，$\cos\theta_x = 0.80$，$\cos\theta_y = 0.27$，$\cos\theta_z = 0.54$

2.3 $\dfrac{Q}{4\pi\varepsilon_0}\left[\left(\dfrac{1}{16} - \dfrac{12}{125}\right)\boldsymbol{i} - \dfrac{9}{125}\boldsymbol{j}\right]$ [V/m]

2.4 0.34 [C]

2.5 $64(\boldsymbol{i} - \boldsymbol{j})$ [V/m]，$\theta_x = \dfrac{\pi}{4}$ [rad]（$= 45°$）

2.6 $a\cos\theta$

2.7 $q = \dfrac{Q}{2\pi r}$ [C]，$F = \dfrac{1}{4\pi\varepsilon_0}\dfrac{-QQ_0\ell}{(r^2 + \ell^2)^{3/2}}$ [N]

2.8 $\dfrac{q}{2\pi\varepsilon_0 a}\sin\dfrac{\beta - \alpha}{2}$，横軸に対し $-\dfrac{\alpha + \beta}{2}$

第3章

3.1 (i) $a \leq r$：電界 $E = \dfrac{1}{4\pi\varepsilon_0}\dfrac{Q}{r^2}$ [V/m]，力 $F = \dfrac{1}{4\pi\varepsilon_0}\dfrac{Q\Delta Q}{r^2}$ [N] (ii) $r < a$：$E = F = 0$

3.2 $Q = 3.3 \times 10^{-6}$ [C]，$F = 2.5 \times 10^{-4}$ [N]

3.3 $\boldsymbol{A} \cdot \boldsymbol{B} = 47$，$\theta = 0.105$ [rad]（$= 6.0°$）

第4章

4.1 $\dfrac{\sigma}{2\varepsilon_0}$ [V/m]

第5章

5.1 $\dfrac{1}{2}[(x_2-x_1)(x_2+x_1-2x_0)+(y_2-y_1)(y_2+y_1-2y_0)+(z_2-z_1)(z_2+z_1-2z_0)]$

5.2 0

5.3 6

5.4 $24(10+3\sqrt{5})\times 10^8$ $(=4.0\times 10^{10})$ [V]

5.5 $E=\left\{-V_0\dfrac{4}{3d}\left(\dfrac{x}{d}\right)^{1/3}\cos\dfrac{\pi y}{2a}\right\}\boldsymbol{i}+\left\{V_0\dfrac{\pi}{2a}\left(\dfrac{x}{d}\right)^{4/3}\sin\dfrac{\pi y}{2a}\right\}\boldsymbol{j}$ [V/m],

$\rho=\varepsilon_0 V_0\left[\left(\dfrac{\pi}{2a}\right)^2\left(\dfrac{x}{d}\right)^{4/3}-\dfrac{4}{9d^2}\left(\dfrac{x}{d}\right)^{-2/3}\right]\cos\dfrac{\pi y}{2a}$ [C/m^3]

5.6 ① 8.0×10^{-6} [C/m^2]，② 9.0×10^5 [V/m]，③ 2.25×10^5 [V/m]，④ 0，⑤ 9×10^4 [V]

第6章

6.1 $\nabla V=-\dfrac{1}{4\pi\varepsilon_0}\dfrac{Q}{r^2}\boldsymbol{r}_0$，$\boldsymbol{E}=-\nabla V$

6.2 $V=\dfrac{Q\ell}{4\pi\varepsilon_0}\dfrac{\cos\theta}{r^2}$ [V]，$E=\dfrac{Q\ell}{4\pi\varepsilon_0 r^3}[(3\cos^2\theta-1)\boldsymbol{i}+3\sin\theta\cos\theta\,\boldsymbol{j}]$ [V/m]

6.3 ① $(a\cos t)\boldsymbol{i}-(b\sin t)\boldsymbol{j}+c\boldsymbol{k}$，② $2\boldsymbol{i}+6\boldsymbol{j}+(3+8t)\boldsymbol{k}$

6.4 ヒント：$\dfrac{\partial\phi}{\partial n}=\boldsymbol{n}_0\cdot\nabla\phi$ を導き利用。

6.5 ヒント：$\dfrac{d\boldsymbol{F}(r)}{dr}=\boldsymbol{r}_0\cdot\nabla\boldsymbol{F}(r)$ を導き利用。

第8章

8.1 (a) 接地されているとき

(i) $b_1\le r$：$E=V=0$

(ii) $a\le r<b_1$：$E=\dfrac{Q}{4\pi\varepsilon_0 r^2}$，$V=\dfrac{Q}{4\pi\varepsilon_0}\left(\dfrac{1}{r}-\dfrac{1}{b_1}\right)$

(iii) $r < a$: $E = 0$, $V = \dfrac{Q}{4\pi\varepsilon_0}\left(\dfrac{1}{a} - \dfrac{1}{b_1}\right)$

(b) 接地されていないとき

(i) $b_2 \leq r$: $E = \dfrac{Q}{4\pi\varepsilon_0 r^2}$, $V = \dfrac{Q}{4\pi\varepsilon_0 r}$

(ii) $b_1 \leq r < b_2$: $E = 0$, $V = \dfrac{Q}{4\pi\varepsilon_0 b_2}$

(iii) $a \leq r < b_1$: $E = \dfrac{Q}{4\pi\varepsilon_0 r^2}$, $V = \dfrac{Q}{4\pi\varepsilon_0}\left(\dfrac{1}{r} + \dfrac{1}{b_2} - \dfrac{1}{b_1}\right)$

(iv) $r < a$: $E = 0$, $V = \dfrac{Q}{4\pi\varepsilon_0}\left(\dfrac{1}{a} + \dfrac{1}{b_2} - \dfrac{1}{b_1}\right)$

8.2 9.7

8.3 $\sigma_B = -\dfrac{d-a}{d}\sigma$, $\sigma_C = -\dfrac{a}{d}\sigma$ [C/m^3]

AB 間 : $V = \dfrac{d-a}{d}\dfrac{\sigma}{\varepsilon_0}x$, AC 間 : $V = \dfrac{a\sigma}{\varepsilon_0 d}(d-x)$ [V]

8.4 $V = \dfrac{16}{5}\dfrac{\rho_0}{\varepsilon_0}d^{5/4}$ [V], $\sigma_1 = 0$, $\sigma_2 = -4\rho_0 d^{1/4}$ [C/m^3]

8.5 $\dfrac{\rho_1 d_1}{2\varepsilon_0}(d_1 + d_2)$ [V]

第9章

9.1 C, E ともに 0.091 倍，誘電体内電界 9.1×10^4 [V/m]，空隙内電界 91 [V/m]，空隙なしのとき電界 1.0×10^3 [V/m]

9.2 9 枚

9.3 $C = \dfrac{\ell}{d}(a\varepsilon_1 + b\varepsilon_2)$ [F], $\sigma_1 = \dfrac{\varepsilon_1}{d}V$, $\sigma_2 = \dfrac{\varepsilon_2}{d}V$ [C/m^2]

9.4 2.25 [nF]

9.5 $C = 89$ [pF], $\varepsilon_r = 4.4$

9.6 3.0

9.7 9.0

9.8 $C = \dfrac{\varepsilon_0\varepsilon_1 S}{\varepsilon_1 d + (\varepsilon_0 - \varepsilon_1)x}$ [F], $F = \dfrac{V^2}{2}\dfrac{\varepsilon_0{\varepsilon_1}^2 S}{\{\varepsilon_1 d + (\varepsilon_0 - \varepsilon_1)x\}^2}$ [N] 引力

9.9 $\dfrac{2\pi\varepsilon}{\log\dfrac{b}{a}}$ [F/m]

9.10 9.0×10^{-3} [N]

9.11 引力 $\dfrac{\varepsilon_1 S_1 + \varepsilon_2 S_2}{2d^2} V^2$ [N]

9.12 885 [pF]

9.13 $\dfrac{4\pi\varepsilon_0 ab}{b-a}$ [F]

9.14 $2\pi\varepsilon_0 \ln \dfrac{ac}{bd}$ [F/m]

9.15 $\dfrac{\pi\varepsilon_0}{\log \dfrac{d}{a}}$ [F/m]

9.16 $\dfrac{4\pi\varepsilon_0 Q'\sqrt{a^2+d^2}}{Q}$ [F]

9.17 4.6 [pF/m]

9.18 $V = \dfrac{Q}{4\pi\varepsilon_0 a}$ [V], $C = 4\pi\varepsilon_0 a$ [F]

9.19 $p_{11} = \dfrac{1}{4\pi\varepsilon_0}\left(\dfrac{1}{a} - \dfrac{1}{b} + \dfrac{1}{c}\right)$, $p_{12} = p_{21} = p_{22} = \dfrac{1}{4\pi\varepsilon_0}\dfrac{1}{c}$ [F^{-1}]

$q_{11} = \dfrac{4\pi\varepsilon_0 ab}{b-a}$, $q_{12} = q_{21} = \dfrac{-4\pi\varepsilon_0 ab}{b-a}$, $q_{22} = 4\pi\varepsilon_0\left(\dfrac{ab}{b-a} + c\right)$ [F]

9.20 $\dfrac{\pi\varepsilon_0 V^2}{2d\left(\log \dfrac{d}{a}\right)^2}$ [N/m]

9.21 $V_3 = \dfrac{C_1 V_1 + C_2 V_2}{C_1 + C_2 + C_3}$ [V]

$W = \dfrac{C_1\{C_2V_2 - (C_2+C_3)V_1\}^2 + C_2\{C_1V_1 - (C_1+C_3)V_2\}^2 + C_3(C_1V_1 + C_2V_2)^2}{2(C_1+C_2+C_3)^2}$ [J]

9.22 (i) $c \le r$: $E = \dfrac{1}{4\pi\varepsilon_0}\dfrac{Q_1+Q_2}{r^2}$, $V = \dfrac{1}{4\pi\varepsilon_0}\dfrac{Q_1+Q_2}{r}$

(ii) $b \le r < c$: $E = 0$, $V = V_c = \dfrac{1}{4\pi\varepsilon_0}\dfrac{Q_1+Q_2}{c}$

(iii) $a \le r < b$: $E = \dfrac{1}{4\pi\varepsilon_0}\dfrac{Q_1}{r^2}$, $V = \dfrac{1}{4\pi\varepsilon_0}\dfrac{Q_1+Q_2}{c} + \dfrac{Q_1}{4\pi\varepsilon_0}\left(\dfrac{1}{r} - \dfrac{1}{b}\right)$,

$W = \dfrac{1}{8\pi\varepsilon_0}{Q_1}^2\left(\dfrac{1}{a} - \dfrac{1}{b}\right) + \dfrac{(Q_1+Q_2)^2}{c}$ [J]

9.23 $V_S = \dfrac{C_1V_1 + C_2V_2}{C_1+C_2+C_3}$, $W = \dfrac{1}{2}[C_1(V_1 - V_s)^2 + C_2(V_2 - V_s)^2 + C_3{V_s}^2]$ [J]

Q_0 を加えたとき $V = V_s + Q_0/C_3$, $W = \dfrac{1}{2}\left[C_1(V_s - V_1)^2 + C_2(V_s - V_2)^2 + C_3\left(V_s + \dfrac{Q_0}{C_3}\right)^2\right]$ [J]

9.24 $\sqrt{\dfrac{2mg}{\varepsilon_0 S}}\, d$ [V]

9.25 $\dfrac{(\rho d)^2 S}{8\varepsilon_0}$ [N]

9.26 $\dfrac{\varepsilon S V^2}{2d^2}$ [N]

9.27 $\dfrac{C_1(C_3 + C_5)V_1 + C_3(C_1 + C_4)V_2}{(C_1 + C_2 + C_4)(C_2 + C_3 + C_5) - {C_2}^2}$

9.28 0.56 [pF]

第10章

10.1 0

10.2 ヒント：$d\Phi$ を展開し，$d\boldsymbol{r} = \boldsymbol{i}dx + \boldsymbol{j}dy + \boldsymbol{k}dz$ を利用して変形する。

10.3 ヒント：∇ を $\boldsymbol{i}$, $\boldsymbol{j}$, $\boldsymbol{k}$ を含むベクトル式で書き直してから変形する。

10.4 3, $(3 - n)r^{-n}$

10.5 $Q_2 = \dfrac{r_2}{r_1} Q_1$

10.6 $\dfrac{\left(1 - \dfrac{2a}{r}\right) e^{-r/m}}{4\pi a^2}$ [C/m^2]

10.7 ヒント：xyz 座標系で計算する。

10.8 体積積分 52π，面積分 52π

第11章

11.1 -1.2×10^{-2} [C/m^2]

11.2 $\dfrac{Q^2}{4\pi\varepsilon_0}\left[\dfrac{1}{(2a)^2} - \dfrac{1}{(2b)^2} + \dfrac{1}{(2a + 2d)^2} - \dfrac{1}{(2b + 2d)^2} + \cdots\right]$ [N]　ただし，$b = d - a$

11.3 $\dfrac{1}{4\pi\varepsilon_0}\dfrac{Q^2}{(2d)^2}\dfrac{\varepsilon_1 - \varepsilon_2}{\varepsilon_1 + \varepsilon_2}$ [N]

11.4 $$\frac{2\pi\varepsilon_0\ell}{\log\left[\dfrac{h}{a}+\sqrt{\left(\dfrac{h}{a}\right)^2-1}\right]}\ [\mathrm{F}]$$

11.5 $$\frac{2\pi\varepsilon_0\ell}{\log\dfrac{4h_1h_2\{d^2+(h_1-h_2)^2\}}{a^2\{d^2+(h_1+h_2)^2\}}}\ [\mathrm{F}]$$

11.6 $$\frac{q^2}{2\pi\varepsilon_0}\frac{d}{a^2-d^2}\ [\mathrm{N}]$$

11.7 $$\frac{2\pi\varepsilon_0}{\log\left[\dfrac{a^2+b^2-d^2}{2ab}+\sqrt{\dfrac{(a^2+b^2-d^2)^2}{2ab}-1}\right]}\ [\mathrm{F/m}]$$

11.8 (i) 接地球：$\dfrac{adQ^2}{4\pi\varepsilon_0(d^2-a^2)^2}$ [N] 引力

(ii) 非接地：$\dfrac{aQ^2}{4\pi\varepsilon_0}\left[\dfrac{d}{(d^2-a^2)^2}-\dfrac{1}{d^3}\right]$ [N] 引力

第12章

12.1 6.25×10^{16} 個

12.2 2.19 [Ω]

12.3 $$\frac{\log\dfrac{b}{a}}{2\pi\kappa\ell}\ [\Omega]$$

12.4 $$\sqrt{\frac{r}{g}}\cdot\frac{R_2\sqrt{g/h}+\tanh\left(\sqrt{rg}\,\ell\right)}{1+R_1\sqrt{g/r}\tanh\left(\sqrt{rg}\,\ell\right)}\ [\Omega]$$

12.5 $$\frac{-Q_0\omega\sin\omega t}{4\pi r^2}\ [\mathrm{A/m^2}]$$

12.6 $$\frac{Q_0}{4\pi r^2}\ [\mathrm{A/m^2}]$$

第13章

13.1 $R=r$ [Ω], $W=\dfrac{V^2}{4r}$ [J]

第14章

14.1 $\boldsymbol{A}\cdot\boldsymbol{B} = A_xB_x + A_yB_y + A_zB_z$,
$\boldsymbol{A}\times\boldsymbol{B} = (A_yB_z - A_zB_y)\boldsymbol{i} - (A_xB_z - A_zB_x)\boldsymbol{j} + (A_xB_y - A_yB_x)\boldsymbol{k}$

14.2 ヒント：内積が 0 になることを証明する。

14.3 $(\boldsymbol{a}\times\boldsymbol{b})\cdot\boldsymbol{c}$

14.4 ヒント：$\boldsymbol{B}\times\boldsymbol{C}$ を $\boldsymbol{i}$，$\boldsymbol{j}$，$\boldsymbol{k}$ のベクトル表示に展開する。

14.5 ヒント：平面の法線ベクトルを利用する。

14.6 2.0×10^{-4} [Wb/m²]

14.7 $\boldsymbol{A}\times\dfrac{d^2\boldsymbol{A}}{dt^2}$

14.8 1.39×10^{-6} [Wb/m²]

14.9 $\dfrac{\mu_0 I}{2\pi}\dfrac{d}{x(d-x)}$ [Wb/m²]

14.10 $\Phi = \dfrac{\mu_0 I\ell_2}{2\pi}\log\dfrac{a+\ell_1}{a}$ [Wb]，$W = \dfrac{\mu_0 I_1 I\ell_2}{2\pi}\log\dfrac{b(a+\ell_1)}{a(b+\ell_1)}$ [J]

14.11 ヒント：$\boldsymbol{i}$，$\boldsymbol{j}$，$\boldsymbol{k}$ 成分に展開する。

14.12 $(\boldsymbol{A}\cdot\boldsymbol{C})\boldsymbol{B} - (\boldsymbol{B}\cdot\boldsymbol{C})\boldsymbol{A}$，$\boldsymbol{B}\times(\boldsymbol{A}\times\boldsymbol{C})$

14.13 ヒント：$\boldsymbol{i}$，$\boldsymbol{j}$，$\boldsymbol{k}$ 成分に展開する。

第15章

15.1 $B_1 = \dfrac{\mu_0 I_2}{2\pi r}$ [Wb/m²]，$B_2 = \dfrac{\mu_0 I_1}{2\pi r}$ [Wb/m²]，$F = \dfrac{\mu_0 I_1 I_2 \ell}{2\pi r}$ [N]

15.2 $\dfrac{9\mu_0 I}{2\pi\ell}$ [Wb/m²]

15.3 紙面上向きに

$$\frac{\mu_0 I}{4\pi}\left[\frac{\sqrt{(x_0+a)^2+(y_0+b)^2}}{(x_0+a)(y_0+b)} + \frac{\sqrt{(x_0-a)^2+(y_0-b)^2}}{(x_0-a)(y_0-b)}\right.$$
$$\left. - \frac{\sqrt{(x_0+a)^2+(y_0-b)^2}}{(x_0+a)(y_0-b)} - \frac{\sqrt{(x_0-a)^2+(y_0+b)^2}}{(x_0-a)(y_0+b)}\right] \text{[Wb/m}^2\text{]}$$

15.4 中心部 $\dfrac{\mu_0 IN}{2\sqrt{a^2+\ell^2}} = 4.11 \times 10^{-3}$ [Wb/m^2]

端 $\dfrac{\mu_0 IN}{2\sqrt{a^2+4\ell^2}} = 2.08 \times 10^{-3}$ [Wb/m^2]

第16章

16.1 (i) $r_2 \leq r$: $\dfrac{\mu_0 J}{2}\dfrac{{r_2}^2-{r_1}^2}{r}$

(ii) $r_1 \leq r < r_2$: $\dfrac{\mu_0 J}{2}\dfrac{r^2-{r_1}^2}{r}$

(iii) $r < r_1$: 0 [Wb/m^2]

16.2 (i) $r \leq a$: $\dfrac{\mu_0 r I_1}{2\pi a^2}$

(ii) $a < r \leq b$: $\dfrac{\mu_0 I_1}{2\pi r}$

(iii) $b < r \leq c$: $\dfrac{\mu_0}{2\pi r}\left(\dfrac{r^2-b^2}{c^2-b^2}I_2 - I_1\right)$

(iv) $c < r$: $\dfrac{\mu_0}{2\pi r}(I_2 - I_1)$ [Wb/m^2]

16.3 $B_x = 0$, $B_y = \dfrac{\mu_0 c I}{2\pi(a^2-b^2)}$ [Wb/m^2]

第17章

17.1 $\boldsymbol{F} = -4\boldsymbol{i}+\boldsymbol{j}+5\boldsymbol{k}$, $\boldsymbol{n} = \dfrac{1}{\sqrt{42}}(-4\boldsymbol{i}+\boldsymbol{j}+5\boldsymbol{k})$, $n_x = -\dfrac{4}{\sqrt{42}}$, $n_y = \dfrac{1}{\sqrt{42}}$, $n_z = \dfrac{5}{\sqrt{42}}$

17.2 $F = \dfrac{\mu_0 \ell}{4\pi}\dfrac{I^2}{h}$ [N/m]

第18章

18.1 ヒント：まず curl $\boldsymbol{a} = \nabla U \times \nabla V$ を導出する。

18.2 rot $\boldsymbol{A} = (2-2z)\boldsymbol{i} - 2x\boldsymbol{k}$, div $\boldsymbol{A} = 0$

18.3 $\Phi\nabla\psi + \psi\nabla\Phi$, 0, 0, $-\dfrac{\boldsymbol{r}}{r^3}$

第19章

19.1　$V = 2n\pi^2 B\,r^2 \sin(2n\pi t)$，$V_{\max} = 2n\pi^2 B\,r^2$ [V]

19.2　3.5×10^{-6} [Wb/m^2]

19.3　$V_{AB} = 0$，$V_{BC} = V_{AC} = \phi_m \omega \sin\omega t$ [V]

19.4　$B_0 S\omega \sin\omega t$ [V]

19.5　$\dfrac{\pi^3 a^4 B^2 \omega n^2}{2R}$ [J]

19.6　$B_0 a[\omega(b+vt)\sin\omega t - v\cos\omega t]$ [V]

19.7　ヒント：移動により発生する起電力から単位時間あたりの消費電力を算出する。

19.8　$9.4 \times 10^4 \sin(10^6 t)$，最大 9.4×10^4 [V]

第20章

20.1　$\phi_m = \dfrac{ml\cos\theta}{4\pi\mu_0 r^2}$，$H_r = \dfrac{ml\cos\theta}{2\pi\mu_0 r^3}$，$H_\theta = \dfrac{ml\sin\theta}{4\pi\mu_0 r^3}$ [AT/m]

20.2　電流が z 方向で $(0,0,z)$，$(d,0,z)$ に流れるとすれば

$$A_x = A_y = 0,\quad A_z = \frac{-\mu_0 I}{4\pi}\log\left[(x^2+y^2)\left\{(x-d)^2+y^2\right\}\right]$$

第21章

21.1　$B = 0.25$ [Wb/m^2]，$M = 199900$ [AT/m]，$\chi_m = 1999$

第22章

22.1　0.42 [Wb/m^2]

第23章

23.1　9.1 [μH]

23.2　中心：$\dfrac{NN_2\mu_0\pi b^2}{2\sqrt{\dfrac{\ell^2}{4}+a^2}}$，端：$\dfrac{NN_2\mu_0\pi b^2}{2\sqrt{\ell^2+a^2}}$ [H]：したがって　端 < 中心

23.3 6.0×10^{-4} [Wb]，1.0×10^{-2} [H]，0.80 [H]

23.4 $\dfrac{\ell}{2\pi}\left[\dfrac{\mu}{4} + \mu_0\left(\log\dfrac{2\ell}{a} - 1\right)\right]$ [H]

23.5 ヒント：L_{AC}，L_{BD}，L_{AD} を式で表す。

23.6 $\dfrac{1}{2\pi}\left(\mu_0 \log\dfrac{2h}{a} + \dfrac{\mu}{4}\right)$

第24章

24.1 ヒント：$\mathrm{div}\ \mathrm{curl}\ H = 0$ に留意。

24.2 ヒント：本書内で説明されている。

索引

【ひ】

【ふ】

【へ】

【ほ】

監修者略歴

末 松 安 晴（すえ まつ やす はる）

昭和35年 東京工業大学大学院理工学研究科博士課程電気工学専攻修了 工学博士
昭和48年 同大学教授
平成元年 同大学学長
平成5年 同大学名誉教授
平成5年 工学院大学特別専任教授
平成7年 産業技術融合領域研究所所長
平成9年 高知工科大学学長
平成13年 国立情報学研究所所長
平成15年 文化功労者顕彰
平成26年 日本國際賞受賞
現在に至る

著者略歴

長 嶋 秀 世（なが しま ひで よ）

昭和41年 工学院大学大学院工学研究科修士課程電気工学専攻修了
昭和41年 東京工業大学助手
昭和45年 工学院大学講師
昭和46年 工学博士（東京工業大学）
昭和57年 工学院大学教授
平成11年 工学院大学副学長（平成15年まで）
平成20年 工学院大学名誉教授
現　在 （株）相模中央青果地方卸売市場取締役

伊 藤 　稔（い とう みのる）

昭和42年 東京工業大学理工学部応用物理学科卒業
昭和44年 同大学大学院理工学研究科修士課程原子核工学専攻修了
昭和44年 日本電信電話公社（現NTT）電気通信研究所入所
昭和57年 工学博士（東京工業大学）
平成5年 工学院大学教授
平成24年 工学院大学名誉教授，（有）ライフサポート相模原設立
現在に至る

電磁気学ノート

2014年6月25日 © 初版発行
2021年2月10日 初版第4刷発行

監修者 末松安晴　　発行者 森平敏孝
著　者 長嶋秀世　　印刷者 馬場信幸
　　　 伊藤　稔　　製本者 小西恵介

発行所 株式会社 サイエンス社
〒151–0051 東京都渋谷区千駄ヶ谷1丁目3番25号
営業 ☎ (03) 5474–8500（代） 振替 00170–7–2387
編集 ☎ (03) 5474–8600（代）
FAX ☎ (03) 5474–8900

印刷 三美印刷(株)　　製本 (株)ブックアート

ISBN978-4-7819-1342-1

PRINTED IN JAPAN